科学文明之旅

学明之旅

THE
HISTORY OF
SCIENCE
CIVILIZATION

张连山 编著

冶金工业出版社

Metallurgical Industry Press

图书在版编目（CIP）数据

科学文明之旅 ／ 张连山编著． —北京：冶金工业出版社，
2015.9
ISBN 978-7-5024-6953-5

Ⅰ．①科… Ⅱ．①张… Ⅲ．①自然科学—研究 Ⅳ．①N

中国版本图书馆CIP数据核字（2015）第198750号

出 版 人 谭学余
地　　　址　北京市东城区嵩祝院北巷 39 号　邮编　100009　电话　（010）64027926
网　　　址　www.cnmip.com.cn　电子信箱　yjcbs@cnmip.com.cn
责任编辑　程志宏　徐银河　美术编辑　彭子赫　文 刀　版式设计　彭子赫
责任校对　卿文春　责任印制　马文欢
ISBN 978-7-5024-6953-5
冶金工业出版社出版发行；各地新华书店经销；北京博海升彩色印刷有限公司印刷
2015 年 9 月第 1 版，2015 年 9 月第 1 次印刷
175mm×215mm；14 印张；254 千字；320 页
38.00 元

冶金工业出版社　投稿电话　（010）64027932　投稿信箱　tougao@cnmip.com.cn
冶金工业出版社营销中心　电话　（010）64044283　传真　（010）64027893
冶金书店　地址　北京市东四西大街 46 号（100010）　电话　（010）65289081（兼传真）
冶金工业出版社天猫旗舰店　yjgycbs.tmall.com
（本书如有印装质量问题，本社营销中心负责退换）

前　言

　　我生长在江南富饶美丽的鱼米之乡，从小对自然充满好奇，又常常迷惑不解，在遐想之中问题越积越多。当进入小学后，对自然科技倍加喜爱，阅读了当时能读懂的一些课外读物。在中学阶段，对与诺贝尔奖有关的人和事充满兴趣和好奇，总设法寻找相关资料，虽未读懂，但也常引为自豪和自我欣赏。到考大学时，因对麦克斯韦微分方程感到特别神秘，故选读了电学，当时自认为已迈进了自然科学的门槛。

　　大学毕业后，很想从事研究工作，那时就业并无个人选择自由。但运气还算不错，被分配到设计研究单位。在设计研究院长期工作期间，涉及一些较复杂的化学工艺过程，从中吸取了大量化学知识，扩展了知识面。到工作后期，常阅读一些自然科学发展史。

　　人类社会历史，是一部社会结构新陈代谢的发展历史。主要动力来自于生产力的持续发展。当生产力发展到一定程度，就会同自己的社会形态发生矛盾，要求改变不相适应的制度，建立新型生产关系。矛盾发生中，生产力是矛盾的主要方面，决定生产关系。因此生产力是推动社会发展的决定性力量。纵观历史，自然科学是推动生产力不断发展的主要渊源，因此自然科学发展与社会发展总密切相关，二者相互促进，但自然科学是最主要的基础，故是社会形态的最根本的决定因素。

本书将自然科学发展分为四个阶段，即远古、中古、近代、现代。远古时代虽有两河流域等做出不小贡献，但无法与金字塔等成就相比，故以古埃及科学文明为主进行叙述；中古时代虽有古希腊、阿拉伯地区、印度等做出不小贡献，但无法与四大发明等成就相比，故以中国为主进行叙述；近代虽有荷兰等做出不小贡献，但无法与意、英、法、德各领风骚相比，故以四国为主进行叙述；现代虽有日本与苏联等做出不小贡献，但无法与美国独领风骚相比，故以美国为主进行叙述。

以古埃及为主的远古科技，促进产生及发展奴隶社会，并初步种下封建社会基因。以中国为主的中古科技，促进产生及发展封建社会，并初步种下资本主义基因。以西欧为主的近代科技，促进产生及发展资本主义。以美国为主的现代科技，促进资本主义进入到现代社会。实践足以证明，自然科技是决定意识形态及上层建筑的主要基础。

书中述说了自然科技发展进程中自古至今的一般发展动态，但着重列出现代科技中的八方面的重大成果，即光学及激光器、加速器及粒子物理学、量子力学及原子能、晶体管及信息现代化、细胞遗传学及生命科学、合成高分子化学及工程塑料、现代天文学及空间开发、"巴基球"及纳米科学，同时列出了我国现代的科技成就，从而可大致看到现代科技的一般现状以及我国已达何等水平。主要目的是，不仅让读者能了解自古以来科技发展的一般状况，而且能看到一个内容较广、浓缩的现代科技现状，激发青年发奋图强，立志赶超世界先进水平的斗志。再从现代科技的重大成果中理出九个方面的发展方向，主要目的是，不但想让读者能大致了解科技现状，而且也能大致了解其主要发展动向。

从自然科技发展及趋势可以看出，科技似乎真是无所不能，如超级计算机已完成着人类无法实现的智能功能；机器人能自我修复，更超过了人的能耐；纳米技术更是不断出现各种无法想像的功能。世事发展一般情况就是这样，到了无所不能的程度，定会出现反向问题。一切科技活动本为人类造福，却出现了危害人类本身的现实，甚至有毁灭人类的可能。如核子武器可能将毁灭地球、基因技术将可能毁灭人类。

从人类整体而言，应相信理智定会战胜邪恶，定会朝向有利人类的一面，抑止不利的一面方向发展，届时不但科技空前发达，物质会空前丰富，而且人的智慧也定会空前高明仁厚，有条件实现高级集体所有制的共产主义社会，能彻底解决私有制的固有矛盾，实现人类一直梦寐以求的鸿均之世，天下大同局面。

张连山

2013 年 12 月

目　录

第**1**章
绪 言

社会的发展进程如果以人类进化来划分，可划为三个时代，即原始时代、野蛮时代、文明时代。如果以科学发展来分，则可分为四个阶段，即远古、中古、近代、现代，与之相对应的社会，为奴隶社会、封建社会、资本主义社会和现代社会。故一个国家社会发展的主要动力就是科学。科学可分为自然、社会与思维三个领域，其中自然科学是基础，本书就主要围绕自然科学技术展开述说。

第❷章

古代科学文明

2.1 远古科学文明

　　有人说，人类什么时候开始穿衣、什么时候开始吃肉，就应是自然科学的开端，认为人类原本也是一种草食动物。但一般认为，至距今 1 万年以上的旧石器时代，开始使用未加工石器进行生产劳动时，才是科学的萌芽。至距今 1 万至 7 千年的原始社会后期，磨制出新石器，继而制成复合与铜金属工具以及专用渔具、猎具，个人所得，除维持生计之外，历史上开始有点劳动剩余，促使原始社会逐渐解体。至前 40 世纪后期，先是西亚两河流域，稍后尼罗河流域、印度河流域与黄河流域，相继出现剥削剩余劳动价值的奴隶主，兴起许多以城市为中心的并列小国，开始过渡到奴隶社会。至约前 31 世纪，古埃及经长期混战，统一了上下埃及之后，就首先在世上建立统一的奴隶制王国，即第一王朝。

前 3 世纪古埃及编年史家曼内托，将埃及古代历史分为 31 个王朝，前 3100 年至前 2686 年的第一、二王朝，被称早期王朝，传说美尼斯统一上、下埃及之后，成为第一位国王。真正实际统一，是在前 2686 年至前 2181 年的第三至第六王朝，此时农业、手工业、商业、建筑业等各项事业均得到全面发展，随着各州有能力兼并，才真正形成统一王国。

古埃及王国建立之后，一直大肆宣扬宗教，国王法老被称太阳神儿子，其时尚谈不上自然科学，对宇宙奥秘一无所知，但众口铄金，一人传虚，万人传实，包括广大奴隶在内的臣民，均信以为真，无不听从国王号召，容易实行中央集权，这就形成了世上奴隶制不但最早，也是最稳定最悠久的国家，可集中一定人才，发展科学技术，故以其为主对远古科技做出了重要贡献。

2.1.1　肉眼天文观测

蔚蓝色的天空，是人人能用肉眼观察到的繁荣景象，远古就各有各说，纷纷纭纭。较早出名者有古埃及、中国、美索不达米亚、古希腊等。最早有成者是古埃及，从出土棺盖上所绘画星图等记载，有拱极、天鹅、牧夫、仙后、猎户、天蝎、天狼、白羊与昴星等。已认识到恒星与行星之别，并将赤道附近星星分为 36 组，叫旬星，每组管十天，每当一组在黎明前恰好升到地平线时，标志此旬到来，已发现最早旬星文物属第三王朝。合三旬为一月，合四月为一季，合三季为一年，季度名称叫洪水、冬、夏。后对天狼星偕日升、尼罗河泛滥周期的长期观测，将一年 360 日增到 365 日，至约前 27 世纪就建立一年 12 个月、3 个季度的 365 天历法，实开公历先河！其时除用些简陋圭表与日晷等作些日影变化测量之外，主要靠肉眼进行观测，实在难能可贵！

2.1.2　医药

人人会得病，需要治疗，远古也各有各说。较出名者有三国：其一就是古埃及，认为一切由神主宰，僧侣兼管为人除灾祛病，前 40 世纪至前 30 世纪为驱逐鬼神就使用催吐、下泄、利尿、发汗、灌肠等法，前 20 世纪至前 18 世纪著妇产科专著《卡汗纸草书》，前 17 世纪著外科专著《史密斯氏纸草书》，前 1550 年著医学通论《埃伯斯氏纸草书》；其二是古印度，前六世纪《阿输吠陀》记载有医药与治病、防病之法，外科较发达，能做胎足倒转、鼻子成形、断肢、剖腹产与眼科等手术；其三是中国，史记《三皇本记》有"神农始尝百草，……始有医药"，启示药物发现与植物采集、农业生产有密切关系。《山海经记载》有百余种药物、数十种疾病治疗，以及预防。《素问·异法方宜论》有"藏寒生满病，其治宜灸，火艾烧灼谓之灸"。火的利用为酿酒创造了条件，而酒与医药又非常密切，称"酒为百药之长"、"疾在肠胃，酒醪之所及也"。至前 5 世纪，扁鹊用针灸、按摩、汤药等法，对人进行过有效医病，并善于望诊、脉诊。虽无什么理论，也或多或少有些迷信成分，但均积累了不少实践知识。

2.1.3　木乃伊

因其迷信色彩浓厚，富人想将死者永远保存，就用香料药品等涂抹，使其干化制成木乃伊，有保持至今者仍完好无缺，已成现在研究古代病理学的宝贵材料，其防腐技术，与当今相比，也不逊色多少，应属奇迹！埃及最古老木乃伊见图 2-1。

2.1.4　金字塔

最高奴隶主国王，自称神之化身，不仅在今世，而且在来世也要维持其统治地位，因此生前就为自己精心建造地下世界"永恒之宫"，因外形的每一个面与汉字"金"相似，故译为金字塔。前 27 世纪开始建造，其中吉萨胡夫金字塔最高，因多年腐蚀现余 137 米，底边长 230 余米，使用 230 万块平均重约两吨半的石块砌成，其土建、力学、数学与天文学（南北向甚为准确）等均达相当高水平，集当时的科技大成，是远古科技象征，其内涵实在灿烂辉煌，无愧金塔！金字塔如图 2-2 所示。

图 2-1　埃及最古老木乃伊

图 2-2　吉萨大金字塔群

2.1.5　算术

算术是研究数的性质及运算的一种手段，在自然科技开始获得一点成果的基础上，远古也随之取得一些成就。较早出名者也是古埃及、中国、美索不达米亚、古希腊等。最早有成者也是古埃及，据现存前 1850 年至前 1650 年写成的两卷纸草书（一卷藏于伦敦，名为莱因德纸草书；另一卷藏于莫斯科）以及一些羊皮、木头与石碑等史料，得知早已使用十进制，算术主要用加法，乘法是加法的重复，能解决些一元一次方程，有等差等比初步知识，可粗略计算圆面积，其法将直径减去 1/9 之后，再平方，相当于 π 值，等于 3.1605，但并无圆周率概念。此外尼罗河常泛滥成灾，淹没耕地，需重新丈量耕地面积，多年测地经验也逐渐形成了一些几何常识。总之已积累了算术不少基本知识。莱因德纸草书如图 2-3 所示。

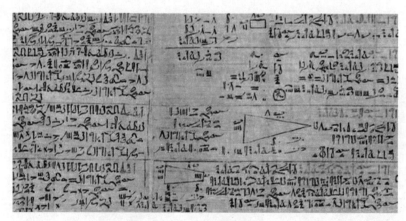

图 2-3　莱因德纸草书

2.1.6　远古社会发展概况

以古埃及为主，在远古科技成就的基础上，建立并发展了奴隶社会，开启了人类文明新纪元，为社会发展完成了首次重要历史使命，是个开天辟地的伟业，并为封建社会奠定一定基础，值得世人永远敬仰！

但古埃及的迷信色彩过于浓厚，且统治者一味地实行愚民政策，企图统治巩固，可科技绝非虚无缥缈，而是一种实实在在的学问，求神拜庙，祈祷上苍，无济于事，这就在思维领域影响了其发展。且至前525年开始，波斯、希腊、罗马等国依次入侵，战乱不休，这就在环境方面也难以为其保障。因此未能得到继续提高，也应值得世人深思！

人类发展的第一阶段是原始社会，始于人类出现，终于国家产生。据目前发现的人类化石材料，人类出现至少可追溯到二三百万年之前。原始社会发展到氏族社会后期，由于有些科技发明，提高了生产率，涌现农业与畜牧业，使原始社会逐渐解体，产生了穷人与富人、奴隶与奴隶主。两者之间，自产生之时起，就开始斗争，并越演越烈，最后达到无法调和程度，作为阶级斗争的政治工具，斗争发展到一定程度，就必定产生国家，古埃及王国的建立，就是在这样背景下出现的。接着在西亚、中国、印度，继而在希腊与意大利等地也渐渐萌芽。奴隶来源，起初主要来自贫穷的氏族成员，后来惩罚罪犯、海盗掠夺、拐卖人口、买卖奴隶与家生奴隶等，也成了奴隶的重要组成部分。

奴隶社会是第一个人剥削人的社会，以奴隶主占有奴隶人身，实行超经济奴役为主要特征。奴隶主在经济及上层建筑上均占主导地位，奴隶占有方式，决定整个社会基本发展方向。奴隶主对奴隶剥削自然十分残酷，以当今思想进行衡量，奴隶主及其国家自然是连成一体的、压制广大奴隶群众的一群恶魔，如果当今有这种现象出现，自然应将其打入九层地狱，使其永远不得翻身。

但那是在原始社会基础上发生的，不能以一时的剥削论好坏，必须以人类长期进步历程为主轴进行研究分析。当时的奴隶社会，打破了原始社会氏族部落的狭隘性，从而有利社会生产规模扩大、有利体力劳动与脑力劳动分工。与原始社会相比，是个巨大进步，为整个人类物质文明与精神文明的进一步发展，创造了一个很好的环节。

奴隶社会，虽是人类的第一个进步阶段，但人剥削人的现象，总是不公平的，自然不可能永久维持，这就为封建社会的出现创造了条件。

2.2　中古科学文明

中国夏朝（前22世纪末—前17世纪初），才开始从原始社会向奴隶社会过渡，比古埃及晚了千多年。商朝（前17世纪初—前11世纪）才建立统一奴隶制国家，比古埃及也晚了千多年。但其奴隶制很不完善，统治者也不利用宗教作统治工具，而是无神论流行，相对有利于科技发展。块铁冶炼虽比西欧较晚，但使用生铁时间却遥遥领先。战国（前475—前221年）初期即可冶炼韧性铸铁，硬度与韧性比铜优越，提高了铁的实用性，且资源充足，导致铁工具广泛使用，淘汰了新石器，也逐渐取代铜金属工具，促进了农牧业迅速发展，并使手工业与农业分离，产生了地主及佃农。春秋（前770—前475年）时代已开始向封建社会过渡，经过长期混战之后，至前221年就首先建立世上第一个统一的封建制王朝，秦朝（前221—前207年）。

秦朝形成统一的中国之后，在三国（220—280年）、南北朝（420—589年）、五代（907—960年）时期虽有过内乱，但延续时间相对不长；蒙、满两族虽两度入主称帝，但与汉族一同建立蒙汉满汉共存和统一的元（1271—1368年）、清（1644—1911年）两朝，从长期历史阶段而言，其封建社会可说稳定。其最大特点是，有不受约制的中央集权、孔（前551—前479年）孟建立的儒学一直为其服务。稳定环境、适时政体、相应文化，使中国成为世上封建社会不但最早，也是最稳定最悠久的国家。约前 5 世纪世界科技中心移到中国之后，能得到长期发展，故以其为主对中古科技做出了卓越贡献。

2.2.1　仪器天文观测

原始社会开始肉眼观测，也使用圭表等观测日影的变化。圭表是一种最古老的天文仪器，但到中古时代，已制造得较为精致而准确。圭表由两部分组成，直立在地平上的标杆或石柱，后为铜制的，叫表；正南北方向平放的尺叫圭，圭与表相互垂直，就组成圭表。其作用是，根据正午时度量的表影长度，可推定二十四个节气；从表影长短的周期性变化，可确定一个回归年的日数；表影在正北的瞬间，就是当地真太阳时的正午。圭表如图 2-4 所示。

其天文观测与后来西欧不同，但与古埃及一样，以改进历法为主要目的。夏朝《夏小正》记载一年 12 月共 366 天历法，有恒星与北斗斗柄之说。春秋用二十八宿为参照物，给出月初昏旦中星与太阳位置，反映水平比《夏小正》有所提高，得出一年 365 又 33/133日，为简便计，将尾数改为 1/4，即四分历，古代圆周为 365 又 1/4 度，即出于此。

战国，许多学者提出宇宙如何结构？天

图 2-4　圭表

地如何形成？为回答这些问题，出现了盖天说，有的说："天圆如张盖，地方如棋局"，有的说："天似盖笠，地法覆盘"，均是些直觉的古老的天圆地方之说。

东汉（25—220 年），采用四分历，形成以天象观测及历法为中心的完整体系。其时出现了一位伟大天文学家张衡，他长期观测日月星辰，探索天体运行规律，是浑天说的代表人物，所著《浑仪图注》具体阐述了其学说，认为"浑天如鸡子，天体如弹丸，地如鸡中黄，孤居于内，天大而地小，天地乘气而立，载水而浮"，有点类似后来西欧的亚里士多德－托勒密地心学，但比其有进步之处，第一虽认为天有个硬壳，却不认为就是宇宙边界，之外空间与时间均是无限的，有在理之处；第二认为天地未分之前混混沌沌，既分之后，轻者上升为天、重者凝结为地，也有在理之处；第三认为近天则迟、远天则速，用距离变化解释行星运行快慢，后证明其运动快慢确与太阳距离近远有关，也有在理之处，比较接近现代的球面天文学。浑天说虽仍不符合实际，但比盖天说相对有所提高，对计算历法有了很多实际意义，并按浑天说在西汉耿寿昌发明浑天仪的基础上，研制出世上第一台漏水转动浑天仪，用齿轮系统将浑象与计时漏壶结合，漏壶滴水推动浑象仪均匀旋转，一天刚好一周。人在屋里看浑天仪，就可知哪颗星当时在什么位置，可测定昏旦与夜半中星以及天体赤道坐标，也能测定黄道经度与地平坐标，北京建国门观象台上一架清朝铸造的天球仪与其大体相仿，继之还研制成地动仪。张衡在所著《灵宪》一书中，记录约有 2500 颗星星，绘出世上第一张较

图 2-5　张衡

完备星图；阐明月亮并不发光，系由太阳光反射而成，月亮暗处无太阳光照射，月亮与太阳相对时才是满月；据太阳运行规律，解释冬天日短夜长、夏天日长夜短。张衡画像如图2-5所示，地动仪如图2-6所示。

北宋（960—1127年），沈括也长期观测日月星辰，其《梦溪笔谈》中记载："天文家用浑仪，测天之器，则古机衡是也。……熙宁中，余受诏典领历官，杂考星历，以机衡求极星。初夜在窥管中，少时复出，以此知窥管小，不能容极星游转，乃稍展窥管候之。凡历三月极星方游

图2-6　地动仪

于窥管之内，常见不隐，然后知天极不动处，远极星犹三度有余，每极星入窥管，别画为一图，……凡为二百余图，夜夜不差"。"予编校昭文书时，预详定浑天仪，官长问予：二十八宿，多者三十三度，少者止一度，如此不均，何也？予对曰：天事本无度，……乃以日所行分天为三百六十五度有奇"。经长期观测及研究，对之前各种浑天仪认为均有一定缺陷，进行了改进，并试成玉壶浮漏，做定时器使用，将铜制圭表也进行了改进，可直接量度太阳视行速度变化所引起的每日时差。最后提出十二气历，主张废止阴历，彻底改用阳历的革新主张。几百年后英国气象局所提萧伯纳历，其原理几如出一辙，实所提阳历，与今日阳历相去无几。

至元朝（1271—1368 年），又出了一位伟大天文学家郭守敬，以其为首，从事天文测量、仪器制造、编制新《授时历》等，在短短五年时间内，取得重大成就。尤其是对浑天仪进行了革命性改进，研制成简仪，其设计与制造水平，在世上领先了 300 多年，一直到 1598 年，著名天文学家第谷所发明的仪器，在测量天体方面才可与之相比，将中古天文观测推到高峰！郭守敬画像如图 2-7 所示，简仪如图 2-8 所示。

图 2-7　郭守敬

图 2-8　简仪

2.2.2　中医学

中医学也萌芽于原始社会，至战国后期基本形成《内经》，较系统论述腑脏、经络、病因病机、治则治法、预防及养生等，并批判鬼神致病的落后观念，《内经》是中医奠基之作。东汉华佗发明全身麻醉的麻沸散，创气功疗法五禽戏，擅长外科手术，是位闻名临床学家。之后张仲景著《伤寒杂病论》，开创理论与临床相结合，奠定临床学基础，被后人尊称医圣。三国王叔和著《脉经》，首部切脉诊断专著。少后皇甫谧（215—282 年）著《针灸甲乙经》，首部针灸专著，也是《内经》的重要古传本。唐代孙思邈（581—682 年）著《千金要方》，临床要方十分广泛，可称首部临床百科全书，并发展了张仲景伤寒论，因对中医有全面贡献，被后人尊称药王，因此将其故乡五台山改为药山。北宋王惟一（987—1067 年）铸造针灸铜人，奉命总结前人经验，编写《铜人腧穴针灸图经》，是位著名针灸学家。南宋陈自明（1190—1270 年）以家传经验为主要基础，并博采诸家之长，编成《妇人良方大全》，首部妇产科专著。其后宋慈著《洗冤录》，包含有人体解剖、法医检查、鉴别中毒与急救措施等，首部法医专著。元朝邹铉续增陈直《养老亲书》，更名《寿亲养老新书》，广泛吸取老人食治之方、医治之法

图 2-9 《伤寒论》

图 2-10 李时珍与《本草纲目》

及摄养之道，是本完整老年病专著。至明朝（1368—1644年），李时珍（1518—1593年）从800余种医药与经史百家书中广泛搜集资料、实地调查、请教有识之士，费时27载进行比较、分析、辨疑、订误、研究，终于编成巨著《本草纲目》，将中医学推到高峰，对国内外均具深远影响，英国科学史家李约瑟称他是中国博物学中的无冕之王，称其著作是明代最伟大的科学成就。《伤寒论》见图2-9，李时珍及其《本草纲目》如图2-10所示。

世上古代医学较有名者可说有四个体系，只有中国传统医学不但有丰富实践经验，而且探索出阴阳、五行、运气、脏象与经络等组成的一套基础理论，使临床与保健均有指导思想，已形成一个完整的系统学说。时至今日，在现代医疗保健事业中仍占有一席不可或缺之地，尤其是针灸、气功与整体疗法等更有独到之处，将对世界医疗保健事业产生一定影响！

古代著名四个医学体系与奴隶社会发展密切相关，即与文明及科技发展有关。古埃及约前4000年至前3000年出现奴隶社会、印度约前4000年末至前3000年出现奴隶社会；巴比伦前3000年末至前2000年初出现奴隶社会；中国前2200年至前1700年出现奴隶社会，故此四国形成了古代著名的四个医学体系。但除中国之外，均具有浓厚宗教迷信色彩，而唯有中国传统医学至今仍有用武之地。

2.2.3　瓷器制作

陶器萌芽于原始社会，旧石器时代世界各地就分别制出各色品种。瓷器是在陶器基础上的一种发明，与陶器相比，工艺较复杂，发展极不平衡，但最早发明者是中国，已无什么争论。东汉浙江上虞就能烧出瓷化程度较好的青瓷，瓷质较光泽、透光性较好、吸水力较低、胎釉结合较紧密。至唐宋瓷业已空前繁荣，唐（618—907年）有浙江越窑与河北邢窑，分别制造青瓷白瓷，有南青北白之称，除青色釉器之外，还有花釉瓷与釉下彩绘瓷；宋代产地遍及各地，汝官哥钧定五大名窑可为代表。元明清制瓷工艺及装饰艺术从成熟达到了鼎盛时期，以景德镇技艺为代表，在装饰艺术上有了突破，元有铜红釉、青花与釉里红；明有釉上彩绘和釉上与釉下彩饰相结合的斗彩；清有五彩、粉彩、珐琅彩。其青花技艺，自元代烧成以来，历代相传，经久不衰，一直是主流产品，致使中国及世界各地均争相仿制。景德镇瓷器在坯料中成功掺和高岭土，提高了制品在高温中抵抗软化变形能力，并获得较高白度。制瓷工艺自唐朝开始西传至中东埃及，然后传至世界各地，世人对中国瓷器一直十分欣赏而羡慕，外国称呼中国是由瓷器一词引申而来，中国与瓷器在英文中就用同一词CHINA表达可见一斑！汉代针灸陶俑见图2-11，商代原始瓷尊如图2-12所示。

图2-11　汉代针灸陶俑　　　　图2-12　商代原始瓷尊

2.2.4　白酒酿造

前 20 世纪开始，就用酒曲使淀粉发酵，酿出酒品，是生物化学首创。西周（前 11 世纪—前 256 年）已有丰富酿酒经验与完整酿酒规程，《礼记》月冷篇中叙述负责酿酒事宜的"大酋"，在仲冬酿酒时须监管六个环节："秫稻必齐、典蘖必时、湛炽必洁、水泉必香、陶器必良、火齐必得，兼用六物"。宋朝酿出蒸馏酒至明朝已很普遍，记载有"以浓酒与糟入甑，蒸令气上，用器承取滴露"之说。酒的发展与曲的提高密不可分，晋朝嵇康著《南方草木状》，提到两广"草曲"。南北朝贾思勰著《齐民要术》，记载有北方 12 种曲的制作。宋朝朱翼中研究古代南方造曲，提及用老曲末为曲种，有利优良菌种延续及推广，并著《北山酒经》；陶谷著《清异录》，记载有红曲，以高温菌红米霉繁殖较慢，只有在高温酸败大米中才易生长，曾受国外酿酒学家普遍赞叹！中国的白酒生产，历史悠久，时至今日，他国仍无与茅台、五粮液等名酒匹敌。金代铜胎蒸馏锅见图 2-13，白酒蒸馏过程如图 2-14 所示。

图 2-13　金代铜胎蒸馏锅

图 2-14　白酒蒸馏过程

2.2.5　秦砖汉瓦

　　黏土砖在中国历史悠久，春秋就曾制出长方形、方形、空心、断面成几字形、长方凹形与栏板砖等，并在表面模印各种花纹图案。至秦汉制砖技术、规模、质量与花纹品种均有显著提高。黏土瓦生产工艺与黏土砖基本相似，但对黏土质量要求较高，如需含杂质少、塑性高、均匀化强，西周就制出筒瓦、板瓦与瓦当，表面也多刻精美图案，之后形成了独立制陶业，并对工艺作了重要改进，如改用瓦榫头取代瓦钉、瓦鼻，使瓦间相接更吻合。至西汉工艺又取得明显进步，使带有圆形瓦当的筒瓦由三道工艺简化成一道，质量也有较大提高，故后人称之为秦砖汉瓦。之前只能依靠泥土、木材及其他天然材料从事各种营造，因此有土木工程一词就源于此。之后才有了人造建材，冲破天然束缚，导致建筑工程在历史上出现了第一次飞速发展，至18、19世纪之前，长达两千多年时间内，砖、瓦一直是其主要材料，甚至目前还被广泛使用，历代完成的，如万里长城、亭台楼阁以及北京故宫即是其成功的象征！万里长城见图2-15，北京故宫如图2-16所示。

图 2-15　万里长城

图 2-16　北京故宫

2.2.6　实用力学

对于运用力的实践，前 26 世纪古埃及就用滑轮组运送重达两吨半巨石，建造金字塔。中国春秋《墨经》也有涉及力的概念，如杠杆平衡、重心、浮力、强度、刚度等。春秋末《考工记》更有叙述力的相关技术，如嵌入车轮辐条轮毂的尺寸选择、磬与钟乐器的音律调整。至先秦已出现桔槔（杠杆提水）、辘轳（轮轴提水）等简单机械，东汉至唐朝继续制出水碓、水磨、水排（鼓风机）、翻车（水车）、筒车、戽车与刮车等设备。至宋朝，实用力学成就达到历史高峰，其中山西应县木塔，是典型之作，其斗拱简式结构，经历代地震考验，稳如泰山。至明朝，使用水车同时带动几十个纺锭同时旋转，更创自然力替代人力的大规模生产，实开工业先河！应县木塔如图 2-17 所示。

图 2-17　山西应县木塔

2.2.7　冶金术

铜、铁、金、银、锡、铅、锌、汞等许多金属冶炼，中国曾长居世界领先地位。尤其是在炼铁上更卓具成效，先后试制成四个品种，即白口铁、灰口铁、麻口铁与韧性铸铁等。战国初将白口铁加热并保温，试制成韧性铸铁，掌握了退火柔化工艺。战国上半期锻打块铁，炭火中碳的渗入，试炼成渗碳钢，掌握了淬

火工艺。西汉后期创以生铁为原料的炒钢工
艺，制得熟铁。晋朝末将生铁与熟铁按一定比
率，配合冶炼制得团钢。五代时期采用煤炭炼
铁，此时铸造的沧州铁狮子，一直保持至今，
完好无缺。宋朝沈括在《梦溪笔谈》中，对炼
钢也有较详细论述，起了推广推动作用。至明
朝后期开始采用焦炭炼铁。由于炼铁业的不断
发展，导致生产力的一步步提高，对社会发

图 2-18　宋代手风箱冶炼炉

展起了关键作用。宋代手风箱冶炼炉见图 2-18，曾侯乙尊盘见图 2-19，后周沧
州铁狮子如图 2-20 所示。

图 2-19　曾侯乙尊盘

图 2-20　沧州铁狮子

2.2.8　远航

秦始皇统一中国之后，五次乘船巡视各地，并派徐福远航日本。汉代广泛

图 2-21　郑和宝船

开拓海上航行，远达印度半岛南端与锡兰等地，以此为中介，使当时东方汉帝国与西方罗马帝国连接起来，构成一条贯通亚非欧的海上航线。唐代为扩大海外贸易，开辟海上"丝绸之路"，船舶远到亚丁附近。之前沿海引航，靠山形水势，称地文引航，远海只能用天上星宿作航标，称天文引航。至宋朝出现指南针，使航海技术有了划时代的创新。至明朝郑和（1371—1433 年），1405 年至 1433 年之间，共七次远航海外，航程共 10 万余里、最大船长 120 余米、船舶最多近 300 艘、船员最多 28000 人左右，其规模之大、航程之远、地区之广，绝无仅有，是世上远航业的伟大先驱者，船队掌握了最先进的航海技术，如航海罗盘、计程法、牵星术、平衡整流舵与防水舱等，航行十分顺利，到过南洋、印度、波斯、阿拉伯与东非等 30 多个国家，所到之处，作出的功勋，兰薰桂馥，长期流传，至今仍保有许多标志史迹，如印尼有三宝垄城与三宝洞（郑和其名又称三宝）、菲律宾有三宝颜城、泰国有三宝庙、马来西亚有三宝井与三宝塔、印度有三宝纪念碑。广布的这些遗迹，是郑和远航壮举的一座座丰碑！也是中国中古科技发达的历史见证！郑和宝船如图2-21所示，下西洋线路如图2-22所示。

中国航海技术长期大大领先世界各国，但仅有政治意义，少有具体成果，实在可惜！

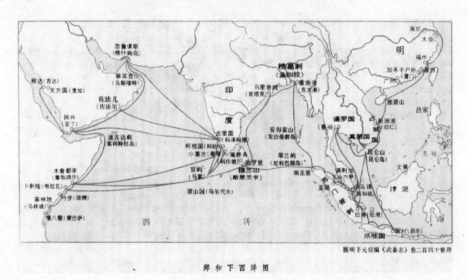

图 2-22 郑和下西洋图

2.2.9 四大发明

第一大发明是造纸。西汉就生产出麻纸，东汉蔡仁在总结前人经验的基础上，105年用树皮等植物纤维做原料，试制成价廉物美的适用纸张。造纸术从4世纪开始传到朝鲜、日本、西亚、埃及、西欧、俄国与北美等世界各地。纸的发明及应用，对历史记载与保存、对文化交流与传播等均发挥了重大作用。西汉麻纸如图 2-23 所示。

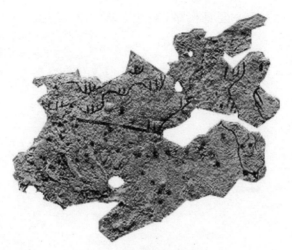

图 2-23　西汉麻纸地图

第二大发明是活字印刷。7 世纪有雕版印刷，宋朝毕昇发明泥活字，接着沈括在《梦溪笔谈》中做了论述："版印书籍，唐人尚未盛为之，自冯瀛王始印五经，以后典籍皆为木板。庆历中有布衣毕昇又为活版，其法用胶泥刻字，薄如钱唇，每字为一印，火烧令坚。先设一铁板，其上以松脂、蜡和纸灰之类冒之，欲印以一铁范置铁板上，乃密布字印，满铁范为一版，持就火炀之，药稍镕，则以一平板按其面，则字平如砥。若止印二三本，未为简易；若印数十百千本，则极为神速。常做二铁板，一板印刷，一板已自布字。此印者才毕，则第二版已具。更互用之，瞬息可就。每一字皆有数印，如"之""也"等字，每字有二十余印，以备一版内有重复者。不用则以纸贴之，每韵为一贴，木格贮之。有奇字素无备者，旋刻之，以草火烧，瞬息可成。不以木为之，木理有疏密，沾水则高下不平，兼与药相粘，不可取。不若燔土，用讫再火令药镕，以手拂之，其印自落，殊不沾污。昇死，其印为余群从所得，至今保藏"。对其推广起了很大作用，且有完善之处。元朝出现木、锡、铜、铅等活字。活字印刷很快传到越南、朝鲜与日本等世界各地。活字印刷的发明及应用，使图书制作费用空前降低，书籍品种数量空前增加，为广大群众使用图书，提供了空前有利条件。《泥版试印初稿》如图 2-24 所示。

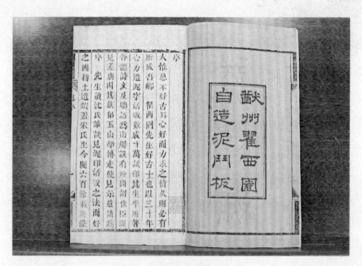

图 2-24　泥版试印初稿

第三大发明是指南针，是种利用地磁驱动的仪器。战国就出现"司南"指南，北宋以前可能已改称指南针，北宋沈括在《梦溪笔谈》中最早记述其制法，并发现磁偏角，完善了指南针使用，此一发现比欧洲早约 400 年。自南宋至明中叶使用水罗盘，将指南针浮于水面，没有固定支点，后由西欧发展成旱罗盘。指南针从 12 世纪开始传到西亚与西欧等世界各地，指南针的发明及应用，给海运初步

图 2-25　沈括

奠定科学导航基础。沈括画像如图 2-25 所示，《梦溪笔谈》书页见图 2-26，明代航海水罗盘如图 2-27 所示。

　　第四大发明是火药。唐朝炼丹家就掌握火药初步配方，"伏火矾法"即是一例。在元朝与阿拉伯作战中，曾用火箭大显身手，威震一时。至明朝，戚继光的火药配方及生产技术有了显著提高，其鸟铳药与现代黑色火药已几乎相同。火药术从 13 世纪开始，传到西亚与欧洲等世界各地。火药的发明及应用，给枪炮与喷气技术奠定了基础。"伏火矾法"如图 2-28 所示。

　　我国的四大发明，世人公认是中国对中古科技的重要贡献，是后来西欧近代科技发展的主要基础，故是改变人类历史进程的一些重大发明。试想没有纸张会怎么样、没有书籍会怎么样、没有指南针会怎么样、没有火药会怎么样？均

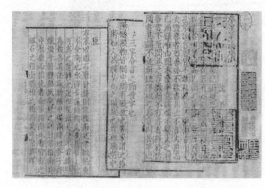

图 2-26　《梦溪笔谈》书页

图 2-27　明代航海水罗盘

一一不堪设想！故应是自然科技发展史上的第一个伟大成就，具有划时代意义！

2.2.10 数学

数学是研究数与形的科学，是其他科学的理想及模型，一般随其他科学发展而发展，故取得不俗成绩。

算术也萌芽于原始社会，春秋战国十进制筹算就得到广泛使用。东汉在战国与秦汉成就的基础上，出版《九章算术》，对分数四则运算、今有术（西方称三率法）、开平方开立方（含二次方程数值解法）、盈不足术（西方称双设法）、面积与

图 2-28　唐代"伏火矾法"

体积公式、线性方程组解法、正负数运算加减法则、勾股形解法等均有很高水平，开始形成中国古代数学体系，其方程组解法与正负数加减法，在数学发展史上曾长期遥遥领先，堪称世界名著。

至魏晋时代（220—420 年），赵爽在《周髀算经》中补充的"勾股圆方图及注"与"日高图及注"，是重要的数学文献，在"勾股圆方图及注"中，提出用弦图证明勾股定理与解勾股形的 5 个公式；在"日高图及注"中，用图形面积证明汉代普遍应用的重差公式，其成就带有开创性，在中国古代数学发展中占有重要地位。约与其同时期，刘徽注《九章算术》，不仅对方法、公式与定理等进行一般解释及推导，而且在论述中有很大发展，如从率（后称比）的定义出发，论

述分数运算与今有术道理，推广今有术得到合比定理；根据率、线性方程组与正负数的定义，阐明方程组解法中的消元道理，并特别指出，开方求得整数之后，可继续开方，求取微数，不但解决了无理根求法，而且提出了十进小数。还创割圆术，利用极限思想，求得圆面积计算公式，从而推出圆周率 π 值为 157/50 或 3927/1250。赵爽与刘徽奠定了中国古代数学理论基础。

南北朝，祖冲之在刘徽的基础上，以计算内接多边形的边长，将 π 值精度提到小数点后七位，即 3.1415926~3.1415927 之间，并提出 355/113 作为密率代替 22/7，与阿基米德以"穷竭法"求得的 3.140845~3.1428571 相比，也更为精确，之后奥托（德）与安托尼兹（荷），也提出 355/113 为 π 的近似值。但晚了千多年。刘徽注《九章算术》如图 2-29 所示，祖冲之画像如图 2-30 所示。

至宋元时代，数学发展达到中古高峰，如北宋贾宪提出三角与增乘开方法，

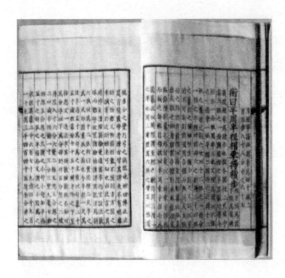

图 2-29　刘徽注《九章算术》

图 2-30　祖冲之

三角的提出比帕斯卡尔早600年，增乘开方法从开平方、立方至4次以上的开方，是论识上的一个飞跃；沈括创隙积术与会圆术，提出高阶等差级数求和与求弧长近似法；南宋秦九韶著《数学九章》，创高次方程数值解的正负开方术，相当西方1819年出现的霍纳法；元朝朱世杰著《四元玉鉴》，提出高次联立方程解（四未知数），是线性方法组解法的重大发展，比西方同类解法早400年。这些成就，大多是当时世上巅峰之作！

2.2.11　中国域外中古科技成就

除中国之外，另有三个地区，也做出了不小贡献。一是古希腊，虽多数哲学家过于依赖主观思辨与智力训练，很少依赖观察与实验，致使在具体成就上没有多大贡献，但阿基米德创立的杠杆定律、阿基米德螺旋、阿基米德原理，为后来近代静力学、动力学与流体静力学发展奠定了一些初步理论基础，此点中国倒有点相形见绌。二是阿拉伯地区，亚里士多德学生亚历山大大帝及其追随者，将希腊文化传到了世界各地，结果带来了希腊文化与其他文化的交流，来自中国、印度、埃及与巴比伦的科学，与上述所有区域的希腊知识相结合，产生了许多积极成果，于是罗马首位基督教皇帝君士坦丁一世，330年将罗马帝国从罗马迁到新建的君士坦丁，即现在的伊斯坦布尔，宣传基督教与希腊哲学。随着穆罕默德（570—632年）在阿拉伯半岛建立伊斯兰教，这些地区人民由于在罗马帝国统治下受到压迫与重税盘剥，伊斯兰教似吹来一阵清风，转而信仰穆斯林，重新建立各种学校，将译成叙利亚文的希腊著作，再译成阿拉伯文，至8—12世纪，建立起一批大学与科学团体，于是以阿拉伯、希腊、叙利亚三种传统文化为主又相汇合，在炼金术、天文学、光学及数学上均又取得不少成绩。三是印度，在代数等数学领域成绩非凡，十进制就是由印度思想家最先提出的；在保健与医学领域也提出了一系列知识体系，尤其是在外科手术方面曾有独到领先地位，但由于其科学发展局限于国内，对世界其他地区影响不大。

2.2.12　中古社会发展概况

以中国为首创立的技术型、经验型与实用型中古科技，虽无经典定律，也无什么伟大学说，可具体成果十分丰富，以其为主提高了人类文明，建立并发展了封建社会，为社会发展完成了第二次重要历史使命，且为资本主义也奠定了一定基础，在人类发展过程中更占有长期重要位置，应值得世人赞颂！

孔孟为首的儒家思想，一味提倡的"强本弱末，农桑为本，工商为末"，虽能与奴隶社会与封建社会相互呼应，对中古科技起了积极促进作用，但抑止工商业的发展，除保持封建制的上层建筑比较完善而牢固之外，却是制约人们去冲破封建社会的主要原因，致使不能先于西欧实现工业化，酿成经济结构长期踏步不前，阻遏社会继续前进！也应值得世人深思！

至奴隶社会晚期，其内部已产生封建经济萌芽状况，如罗马帝国在科技及生产率提高的基础上，出现隶农制，就是例证之一。中国春秋末年更由于生产率的提高，使井田制（同水井者所耕之田）瓦解，不少奴隶农民甚至可受地百亩，其变化更为突出。种种现象会逐渐发展壮大，当成一股强大势力时，对旧政权定将进行各种不同形式的阶级斗争，旧政权也绝不会拱手让出统治，必进行残酷镇压，这就为封建社会诞生开辟了具体道路，中国秦朝的出现，就是在这种背景下建立的一种新王朝。

封建社会，是人类进步历程中必经的一个独立形态，据调查，几乎世界所有国家及民族无一例外均曾存在，只是经历各不相同。如中国，印度，中、近东地区与西欧等，是从奴隶社会过渡到封建社会；东、西斯拉夫人与斯堪的纳维亚与英国等，则是从原始社会直接进入封建社会；日耳曼人等是通过征服先进地区，受其影响直接进入封建社会的。但有一点是相同的，在科技及生产发展的基础上，由一个社会形态取代另一个社会形态的革命变更，一般都经过一番你死我活的垂死争斗，而并非自然的或者和平的。其普遍生产方式特征，封建大土地主所有制与一些个体小生产者相结合，封建地主以各种方式，从农民种植的作物中攫取地租，农民仍是被剥削的广大底层群众。其占有制方式，各有不同，大致有封建土地国有制、封建贵族等级所有制、封建地主私有制三种。封建主对地产经营主要采用两种形式，一是建立庄园，役使农民耕作；二是土地租给农民，收取地租。劳动者虽有独立经济，比奴隶社会有很大进步，但人身仍附于封建地主。其依附程度，也各有不同，如中国等一些亚洲国家，有较多自由农民，并握有小块土地所有权，可能是其制度维持较长的原因之一；英、法、德、俄与波等则有很强的依附管理制度，实际是一种奴隶农民，可能是其制度维持不长的原因之一。其统治方式，与奴隶社会相比，有很大进步，较为文明，主要不用武力进行肉体惩罚，大多以各种宗教为主要手段，引导臣民服从各种教义。奴隶社会中产生的伊斯兰教、基督教与佛教，是封建时代最主要的几种教派，均宣扬天堂地狱，今世来生，因果报应等学说；在中国与一些东亚国家占统治地位的思想不是宗教，而是以不同方式故意歪曲的儒家学说，其实变成了一种儒教，宣传一系列适应封建统治需要的伦理教条。其目的均是一样的，不是论证封建统治正确，就是使底层群众失去斗争意志，以求统治巩固。

封建社会虽仍是一种人剥削人的制度，但与奴隶社会相比有了很大进步：

农民多少有了点自由，小生产者更具有独立经济经营权力，在一定条件下可有微薄积累。且脑力劳动与体力劳动的分工有了一定制度，如意大利 11 世纪初就有萨莱诺大学与博洛尼亚大学；英国 1168 年建立牛津大学、1209 年建立剑桥大学；法国 12 世纪末建立巴黎大学；德国 14 世纪建立海堡大学；中国从孔子开始就建立各种学堂。所有这些因素，对科技及生产发展均产生了积极作用。

封建社会虽是人类的第二个必经的进步阶段，但仍是一个人剥削人的社会，自然也不可能永久维持，这就为资本主义出现创造了条件。

第❸章

近代科学文明

　　中国中古科技曾长期辉煌，其成就通过成吉思汗西征与十字军东征，由阿拉伯传入西欧，成了近代科技的主要基础，墙内开花墙外香，终利及他人，看似有点可惜，可据史实，从无永世不衰之国，中国已有千年辉煌发展时期，是世上曾强盛时间最长之国，也应是种规律。

　　1219年，成吉思汗亲率20万大军，先击败西邻花拉子模军，继之遣军打败斡罗斯与钦察等联军，兵锋直抵今西亚与欧洲东南部等各地，此即著名成吉思汗西征。其结果是，打败了不少西邻，同时也向所经地区输出了许多中古科技，使其受惠不浅。

　　1096年至1291年，西欧天主教会、世俗封建主与意大利富商，对地中海东岸国家进行侵略，侵略军身缀十字标记，故称十字军。大小封建主以较富庶东方作掠夺土地与财富的对象，是侵略主要原因，主要进行了八次，此即著名十字军东侵。其结果是，不但使东西方之间商业活动日益频繁，近东地区贸易成了西欧经济的有机部分，而且使生产水平较低的西欧各国，通过各种渠道，从先进东方学到布匹、绸缎等的精织；印刷、指南针、火药、金属加工等的生产技术；种植水稻、荞麦、西瓜、柠檬与甘蔗等的农业生产技巧，对西欧近代科技发展起了重要作用。

至 15 世纪，西欧利用中国火药技术，制造发射子弹的枪炮已被广泛使用，加上指南针，使其远洋船队异军突起。至 1492 年，哥伦布（意，1451—1506 年）在西班牙国王资助下，统率 3 艘船舶、90 名船员，开始第一次远航，企图寻找一条从欧洲西行，通往印度、中国与日本的海路，1498 年第三次远航时，踏上南美大陆，达到顶峰。其时他已认定地球是圆的，去世时还以为发现的大陆就是印度，但比郑和晚了近百年，规模相对也甚小。可郑和除探险外，主要只是政治目的，而哥伦布等除探险与政治目的之外，主要进行掠夺，开展贸易，积累资金，为资本主义创造了物质条件。

当时的意大利，封建势力较弱，政治分裂，且由但丁（1265—1321 年）、乔托（1266—1337 年）、彼得拉克（1304—1374 年）、达·芬奇（1452—1519 年）、伽利略（1564—1642 年）等一些著名进步思想家，领头掀起文艺复兴运动，反对封建制度，为资本主义又创造了思想条件。

因此资本主义首先在意大利萌芽，至 14 世纪后期，佛罗伦萨呢绒工厂就有200 余家，工人已达 3 万之众。

文艺复兴运动，反映了 14 世纪至 16 世纪西欧各国正在形成的一种思想文化色彩，其主要中心最初在意大利，16 世纪扩及德意志、尼德兰、英国、法国与西班牙等地。文艺复兴概念被意大利人文主义作家与学者最早使用，该词源自意大利文 Rinascita，概括了乔托以来的文艺活动特点，被世界各国一直沿用至今，中国曾直译为"再生"或"再生运动"，但文艺复兴译法已被普遍接受。当时人们认为文艺在希腊、罗马古典时代曾高度繁荣，但在中世纪"黑暗时代"却被衰败、淹没，直至 14 世纪以后才获得"再生"与"复兴"。因此文艺复兴着重表明了新文化以古典为师一面，但并非单纯的古典复兴，实际是反对封建的新文化创新，当时的文艺复兴主要表现在科学、文学与艺术的普遍高涨，故为资本主义发展创造了思想条件。

西欧在与中国经济技术交往过程之中，也学会并借鉴了中央集权制，掀起"绝对王权"运动，用以克服当时的封建主义混乱分裂状态，使其继续发展。至约 15 世纪末，科技中心就移到了西欧，因有中国大量古代具体科技成果与阿基米德等古希腊思想家推理思维作基础，且将主要精力放在探索表象之下的内在规律上，建立各种学说，故发展速度相对较快，以其为主线，西欧对近代科技作出了空前的重大贡献。

3.1　科学天文学

天文观测是门最古老技术，但欧洲受古希腊思想家亚里士多德影响，认为"宇宙是由一些环绕地球旋转的同心球面组成"，因此没有大的发展，曾远远落后中国。至中世纪（罗马帝国灭亡至文艺复兴开始）政教合一黑暗时代结束，冲破阿拉伯科学家过分推崇的、以亚里士多德思想体系为主的"经院哲学"之后，西欧才以意想不到的一种力量神速兴起。奇迹归功生产发展，十字军远征以来建立工商业，商品经济导致远航兴旺，迫切需要天文仪器及精确星表测定经纬度，提供了巨大需求动力；冶金机械制造与中国印刷术传入，又提供了必要物质条件。且随天文学本身发展，日益证明中世纪神学世界观的一大支柱——亚里士多德–托勒密地球中心学破绽越来越多，于是就成了冲破神学的一大突破口，并率先进入了近代科学大门。

哥白尼（波，1473—1543年，图3-1），1492年进克拉科大学，受人文主义者、数学教授布鲁楚斯基熏陶，抱定献身天文学研究。之后埃尔梅兰城大主教瓦琴洛德派他去意大利学教会法规，1496年先到波洛尼亚大学，后转到帕多瓦与费拉拉求学，在此期间，学者们可自由地从一所大学转到另一所大学，针对哲学、艺术与生活写下各种精彩长信，以小册子在学者之间争相传阅，他也从中获益匪浅。同时受到意大利文艺复兴生机

图3-1 哥白尼

勃勃学术气氛感召，除学教会法规之外，更多时间在研究多种学科，尤其是对数学与天文学兴趣浓厚。在波洛尼亚期间受当时伟大天文学家诺瓦腊指导，进行天文观测，自此哥白尼就主要依赖包括托勒密及其他人的观测资料，将精力集中从事天文学研究。一般认为：抬头望天，就会看到太阳在"运动"；俯首视地，就会认为地球在"静止"。他与一些少数希腊哲学家却认为：可能正好完全相反。于是一生用了49个春秋去观察、测算、校核、修订其要创立的宏论，至1543年5月24日，终于发表《天地运行论》，有力提出宇宙太阳中心学，推翻统治欧洲亚里士多德–托勒密地球中心学，给其教义致命一击。因无法自圆其说，中国浑天说也就寿终正寝，自此自然科学就从神学中解放出来。因哥白尼早已预料：会

受到教会及一些世俗人士的强烈反对，一直未进行大势声张，且与教皇、红衣主教一直关系不错，因此从未受到任何打压。托勒密的世界地图如图 3-2 所示。

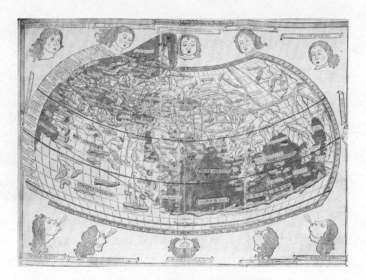

图 3-2 托勒密的世界地图

布鲁诺（意，1548—1600 年），17 岁时进了修道院，读了《天地运行论》之后，立刻表示拥护。1576 年因反对罗马教会腐朽制度，离开了修道院，流亡西欧。至 1584 年在伦敦出版《论无限宇宙与世界》，坚决捍卫哥白尼理论。书中问道："假如世界是有限的，外界什么也没有，那么我要问，世界在哪里？宇宙在哪里"？并指出："宇宙是无限大的，其中的各个世界是无数的"；"恒星并不是镶嵌在天球的内壳里，而是有近有远地分布在无限宇宙之中"；"恒星并不是嵌在天穹上的一盏金灯，而是跟太阳一样大、一样亮的太阳"，"太阳只是太阳系中心，不是宇宙中心"。他是一位激烈思想家，并善于演讲，敢直抒己见，其著作与演讲均富强烈反宗教唯物主义思想，触犯了教会，1592 年被骗回到威尼斯，不久即遭逮捕，受了 8 年折磨，也从未低头，至 1600 年 2 月 17 日，在罗马鲜花广场被活活烧死。

伽利略（图 3-3），1609 年亲自制造并改进了几具望远镜，用之巡视星空，发现了许多奥秘：所见恒星数目随着望远镜倍率增大而增加，银河系乃由无数恒星组成；太阳也有黑子，月亮也并非上帝赋予那样完美无缺，而是坑坑洼洼的；木星也有四颗卫星，有力驳斥了只有地球才有月亮围绕其旋转的地心说拥护者，也捍卫了哥白尼理论。至 1610 年，将观测结果以《星际使者》发表，大大推动了其理论的传播。因其名声一向显著，

图 3-3　伽利略

教会未敢即刻给予打压。且几年之后，还令他重新编写哥白尼的著作，至 1632 年就出版《关于两个世界体系的对话》，采取三人辩论形式，其中一人为哥白尼进行辩护，一人为亚里士多德说话。伽利略声明：给出的是一场公平且平等的辩论，其实他是哥白尼思想的辩护者，其论据显得很有条理，且十分流畅；那位亚里士多德的发言人，为伽利略的真正想法也提供了清晰线索，教会再也无法克制，恼羞成怒，也对其进行审讯，被判监禁。伽利略望远镜如图 3-4 所示。

图 3-4　伽利略望远镜

哥白尼学说一出世，虽一直受到大多数科学家赞同，但仍有少数人持不同意见。在哥白尼死后第三年出生的恒星精密观测者第谷（丹麦，1546—1601年）就是其中之一，他不相信地球绕太阳旋转说法，理由是如果地球运动，我们应能感觉到。当时他不知道连续、匀速、方向也不改变的运动会怎么样，与自身也作同样运动的物体，对其感觉又会怎么样。至1609—1619年之间，第谷学生、占星术士、哥白尼信徒开普勒（德，1571—1630年），在已积累丰富观测资料的基础上，经继续观测并进行分析之后，连续发表对所有行星运动均适用的三条定律，即"开普勒定律"。其一是所有行星运动轨道均为椭圆，太阳位于椭圆的一个焦点上；其二是行星径向在相等时间内扫过的面积相等；其三是行星公转周期平方与轨道半长径立方相等。对哥白尼学说首次作了重大发展，自此就无人再提异议，不过认为太阳力控制行星，也未找到天体运行的力学规律。

哥白尼等创立的新说，虽有不足之处，但使天文学迈进了科学大道，清除了一些迷信思维，应是宇宙观的一次伟大革命，是近代自然科技的开端，自此在其他领域也进行了一些革命，取得突破成就。

至1666年，牛顿（英，1642—1727年，图3-5）在家乡躲避瘟疫时，就开始思考引力问题，据其晚年密友斯多克雷的回忆记录，1726年4月15日牛顿曾亲口告诉他，因见到树上苹果落地，引起了深思，结论是：物体均相互吸引，地球上所有物质对苹果吸引力的合力，是向着地心的，因此苹果才向地心落下。之后将引力推广到宇宙，认为月球离地球虽远

图3-5　牛顿

到地球半径的 60 倍，但地球引力也会达到月球，那么月球何以不像苹果一样坠落，推想一定与月球绕地球运动有关。其天体相互吸引概念，之前也有人想到，如物理学家胡克等，甚至还猜测到引力与距离平方成反比。牛顿的主要贡献是，令人无可怀疑地证明：地球与其他天体的引力是按一定规律变化的。不过由于当时掌握地球半径误差较大，最初算出的月球绕地球运动的向心加速度，与地球上的重力加速度之比，不符合与距离平方成反比的规律，直到 1671 年，法国天文学家皮卡德算得较精确的地球半径数据之后，才得到苹果落地的精确力量，也就是使月球沿轨道绕地球运动的离心量。既已理解了月球绕地球运动原理，自然就推想地球绕太阳运动也定受控于太阳引力，其他行星与太阳距离虽不同地球，但绕太阳运动也必定是受其引力支配。开普勒虽从观测结果得出行星运动三条定律，但为什么要按这些规律运行，未作出任何交代。至 1687 年，牛顿将所得成果以《自然哲学的数学原理》发表，提出万有引力定律，阐明日心体系是个巨大机械结构，使天体循一定轨道运行的是引力，将 2000 年的观测一并作了有力论述，弥补了开普勒三定律的不足，奠定经典天文学基础，使天文学实现了科学化，因此牛顿就成了近代科学之父。有人说牛顿是现代科学之父，那是一种过时说法。

1773 年，拉普拉斯（法，1749—1827 年）用数学方法，证明行星轨道大小只有周期性变化，即拉普拉斯定理，并说太阳系本身具有自我纠错机制，无需神力把其扳回原位，纠正了牛顿认为引力也是一种神的安排的错误观点，从当时科学观察与思考和宗教信仰的矛盾中跳了出来，能使其研究卓有成就，1784 年至 1785 年求得天体对外任一质点的引力分量，可用一个势函数来表示，该函数能满足一个偏微分方程，即拉普拉斯方程。至 1799 年至 1825 年之间，拉普拉斯连续出版了十六册巨著《天体力学》，将万有引力应用到整个太阳系，主要论述大行星与月球运动，使天体运动理论实现系统化，是经典天体力学的代表作。

至 19 世纪，宇宙无限、天体无数、行星绕恒星旋转、恒星也在不停运动（以前无法观测到恒星运动，就以为不动故称恒星，至 1718 年，哈雷才发现恒星与其他天体一样，也在不停运动）等问题已基本无大的争论，但对各天体的物质成分与相互之间的距离，还缺乏有效方法测定，可幸及时出现了两项新的技术：一是新的照相术可记录望远镜所指向的天体；二是可通过光谱线测定恒星由什么元素组成。

1838 年，贝塞尔（德，1784—1846 年）宣布，测得一个较精确的、两天体之间的距离。用一台由自己设计、夫琅禾费制造的特殊望远镜，耐心细致地对天体进行长期观测，用视差三角法，首次测到一颗名叫天鹅座 61 星的微小位移，与地球相距约相当现在所说的 6 光年，而牛顿曾认为只有 2 光年，大大提高了精确度，自此就不断测到一些天体之间的较精确的距离数据，给天文学发展提供了一种重要手段。

1826 年，夫琅禾费去世时留下的遗产，不仅有那些精致透镜，而且还有一些神秘谱线，有一天基尔霍夫与本生正在实验室工作，突然看到十英里以外有大火燃烧，无意中将光谱仪瞄准大火，发现从火焰的谱线排列中，检测到现场有钡和锶存在，本生开始思考，有没有可能让光谱仪瞄准太阳，也检验太阳有什么元素，并自我咕哝道："但是人们会以为我在发疯，竟梦想做这种事情"。后来基尔霍夫将本生想法付诸实验，从太阳发出的光谱中，确实成功辨认出九种元素：即钠、钙、镁、铁、铬、镍、钡、铜与锌，一时令人惊讶，天空中曾被古人崇敬为神的巨大光源，却含有与地球完全一样的元素，经反复分析之后，至 1861 年基尔霍夫才敢宣布其成果。其实验，打开了光谱学与天体物理学大门，自此就不断发现不少恒星组成中的各种元素，为天文学发展又提供一种重要手段。

至 1915 年，爱因斯坦（德，1879—1955 年，图 3-6）在建立狭义相对论之后，开始研究万有引力，提出在本质上与万有引力完全不同的理论，即广义相对论。广义相对论保持了狭义相对论原则，同时增加了牛顿引力这一维度，但无法区分牛顿引力效应与加速度效应之间差别，于是放

图 3-6　爱因斯坦

弃引力是种力的思想，代之以一种人为设想，说明加速度与牛顿引力具有相同效应，即等效原理，利用这一原理写出一组方程式，其中引力不再是力，而是一种时空弯曲，好像每个大物体均置一块大橡胶表面，星星之类大物体在时空里弯曲，就像位于大橡胶板上的大球，使橡胶表面凹陷那样，质量引起空间与时间的变形，就导致所谓引力，引力的力并不真正是恒星或行星等物体的特性，而是来自空间形状本身。根据广义相对论所设定的原理，在三个领域作了预言，一是行星轨道近日点（离太阳最近点）有位移现象（水星此种现象，使天文学家困惑多年）；二是光在逆着引力离开星球时，会受强力场作用产生红移；三是光被引力场偏折的量应比牛顿预言的大得多。这些预言，在以后的实践中均一一得到证明。至 1917 年，发表《根据广义相对论对宇宙所作的观察》指出：无限宇宙说与牛顿理论说之间存在难以克服的内在矛盾，按牛顿力学原则，不能建立无限宇宙的物理体系动力学，与无限宇宙观结合，根本得不到一个自洽的宇宙模型，而

按广义相对论可建立一个静态有限无边的自洽动力学模型，即就空间广延来说，是个闭合连续区，体积有限，但是个弯曲封闭体，没有边界，因而无限，宣告相对宇宙学诞生！

相对论的建立，不但使天文学攀到科学高峰，而且为现代科学开启了第一扇大门，也改变了人类历史进程，试想若无此理论出现，将会怎么样？也定不堪设想！故应是自然科技发展史上的又一个（第四）伟大成就！也具划时代意义！因此爱因斯坦就成了现代科学之父。

近代天文学的创立及应用，使科学家了解宇宙有了许多方法及规律可循，促使天文学迅速发展，为现代天文学打下了基础。

3.2　近代力学

力学也是门古老科学，且具体成果十分丰富，但并未形成重大规律性成果。

达·芬奇，不仅是一位世界闻名的美术家，而且还是一位甚有底蕴的科学家及工程师。他于 1500 年前后，作了自由落地试验，得知重物沿由其与地心相连的直线下落，下落速度与时间成正比；作了杠杆平衡试验，得知物体平衡由杆上重量与其距支点距离来决定；作了飞行器试验，得知空气有托力与阻力；作了重物沿斜面运动试验，得知存在摩擦力；并从所有实验中得出物体不能自己运动，在运动方向上必须要有一定重力；还得到计算几何体重心的一般法则与力的平行四边形原理。

伽利略 1581 年遵照父令，来到比萨大学就读医学，父亲是位贫困潦倒数学家，认为医生潜在收入要高出数学家的 30 倍。可他受文艺复兴影响，对学医并无兴趣，却对力学与天文学等自然科学情有独钟。在校的 1582 年，有一天在教堂注意到天花板下美丽吊灯随风摆动，就全神贯注进行观察，在一定脉搏跳动次数之间，吊灯摆动次数总是完全相同，随着时间流逝，摆弧有所缩短，但摆动一个来回仍保持同样时间，后用各种方法继续进行研究，获摆等时定律；1585 年研究阿基米德杠杆与浮力原理，发表《天平》与《论重力》两篇论文，揭示重力与重心实质，并给出数学表达式；1589 年以炮弹与枪弹，在比萨斜塔作了一系列落体运动实验，建立自由落体定律，速度与重量无关，而与时间成正比，否定了亚里士多德的重物落体比轻物要快的表象错误结论；接着在斜面上测定重力加速度，对加速度作了详尽研究分析，有加速度，力学才有科学基础；其间还提出合力定律与抛射体运动规律。

达·芬奇与伽利略不但是近代力学的实验奠基人，而且也探索出一些规律，因此也有人称伽利略是近代科学之父！实也有一定道理。

至 1687 年，牛顿在哥白尼、开普勒、伽利略等成就基础上，在《自然哲学的数学原理》中，在第一篇开篇提出力学三定律，其一是惯性定律，任何物体将保持静止状态或作直线匀速运动，除非有外力施加其上；其二是运动定律，物体运动量的改变与所施外力成正比，并发生于该力施加的方向上；其三是反作用定律，任何一个作用力，必定有个大小相等、方向相反的反作用力。在《原理》第一册中，以三定律为基础，计算出地球与月球之间的引力，得出引力正比于两物体质量的乘积，反比于中心距离的平方，此引力能解释所有开普勒定律，并认为能适用于整个宇宙。在《原理》第二册中，讨论关于笛卡儿的一个观点："宇宙充满流体，行星与恒星运动受旋涡支配"，发现将定量数学方法运用于此理论，不再有效，且观察到行星运动与旋涡理论也不相符，否定了笛卡儿体系。在《原理》第三册中，在前两册基础上作了一些预测：地球不同引力合在一起，使形成球体，且由自转额外的力，会影响形状，从而在赤道处有所突出，由此引起了英法两国之间的长期争执，以法国卡西尼为首的保守派，认为地球形状应像两极拉长的"扁长球体"，当法国的莫泊丢与孔达米恩等一些科学家进行实地考察之后，才得出无可辩驳的结论，地球不但不像希腊人所设想那样完美，也不像卡西尼等所坚持那样是扁长球体，而是离赤道越远，突出越不明显，才以牛顿胜利而告终。并预言了突出的大小，由于当时地图制作者计算有误，与预测并不符，但实际上不仅没错，而且精确到了百分之一；另一著名预言，彗星并不那么神秘，也以椭圆轨道围绕太阳运行，但相比其他行星轨道更扁平更长，甚至会跑到太阳系边缘之外，哈雷据其计算，也预言哈雷彗星会周期性出现。以后的事实证明其预言也均十分正确。

力学三定律的建立，奠定经典力学理论基础，不仅对天体运行作了科学解释，也促使地球人类以机械代替人力的蓬勃发展，自此造出各式能量转换机械、生产机械、服务性机械、日常生活机械、机械式武器，开启了机械动力时代，是机力代替人力的第一次重大飞跃，也改变了人类历史进程，故应是自然科技发展史上的又一（第二）个伟大成就，也具划时代意义！

在发展力学理论的同时及以后，创造出了许多重大具体成果。诸如 1650 年盖利克（德）研制成真空泵，1656 年惠更斯（荷）研制成单摆机械钟，1698 年萨弗里（英）研制成矿井抽水机，1764 年哈格里夫斯（英）研制成手工珍尼纺织机，1774 年开始威尔金森（英）等研制成镗床等一系列机床，1785 年卡特赖特（英）研制成动力织布机，1786 年西兹（英）研制成割穗机，1787 年威尔金森研制成铁甲船，1790 年圣托马斯（英）研制成手摇缝纫机，1795 年布拉默（英）

研制成水压机，1803 年唐金（英）研制成长网造纸机，1818 年德赖斯（德）研制成木制两轮自行车，1836 年奥蒂斯（美）研制成单斗挖掘机，接着麦考密克（美）研制成马拉联合收割机，1847 年霍伊（美）研制成轮转印刷机，1868 年希鲁斯（美）研制成打字机，1868 至 1887 年英美两国先后出现带式与螺旋输送机，1879 年拉瓦尔（瑞典）研制成离心分离机，1892 年弗罗希利奇（美）研制成农用拖拉机，1911 年格林里公司（美）研制成组合机床，1927 年科恩（美）研制成超声加工机……

近代力学的建立及应用，研制出的各式各样机械，减轻了劳动强度。试想若无这些发明，人类不堪苦役的时间何时结束？故近代力学是给人类送来空前福音的重大成就之一！

3.3　西医学

防病治病也是一门最古老科学，可古代欧洲无任何著名派别可言。至 1519—1522 年之间，麦哲伦环绕世界一周时才将许多药物，包括鸦片、樟脑与松香等由东方带到欧洲，美洲发现之后，才有金鸡纳、愈创木与可可果等。

托勒密统治欧洲天文学时，一位希腊医生加伦（约 130 年出生）也统治了当时的医学界，他并非基督徒，但也提出了一神论，相信宇宙中的万物，均是上帝为了某种特定目的而创造，人体及结构是创世主能力与智慧的证明，因其当时名声较大，其谬论长期阻碍了医学发展。

维萨里（意），生于文艺复兴时期，出身医生家庭，在新的思想熏陶下，敢于创新，至 16 世纪，在达·芬奇重视人体解剖的影响下，有时夜间也至野外盗窃尸体进行解剖。之后将积累的材料，整理成《人体构造论》，精确描绘了人体结构，开人体解剖学先河，为临床提供了第一本比较精确的图谱，对加伦著名的、错误百出的论点，进行了有力批判。至1543年与《天地运行论》发表的同时，也公开发表了《人体构造论》。1564年帕雷（法，1510—1590年）著《外科学教程》，大量引用维萨里的著作，使一般手术师也能掌握其成就。

维萨里虽已对加伦解剖学发起了有力挑战，但17世纪生理学界仍受加伦等旧思想压制。要理解人体生理学，关键要理解心脏及血液，1628年哈维（英，1578—1657年）受维萨里影响，著《心脏运动学》，认为可将心脏看成是一种肌肉，通过收缩而起作用，把血液泵出，心脏上面两个腔室（心房）与下面两个腔室（心室）分开的瓣膜是单向的，因此血液只能单向流动，静脉瓣膜只允许血液从静脉流向心脏，心脏里的瓣膜只允许血液进入动脉，并计算出一个小时里心脏泵出的血液是人体的三倍，其著作对许多临床医生而言，起了立竿见影的效果，解释了许多现象，其中包括感染、中毒与蛇伤等，为什么会如此快地扩散到全身，自此加伦理论才逐渐走向彻底崩溃。

维萨里与哈维的成就，应是医学上的一次革命，指出了研究人体的一种正确途径，即科学观察与实验，不但打击了加伦的谬论，还清除了医学上的一些其他迷信思维，为西医学打下初步基础。

有人说哥白尼《天地运行论》、伽利略物理学、维萨里《人体构造论》、哈维《心脏运动学》标志近代科学诞生，实也有一定道理。

1761年，穆尔加尼（意，1682—1771）在他人做了大量尸体解剖，对人体正常构造已有清晰认识的基础上，著《疾病的位置与病因》，描述疾病影响下的器官变化，对疾病原因作了一些科学推测，开始将临床学与病理相联系，疾病概念深化到病理层次，推动外科手术进一步发展，不过基本只触及后果，未触及真正病因。18 世纪中叶奥恩布鲁格（奥，1722—1809 年）著书介绍叩诊。1819 年拉埃内克（法，1781—1826 年）著书阐述听诊。19 世纪菲尔肖（法，1821—1902 年）在显微镜有了很大改进与建立细胞学的基础上，做了大量实验研究，同样仍处定性层次，未找到病因。后来取得的重大成就，主要是在物质科技发展的基础上，才得以一一逐渐实现。当然其中许多成就，是在人类好好活着需要的推动下进行的。

1868 年，温德利希著《病中体温》，总结近约 25000 例检测记录，奠定体温检测地位；1886 年阿贝研制出复活消色差显微镜，诊断疾病时能看到病源菌一类细小生物；1895 年伦琴发现 X 射线，最初用于观察骨骼，继之用钡餐与碘油造影，最后实现以 CT 机断层成像；1906 年爱因托芬发明心电图（后又出现脑电图），可看到心脏动态；1930 年斯维德贝里发明电泳法，可检测并分析出疾病机理以及后来利用正电子发射计算机进行断层扫描等等，均使诊断疾病不但有了定量手段，而且也能确定病因。

计算机 X 射线断层成像，即 CT 机，是一种医学影像诊断技术，先用 X 射线对人体投射，经检测器测定透射后的放射量，再经电子计算机处理，重建人体断层图像，由此可了解人体内的病症，其图像与常规 X 射线照片相比，高 10 倍以上的密

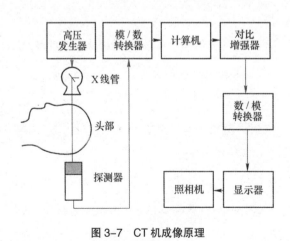

图 3-7　CT 机成像原理

度分辨率，更能清晰显示其病变，尤其是对颅脑疾病能得到较精确的诊断位置。CT 机原理如图 3-7 所示，正电子发射机断层扫描如图 3-8 所示。

心电图，心脏内有一种特殊分化心肌纤维，具有很强自律性，无需任何外来刺激或神经激动，就能自动按时发出有

图 3-8　正电子发射机断层扫描

节奏激动，由此会出现心脏规律收缩，产生一些微弱电流，传布全身，若在身体不同部位放置电极，并连到记录仪，会将变动电位差记录成一种曲线，即心电图。心电图可诊断一些心脏病，尤其是心肌梗塞的重要检测手段，对各种心律失常不但能作出正确诊断，有时竟是唯一手段，故在心脏病症的诊断方面，一直起着重要作用。

18 世纪末，发现笑气，19 世纪中叶合成乙醚，后发现对人体神经均有镇静作用，就用做手术时的人体麻醉。接着相继发现氯乙烷、乙烯醚等吸入麻醉药，可开展全身麻醉。1884 年发现可卡因，可用于局部麻醉。20 世纪又出现许多新的麻醉剂，如氯烷、硫喷妥钠等全身麻醉剂，普鲁卡因等局部麻醉剂。20 世纪初兰德施泰纳发现血型，通过配血使输血得以安全进行等等，不但使患者在手术中能大大减轻痛苦，而且也大大提高了手术成功率。

1857 年，巴斯德（法）建立细菌学说，1892 年伊万诺夫斯基（俄）发现过滤性病毒，尤其是 1881 年柯赫利用培养基分离出菌的纯培养，注射到动物身上，

复制出同一疾病，肯定细菌致病作用之后，就彻底破解了"瘟神"秘密，自此对各种"瘟疫"治疗，不但有了正确方向，而且也探索到一些有效防疫措施。

1897年，布赫纳发现非细菌发酵，说明细胞化学机理，没有什么特别独到之处，也遵守一般定律。换句话说，也可用一般化学方法对其进行改造。自此研究者更多关注细菌等微生物的生理机制，以便设法摧毁其功能，从而能治疗其所造成的疾病。至1908年，埃尔利希（德）与秦佐八郎（日）合作，在复查测试砷化合物的有效性时，偶然用到第606号样品，即肿凡纳明，一时让所有人十分惊奇，其对锥体虫虽无特殊疗效，却发现对引起梅毒的螺旋菌，有很强的破坏力，标志近代化学疗法类药剂的开始，此类药剂是一种合成抗体，能寻找并破坏侵袭的微生物，且不伤害患者或宿主。1932年多马克（德）偶然用到一种叫百浪多息的橙红染料，在实验中治愈了老鼠的链球菌感染，紧接着治愈了一个被葡萄球菌感染血液、垂死的婴儿，当其挽救了美国总统罗斯福儿子生命之时，这一药剂就赢得世界范围内的声誉，后来证明，百浪多息中的有效成分是磺胺，研究者就很快找到一系列相关有机化合物，即磺胺药剂，对链球菌、淋菌、脑膜炎双球菌、某些肺炎球菌、葡萄球菌、布鲁氏菌与梭状芽孢杆菌等均高度有效。1928年有一天，弗莱明（英）正清洗一批留在实验室角落里的细菌培养皿，将其垛在消毒盆里，准备清除其中培养液，以备再用时，却偶然注意到其中一个器皿有些异样，于是就从盆中取出，引起其注意的，是培养皿里有块地方，长着不寻常霉斑，周围环绕着葡萄球菌的黄色群落，围绕霉斑一英寸范围内的所有细菌均呈无色透明，意识到一定有什么东西杀死了霉斑周围的葡萄球菌，就即刻拍成照片，并刮去一些霉斑，使其再度繁殖。经研究之后，认定霉斑是青霉素，对抑止猩红热、肺炎、淋病、脑膜炎、白喉等致病细菌均有效。但当时提炼还不够纯净，无法检验其作为药剂的有效性，除在实验室使用之外，其成果在架子上搁置了整整十年之久。至 1938 年，钱恩（德）与弗洛里（澳）将弗莱明送给其样品的后代，在他们实验室里进行培养，得到不错结果，不但解决了大规模生产，而且得到合适纯净产品之后，才得以发挥其作用。在青霉素大量使用之际，1944 年瓦克斯曼（美）发现链霉素，是第一种能彻底消灭结核病菌的抗生素，许多抗生素可削弱细菌，而链霉素则能杀死细菌……。所发明的各种抗生素，其作用相当惊人，如美国在 1945 年至 1955 年之间，死于肺炎与流行性感冒的人数下降了 47%、梅毒死亡率下降了 78%、白喉死亡率下降了 92%，由此就可见一斑。

1901 年，高峰让吉（日）分离出肾上腺素，不久提取出促胰激素。1922 年班廷提取胰岛素，接着甲状腺素及各种性激素相继被分离提纯。20 世纪 40 年代提出肾上腺皮质激素。50~60 年代之间，分离出促甲状腺释放激素……。对各种内分泌有关疾病，不但找到了病因，而且还可得到有效医治。

20 世纪上半期，发现人体需要有缬氨酸、亮氨酸、异亮氨酸、苏氨酸、苯丙氨酸、色氨酸、赖氨酸、甲硫氨酸等各种氨基酸；A、B、C、D、E、K 等各种维生素；下半期认识到锌、铜、锰、钴、钼、碘、铁等微量元素，对人体生命的重要性……。不但弄清了营养缺乏病因，而且均可采取各种相应"强化食物"等措施，进行有效治疗及防治。

时至今日，各国正在大力发展生命科学，在基因与干细胞等研究取得成就的基础上，对治疗各种恶疾，定将会更广泛地发现各种有效途径。

近代西医学的创立及应用，能一步一步使用各类先进诊断装备、不断研制出各种有效药品、广泛开展安全有效外科手术，使人类长寿得到显著提升！故也应是近代自然科技给人类送来空前福音的重大成就之一！

3.4　生物自然选择说

生物自然选择说即生物进化论。时至今日，主流科学家还是认为，35 亿至 38 亿年前，在海底水热喷口附近产生化学自养细菌时，生命才开始出现。自此生态系统经历了一个长期的不可逆的进化，物种与其他相关物种及环境之间的复杂关系，是其进化背景。但进化极为缓慢，不是几代人就能明显察觉的，因此发现较晚，争论也多，最初还带有太多迷信色彩，也影响了其发展速度。

中国《易经》用天、地、雷、风、水、火、山、泽这八种自然基本现象，来解释物质的复杂变化规律，虽有点八卦，但在当时那种自然科学极不发达的情况之下，能将物质变化归为天地等因素，也应算是客观论述，或许正因如此，中国能创造出辉煌的中古科技。而西方的神秘迷信色彩则特别浓厚，中世纪有特创论与目的论之争。基督教将万物描写成上帝的特殊创造物，与之相对的目的论，则认为自然界的安排均是有目的的，如猫被创造出来是为了吃老鼠，老鼠创造出来是为了给猫吃，实质均是神在主宰一切，仅看法不同而已。

甚至在哥白尼等创立日心学之后，似乎已知任何天体均无不在运动，永不停止。但对研究生命体的博物学家来说，至 18 世纪初，一个古老观念仍占据统治地位，遵从一条巨链是至高无上的信念，这条巨链起源古希腊，后被基督哲学家进一步完善，认为从无生命物体到有生命物体，不管是昆虫，还是鱼或是人，均沿着一条由低等向高等级逐步排列的链条上，各就各位，且秩序稳定不变，在此链条中，植物位置高于岩石，动物高于植物，其中有些动物比其他低等动物位置要高，人类居最高位置，在许多人心里，此巨链甚至延伸得更远，会越过人类，达到天使等级，再延伸，就越来越完美，直达上帝，链条上的等级均是固定不变的，等级的一头低、另一头高，每种位置均是上帝在造物时的安排，也不会有任何物种灭绝，因不管哪种情况发生，均会改变链条上的所有等级，这是不可能的，即生物学的"不变论"。著名博物学家林奈（瑞典，1707—1778 年）就是这种观点的虔诚信奉者，其实他是一位知识广泛的学者。1735 年他出版的《自然系统》，将物种分为动物、植物、矿物三界，著名"植物纲系"首次就在此发表，1753 年又出版《植物种志》，奠定近代植物分类基础，《自然系统》多次再版过程中，不断大量增补及修正，至 1758 年发行的第 10 版，已扩展成 1384 页巨著，首次对动物分类采用"双名法"，将动物界分为哺乳、鸟、两栖、鱼、昆虫及蠕等六个界，界下设纲、目、属、种四个阶元，鉴定并命名了数以万计的动植物物种，结束了当时分类命名的混乱局面，其中的大部分时至今日仍在使用，且在长期实践工作中，看到物种数目有渐增现象，晚期看法也有所改变，至 1768 年出版的《自然系统》第 12 版中，就删除了"种不会变"的论述。

布丰（法，1707—1788 年）与林奈是同时代的人，虽然一生在"不变论"与"转变论"之间徘徊，但把"转变论"带进了生物学，著有 44 卷《自然学》。认为物种是可变的，生物变异原因，在于环境变化，环境变了，生物会发生相应变化，而且这些变化会遗传给后代，他应是生物"转变论"的先锋。

至 19 世纪，有活力论与直生论之争，活力论承认生物转变及进化，在布丰帮助下，步入博物学界的拉马克（法，1744—1829 年）就是有名活力论者。他认为物种是可变的，变异个体组成群体；生物存在由简单到复杂一系列等级，自身有一种内在"意志力量"，驱使向高等级变化；环境变化，会引起生物变化，环境多样化，是生物多样化的根本原因；环境改变会引起动物习性改变，经常使用器官会得到发展、不使用者会退化；在环境影响下生物发生变异会逐渐积累，代代遗传，就得到进化，此即为拉马克学说。其"内在意志"虽有唯心论色彩，没有完全脱离上神束缚，但就整体而言，为生物进化论奠定了初步基础。

正当拉马克学说争论不休之时，出现了达尔文（英，1809—1882年，图3-9），他父亲与祖父均是医生，原本想继承家族传统，但很快发现，他没有这方面兴趣。达尔文在剑桥大学那野外散步的爱好，终于在植物学考察中找到了自己用武之地，并和植物学教授亨斯罗建立了友谊，两人曾多次长谈，他既吸取了知识，也学到了方法。亨斯罗对这位青年学生的热情与能力，一直留有

图3-9 达尔文

深刻印象，当其大学毕业之后，听到贝格尔号军舰将进行环球考察，需要一位博物学家时，就毫不犹豫推荐了他。他在考察中，带着莱尔著《地质原理》等书，五年中过大川、爬高山、上孤岛，详细考察了南美洲与太平洋中许多岛屿上的动植物及地质矿产等诸多情况，所得感性知识，与书中观点进行精细对比分析之后，发现南美洲与太平洋中岛屿虽相互隔绝，但许多动植物却十分类似；对化石中古生物与现在物种进行比较，又有些微差别，认为此种现象只能假设物种会逐渐变化，从低级不断向高级发展。考察所得感性知识及其精辟推论，再经20年辛勤探索，在拉马克的基础上，逐渐形成了进化论：认定生物界本来就存在个体差别，在生存竞争压力下，适者生存、不适者淘汰；物体保存的有利性状，世代传递，逐渐积累，经性状分异与中间类型消失，便形成新种。至1858年7月1日，在伦敦林奈学会上，与华莱士寄给他的、基本相同的物种起源论文就一同作了宣读，即自然选择说。至1859年11月24日他又出版《物种起源》一书，进

一步阐述进化理论，由于有充分科学事实作根据，又经长期考验，百多年来，已产生深远影响。不过也存在些微弱点，如选择原理建立在当时流行的"融合遗传"之上，也缺足够科学依据。贝格尔号舰如图 3-10 所示。

　　虽然大多数科学家接受了达尔文的自然选择思想，因其学说没有任何神力描述，而当时上神造物观念在欧洲可说根深蒂固，不但公众一时难以接受，有些著名科学家也强烈表示反感，如牛津大学地质学家、动物学家、古生物学家欧文和哈佛大学阿加西斯，就是其中的两个。阿加西斯是位声誉卓著、知识深渊的博物学家，他坚持认为，地球上的有机体是通过造物主一系列创造过程而形成，随着时间流逝，会变得越来越复杂，越来越适应于环境，这正是一系列超自然创造结果。剑桥大学的地质学家塞治威克，也是一位保守派的强烈反对者，他说如一个物种是从另一物种演变而来，对大多数人来说，会引出一个十分令人不安的观点，即人类必然是从非人类的祖先演变而来。争论越来越强烈，甚至讽刺达尔文

图 3-10　贝格尔号舰

类似于猿的漫画，在报上也曾出现，其实达尔文从未宣称人类是由猿演变而来。

至19世纪末到20世纪初，一些拉马克学说的追随者也加入到反对行列，他们虽已抛弃了"内在意志"，但强调后天获得性遗传。至30年代，首先由费希尔、赖特与霍尔丹等人，将生物统计学与孟德尔颗粒遗传理论相结合，重新解释生物自然选择，形成群体遗传学。之后切特韦里科夫、赫胥黎、多布然斯基、迈尔、阿亚拉、斯特宾斯等，根据群体遗传学、染色体遗传学、物种概念、古生物学与分子生物学等许多学科知识，彻底否定后天获得性遗传，强调进化的渐进性，重新肯定自然选择压倒一切的重要性，不但有力捍卫了达尔文进化论，而且一步一步还充实了其内容，自此才算基本得到统一认识。

至19世纪末，对物种不断在进化，由低级向高级不断发展，有些物种在自然条件影响下，在逐渐减少，甚至可能灭绝等观点已无什么争论。但对物种如何进化，仍意见纷纷，甚至同一观点的人，有时也争吵不已。以人类为例，那就更一直在无休无止地进行辩论。因论证任何物种进化，不可能从文字记载中得到证实，也不可能单凭一种古老传说，只能靠化石，化石会遭其他物质侵蚀，有可能变形，故要得到确切证据，十分困难。

在探索化石过程之中，科学家对人类的出现逐渐达成了四点共识：一是人类大脑会扩大；二是能持续直立行走；三是小前牙与大后牙排列方式较特殊；四是猿类与人类之间可能有某种中间形式，即中间环节。有了这些基本统一认识，后来少走了不少弯路。

开始强烈反对达尔文进化论者，是欧文领导的"反进化论"团体，他们一心想找到远古人类化石，证明人类未经任何进化过程，一直是一种"完人"，深信能找到远古化石，与现代人非常相似，可一直未能如愿以偿，至此在事实面前，实质也已承认物种在不断进化。

1856 年，波恩大学解剖学教授夏夫豪森，得到一块他人发现的人类头骨化石，是在尼安德特河谷附近一个石灰石洞穴里找到的，经研究之后，第二年在波恩下莱茵医学与自然历史学会上报告其结论，认为骨头是人骨，非常古老，但与德国目前已知人种不同，肢骨非常粗壮，以畸形方式与发达肌肉相连接，颅骨具有发达眉骨，有大型猿类面部的构造特征，结论是：骨骼一定属于古老的北方野蛮部落。对此反对论者认为，仅依据外貌及由此进行的推测，要相信一种生物以某种方式与现代人相联系，实在令人匪夷所思。即使一些进化论者，如地质学教授威廉，对尼安德特人外表也很感困惑，认为绝不会超出兽类水平，也不是什么中间形式。

1868 年，海克尔（德）出版《自然创造史》，是本最早完全拥护进化论的动物学教科书，在他看来，生物进化从单细胞开始，在树上经过 22 个环节，最后是人，并指出猿与人之间的中间环节，在第 21 台阶，并取名"无语猿人"。虽其理论基本建立在设想之上，没有什么事实做根据，说其是实足谬论，也并不为过，却引起了当时许多想成化石探求者的极大兴趣，杜波伊斯就是其中一个。

1891 年，杜波伊斯（荷兰）在印度尼西亚爪哇找到一块微小颚骨碎片与一个臼齿，几个星期后又找到一块颅骨，十个月后，在同一地点发现一块股骨化石，牙齿像黑猩猩，颅骨脑容量较小，有突出眉脊，股骨虽比现代人粗壮，因显然具有习惯于直立行走姿态，就认为已发现空缺环节，肯定是人骨，并称其为"直立猿人"。但脑容量太小，实际无法证明是人类发展中的一个中间产物，故很少有人认同，自此他就远离科学界，过着隐居生活。

20 世纪初，进化论派的凯斯（英）相信脑容量进化，而不是直立行走，是区别人类的首要特性，相信尼安德特人与爪哇人，不是现代人的真正祖先，而是现代人祖先的近亲或者同代动物，所以当英国辟尔唐公共地附近一个沙砾坑中发现令人吃惊的化石时，就积极参与其验证活动。至1912年12月，一个业余地质学家道森，在一次地质学会上宣读了一篇论文，也从其沙砾坑中找到许多颅骨碎片与一组哺乳动物牙齿化石，认为是一种新物种，并取名"道森曙人"，将其复原之后，很容易看出：具有极为古老大脑袋与突出类猿下巴。后用放射性氟测定年法，测定颅骨来自人类，而下巴则来自猿类，实经仔细加工拼合及染色而成，很可能是道森为迎合凯斯，精心制造的一场骗局，成了科学界一场臭名昭著的往事，也"名垂青史"。

20世纪20年代初，博物学家赫伯勒尔（德）得知中国药店卖过一种叫"龙骨"的药品，非常好奇，在四处寻找过程中，收集到90种以上哺乳类动物化石与一颗牙齿化石，从中发现了标本，这些样品不是属于人类，就是属于猿类。其发现很快传到世界各地，于是热衷于寻找化石的人，就从各地蜂拥进入中国，至1929年，一个人科动物颅骨，从周口店附近深埋的石灰石洞穴里发掘出来，骨头很厚、具有突出眉脊、脑容量小于现代人，后被称北京人。至30年代初期，在这里一共发现了14个以上颅骨、11个颚骨、100颗以上牙齿，所有颅骨与杜波伊斯的爪哇人惊人相似，以至有人认为，北京人与爪哇人应属同一物种。杜波伊斯听到此消息之后，应感到高兴，可他并不认同。

时至此时，在欧洲与亚洲均找到人类祖先或类似祖先的化石，但很少人注意达尔文曾指出：非洲最可能是发现人类最早起源的地方。1923年解剖学家达特（澳）就来到南非，开始在约翰内斯堡威特沃特斯兰德大学做教学工作，次年一位学生带给他一具狒狒颅骨化石，来自一个叫汤恩的石灰石采石场，离学校约

200 英里，与以前见过的明显不同，引起了极大兴趣，于是恳请采石工人将其他类似发现也送给他，几星期后就收到两大箱包装好的化石，对其进行了仔细认真鉴别，至 1924 年 12 月 23 日，终于找到一个三、四岁孩子的化石，并取名"汤恩"，颅骨比现代猿类更为靠前，表明与直立动物一样，头部可在脊骨上保持平衡。前额倾斜不像猿类那样突出，经反复核对思考之后，终于作出结论：汤恩代表了一种非常古老生物，脑子只比猿类大一点点，但大脑结构在某些方面已具有人类，而非类猿特征。虽具有一张猿的脸，但走路已习惯像人一样直立。至 1925 年 2 月 7 日，在《自然》上就发表其发现及其结论，提出汤恩是"介于现存类人猿与人之间的、已灭绝的一种猿类"，即中间环节。论文发表之后，一时也引起了一片强烈反对声浪，大多权威人士认为，非洲不是恰当搜索地区，毕竟亚洲才是最有希望的"人类摇篮"，就这样达特及其"汤恩"也立即销声匿迹。

可达特并非杜波伊斯，不可能使其发现及其思想立即归于沉寂，尽管没有资助与官方认可，但依然致力去发现更多的证据。加上苏格兰古生物学家布卢姆也加入其行列，在非洲也发现了许多颅骨、下巴、牙齿、盆骨、肩胛等。20 世纪 40 年代达特在玛卡彭斯又发掘了另一个现场。至 1948 年，他与布卢姆已积累足够多的化石证据，认为非洲南方古猿不仅存在一种类型，而且是两种：一种纤细；另一种粗壮。两种均具小型脑袋，像有猿的脸与直立走路的习惯，与达特先前发现的"汤恩"一样，这两种类型均应是人类的远古亲戚，至此原来持怀疑态度的凯斯，也不得不根据大量出现的、具有说服力的证据，重新考虑其原有的评价。自此科学界就基本肯定了非洲南方古猿的可靠性，以及在人类进化史中的重要地位。

至 20 世纪 60 年代初，利基在邻近坦桑尼亚维多利亚湖的一个地方，发现命名为"南方古猿鲍氏种"化石，头顶有明显突出的梁，上面附有大块肌肉，可操纵强有力的上巴与下巴及巨大臼齿，用钾氟定年法测定，至今已有175万年之久，认为应是早期会使用工具的一种人类。至70年代，约翰森在埃塞俄比亚又发现命名为"露西"化石。至80年代，基穆在肯尼亚特卡纳再发现命名为"特卡纳的男孩"化石，认为是一个完整的直立人骨骼，应是160万年的一个古人。

根据英国《每日邮报》2013年12月13日报道，美国人类基因组研究所研究大西洋中一种栉水母门动物，发现其基因图谱与其他动物存在相同DNA，可能是5亿多年前动物进化的起点，即意味着此种水母可能是人类祖先，也就是说，水母是单个细胞与类人猿之间的一个关键进化点。

时至今日，发现的尼安德特人、爪哇人、北京人、南方古猿，南方古猿鲍氏种、露西、特卡纳男孩，甚至大西洋的栉水母，均难以完全肯定就是人类的远古祖先。看来这么遥远的往事，确难以找到铁证，争论也必定要继续下去，可能永无止境。

但有两点值得特别注重：第一点，已发现的各种化石，有欧洲人、亚洲人、非洲人。有人说，欧洲是文明之地，人类祖先应首先在欧洲出现。另有人说，亚洲文明远远先于欧洲，人类祖先首先应在亚洲出现。又有人说非洲文明更远远先于亚洲，人类祖先首先应在非洲出现。非洲地处热带，气候炎热，容易早熟，故此说应较有道理，值得注重。第二点，如前所说，时至今日，主流科学家认为，35亿至38亿年前，在海底水热喷口附近产生细菌时，生命才开始出现，既然任何生物均由一个单细胞开始分裂，而后发育，经漫长进化而形成，如此人类祖先最早也一定是个单细胞，然后进化为如大西洋一类的栉水母，然后进化为水中的一种高级动物，然后进化为陆地上的一种猿类，最后进化成人类，也应占有足够理由，值得注重。

进化论的肯定，打破了上神造物的各种谬论，揭开了物体多样性的秘密，促使近代生物学迅速发展，为现代生命学打下了一方面的基础。

3.5　微生物学

古人对微生物虽早有察觉，中国春秋战国时就已利用其分解有机物，进行沤肥积肥，但终究既看不见，也摸不着，故发展较晚。至 1674 年，列文胡克（荷，1632—1723 年）写信给英国皇家学会，告知用光学显微镜观察牙垢、植物浸液等时，发现有许多微小物体在运动，3000 万个加在一起，还不及一粒沙子大，当时有人认为这是一种天方夜谭，1683 年附上其微小动物绘图，在《皇家学会哲学报》上发表，科学家才开始对微生物进行认真研究。至 1838 年，埃伦贝格（德）在《纤毛虫是真正有机体》中，把纤毛虫纲分为 22 科，其中包括3 个细菌科，将细菌看作是一种动物，并创"细菌"一词。但至 1854 年，科恩（德）发现杆状细菌芽孢时，又将细菌归属植物界。这也说明，在很长一段时间之内，科学界对细菌认识，不但十分肤浅，而且相差很远。但微生物的发现，开始揭开"瘟神"之谜，应是生命学的一大进步。列文胡克发明的显微镜如图 3-11 所示。

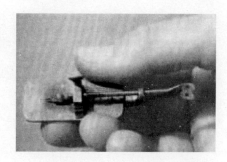

图 3-11　列文胡克发明的显微镜

巴斯德（法，1822—1895 年），原本是位化学家，因成功研究酒石酸晶体的偏振光现象，30 岁就已成名。不过 1857 年法国科学院拒绝接受他为会员，然而被里勒大学任命为科学系主任，那里葡萄酒和啤酒遇到产品变酸的难题。他建议应让酵母照常工作，使之发酵，但完成之后，应立即对其加热，杀死"坏"的酵母，消灭产生乳酸的发酵体，并加上密封盖，很快就帮助解决了这一难题。为弄清其根本原因，他精心设计了一只特殊的长颈烧瓶，先进行消毒，瓶颈是敞开的，可允许氧气进入，开口极小，飘浮孢子也无法进入，实验结果，烧瓶里确没有滋生有机体，但在瓶颈处找到微生物孢子，至此有关自然发生说的争论，终于告一段落，巴斯德也被科学院接纳为会员。紧接着开始探讨发酵本质，在探讨醋的酿造及物质腐败时发现，发酵是某种活着的有机体的产物，认定是微生物所引起，并非发酵产生微生物，发酵是微生物在没有空气环境中的一种呼吸现象，并进一步阐述了葡萄酒的变质，也是微生物的生长结果，有的使其变酸，有的使其变香，借此使法国葡萄酒长盛不衰，闻名于世，起了关键作用。当时著名的有机化学家李比希则认为，发酵是种纯粹化学反应，不涉及任何有机体，在有关争论中，巴斯德第一次获得干净利落胜利。1877年之后，集中精力研究人类与禽畜传染病，如炭疽病、鸡霍乱与狂犬病等，创病源微生物是传染病因的正确理论，并建立用菌苗接种的预防传染病法则，其研究成就为微生物学奠定基础，故多产科学家阿西莫夫曾写道："在生物学方面，除了达尔文……，再没有谁可与巴斯德能相提并论，这点是毫无疑问的"。

1876年，科赫（德，1843—1910年）在巴斯德基础上，证实炭疽杆菌是炭疽病的病因，并着重指出，每种病均有一定病原菌，纠正了当时有人认为细菌仅有一种的错误观点，就掀起疾病生源研究。1881年创固体培养基分离纯种法，应用后许多传染病源菌被相继发现。并将培养出的纯种结核菌注射到豚鼠体内，4至6周之后，即死于结核病，1882年3月24日就宣布，结核菌是结核病的病原菌。1883年发现霍乱菌与阿米巴痢疾菌。1890年提出，用结核菌素抑制结核杆菌。1891年至1899年之间，研究鼠疫、疟疾、回归热、锥虫病、非洲海岸等疾病。1905年发表关于控制结核病有关论文。科赫因发展了巴斯德在医疗领域里的细菌学说，获1905年诺贝尔生理学或医学奖。

1887年至1890年之间，维诺格拉茨基（俄）相继分离出硫磺细菌与硝化细菌，并论证土壤中的硫化作用与硝化作用的微生物学过程及化能营养特性，最早发现固氮细菌，揭示土壤微生物参与土壤物质转化的各种作用，其成就促使生物化肥工业兴起，奠定近代农业发展基础！

1892年，伊万诺夫斯基（俄）发现烟草花叶病，原体比细菌还小，能通过细菌过滤器、用光学显微镜也无法窥测到的一种细小生物，即过滤性病毒。1915年至1917年之间，特沃特与埃雷尔合作，看到细菌菌落上有噬菌斑，培养液中有溶菌现象，即发现细菌病毒噬菌体。病毒的发现，使世人对生物概念从细胞形态深入到了非细胞形态。

1901年，梅契尼科夫发现白细胞吞噬细菌作用，对免疫学研究作出了贡献。1929年弗莱明（英）发现青霉菌能抑止葡萄球菌生长，从而研制出青霉素，之后继续试制出的新抗生素就越来越多，除医用之外，也应用于防治动植物病害及食品保鲜等。细菌天敌的发现以及抗生素的发明，使西医学获得前所未有的医治手段，并促使生物医药工业迅速兴起！

近代微生物学的创立及应用，不但彻底揭开了"瘟神"面纱，开辟新兴医药产业，而且兴起了生物化学，奠定现代农业基础，尤其是抗生素的不断出现，为人类健康提供了空前有力手段，故也应是近代自然科技给人类送来空前福音的重大成就之一！

3.6　细胞遗传学

细胞非常微小，超出视力极限去辨清其存在，必须借助显微镜，故发展也较晚。

1665 年，胡克用显微镜观察软木塞切片时，看到一个个小室，就命之为细胞，并被一直沿用至今。其实所见，并非活的结构，而是细胞壁构成的一种空隙。细胞一词原于拉丁文 cella，意为空隙或小室，故当时所取之名倒也恰当，可从未反映细胞的真实含义。至 1677 年，列文胡克用显微镜观察到动物"精虫"时，虽所见是个真正细胞，可反而并不知就是细胞。两者说明，科学家对细胞的认识，在很长一段时间内也十分模糊。胡克设计并用过的显微镜如图 3–12 所示，胡克看到的软木细胞情景如图 3–13 所示。

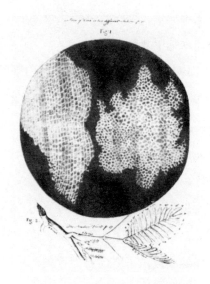

图 3–12　胡克设计并使用过的显微镜　　图 3–13　胡克看到软木细胞的情景

因受显微镜的局限，加上宗教束缚，长时间无法进行实质性探索，阻碍了细胞学的发展。至 1827 年，胚胎学家贝尔（德裔俄国人，1792—1876 年）发现哺乳类卵子，继而研制成无色差物镜与切片机、用洋红与苏木精给细胞核着色，才开始进行认真研究，但仍未引出规律性概念。

至 1838 年，施莱登（德，1804—1881 年）据多年在显微镜下观察植物组织及分析结果之后，著《植物发生论》，认为任何植物体中的细胞均是结构的基本成分，低等植物由单细胞构成、高等植物由多细胞构成。1839 年施万（德）受施莱登影响，对各种细胞进行研究，将其扩展到动物界，发表《动物植物结构及生长的一致性显微研究》，才形成所有动物植物均由细胞构成的细胞学说。1858 年菲尔肖（德）著《细胞病理学》，提出"一切细胞来自细胞"的概念，充实了细胞学说。

1845 年，孟德尔（奥，1822—1884 年）进入布隆市奥古斯丁修道院，修道院要向其故乡奥地利学校提供教师，于是将他送到维也纳大学接受数学与科学训练。回院后，即投入一个研究项目，尽管该项目不过是种业余爱好，却与所有科学家一样，满怀激情关注各种细节与实验，并在实验中使植物育种与教学紧密结合。其实一进修道院，他就开始尝试培育不同颜色的花，在此过程中得到植物人工育种经验。他特别注意到结果有些奇异，杂交某些品种时，通常获得同样杂交品种，但当杂交混合品种时（其双亲有很强对比性），有时有非常奇特性状出现，使其一时大为疑惑，就决定寻找其原因。心想必须对许多植物进行连续数代培养，才能得到所需要的统计信息。从 1856 年至 1864 年之间，在修道院花园里就种植豌豆，仔细纪录一代又一代性状。至 1866 年，终于冲出活力论与目的论窠臼，发表《植物杂交试验》，提出遗传因子（基因）及显性与隐性概念，阐明遗传规律，即孟德尔定律，开创遗传研究。但未及时受到重视。至 1900 年，由弗里斯（荷）、科伦斯（德）与切尔马克（奥）等才予以初步证实。

1910 年至 20 世纪 20 年代中期，摩尔根与其学生斯特蒂文特、布里奇斯等合作，采用果蝇做了大量试验，证明基因确在细胞染色体上，出版《孟德尔遗传原理》，开始从细胞解释遗传现象，从遗传学得到定量与生理概念、从细胞学得到定性与物质概念，逐步形成细胞遗传学，开始触及有机体产生、成长及构造上的秘密，并掀起了细胞研究高潮，为现代科学开启了第二扇大门，为此获得 1933 年诺贝尔生理学或医学奖。

3.7 化学

中国从炼丹开始，就有不错的化学知识，化学原本也是一门古老科学。其火药技术传入西欧之后，受到旧思想与宗教等束缚，也曾与中国有些人一样，致力于寻找点石成金之术，也使其长期踏步不前。

玻意耳（英，1627—1691 年）原本也是一位盛有名气的炼金术士，由于后来到意大利等国，受到伽利略与笛卡儿思想影响，做了大量实验之后，至 1661 年，著《怀疑化学家》，大胆指出，不论三元素（水银、硫与盐）或四元素（水火气土）学说，均非真正化学元素，第一次为化学元素下了一个科学定义："它们是某种不由其他物质构成、或者互相构成的，而是原始的最简单的一种物质"；"具有确定性质的、可觉察到的一种实物，用一般化学方法，不能再分解为更简单的实物"，给各种不实之说，包括中国金木水火土的五行说，均给了重大打击，应是物理化学上的一次革命，使化学成为一门科学迈出了关键一步！

至 1772—1774 年之间，拉瓦锡（法，1743—1794 年）也进行了一系列实验，在密闭容器里燃烧磷、硫、锡、铅与金刚石等各种物质之后，发现包括容器及器内空气在内的所有东西重量没有变化，当时已知，物质燃烧后，会改变颜色，并增加重量，这表明整个系统必定有某一部分损失了重量，推测可能是空气，如确是空气，那么至少密闭容器里要产生部分真空，果然打开容器时，空气冲了进去，再次称量容器与其内物质时，重量多了，因此可以断定，燃烧时容器内的物质定从空气中捕获到一定物质成分，之后认定是氧气，至 1777 年，向巴黎科学院提交《燃烧论》，阐明氧化学说。其主要论点是：只有氧气存在时，物质才可燃烧，发出光和热，并使重量增加，所增重量就是吸收氧的成分；物质总量在反应前后总是相等，得到化学反应中的质量守恒定律。对统治化学达百年之久的燃烧说（水银是一切金属的本源、硫是一切可燃物共有）与燃素说给了更致命一击，将化学进一步引向了科学道路！

18 世纪末至 19 世纪初，基于定量研究，建立酸碱当量定律、电化当量定律、定比定律、倍比定律、容量分析与重量分析等。基于定性研究，发明光学分析、比色分析等。基于加速反应，提出催化原理。这些大量基础研究，为近代化学发展打下初步基础。

随着分析化学发展、光谱学进步、电化学兴起，发现了大量元素，至 1830 年，已知元素数目猛增到 50 多个，显然组成宇宙的不再是那少数"几个简单元素"。于是到处充满了混乱，如许多奇怪和神秘符号仍然存在，那是很久以前炼金术士从占星术那里借来的，金的符号是个一圆圈，中间一个点；银的符号是月牙；硫的符号是向上的三角形；锑是小王冠。这些符号并不具任何实际意义。道尔顿提出一种符号系统，用不同的圆表示每一种元素，但仍然不便记忆。于

1826 年，贝采里乌斯想到一个简单方法，用各元素名字的第一字母作为其符号，O 表示氧，N 表示氮，S 表示硫等，当第一字母相同时，加上第二字母以之区别，于是钙是 Ca，氯是 Cl，这一系统至今仍在运用。不过在语言之间，仍存在某些混乱，凯库勒就提出一种设想，用结构图来表示分子中原子排列，如水变成了 H—O—H，氨三个 H 原子围绕一个 N 原子，组成一个三角形，不久其结构图开始流行，但即使最普通化合物，分子式也颇有争议，如醋酸 CH$_3$COOH 这样很平常化合物，不同派别化学家采用不同表达式，其数目竟达到 19 种之多，对分子量争论更甚。此时处于混乱中心的凯库勒，发起了 1860 年在德国卡尔斯鲁厄举行的第一届国际化学会议，试图澄清此种混乱不堪局面。有 140 位代表参加，包括当时大多数杰出化学家，他们是群固执己见，互不让步的人物，开始就争论不休，没有得出任一结论，对原子量也无任何共识。正当其时，坎尼扎罗（意，1826—1910 年）突然登上讲台，他对其混乱局面有过相当深入思考，1856 年曾发表论文，重提阿伏伽德罗假设，说的是在同样温度之下，同样体积不同气体，含有相同数目粒子。此次参加会议主要目的，就是为了给原子量、阿伏伽德罗假设、原子与分子分界，试图给予有力辩护。故发言中心意思是，主张用阿伏伽德罗假设，确定气体分子量，运用盖·吕萨克化合体积定律，再用贝采里乌斯原子量，三者结合，定可解决许多问题，发言竟说服了很多与会者，其中包括了俄罗斯化学家门捷列夫。

因此自第一届国际化学会议之后，很快就有了统一的原子量与原子价，在此基础上，有人就研究各种元素之间是否有一定联系！如 1862 年德尚库托瓦提出螺旋图说，1864 年奥林作元素表，1865 年纽兰兹（英）提出八音律说，可各种学说均不全面，有的还有一定错误。至 1869 年，参加第一次国际化学会议的俄国门捷列夫，对已掌握的化学事实，按元素对氧与氢的关系、金属性与非金属性、相对化学活性与原子价等加以分类、对比、验证及分析之后，就从中理出了许多规律，如元素原子量相差很大，原子价却变化较小；同价元素原子量相差很大，可性质十分类似；所有一价元素属典型金属、七价元素属非典型金属、四价元素则介于两类之间，由此坚信按原子量排列，各元素必定呈周期性变化，并将已知元素制成周期表，当时列出 66 个位置，预留 4 个空位，以示有待发展。至1871 年，发表《化学元素周期性依赖关系》，对周期性作了更详细阐述，突出周期规律性，并修改周期表，将竖排改为横排，并划分为主族与副族，使之基本具备现代周期表形式，虽仍有不全面之处，但基本结束了当时化学界的那种混乱局面。

周期律的发明，表明元素性质变化由量变到质变，不仅可利用其修改元素原子量，而且有科学预见性，当时预言还有 15 种元素。继之 1875 年布瓦博德朗（法）发现镓、1879 年发现钪、1886 年发现镝、1878 年索雷发现钬、1878 年马里尼亚克（瑞士）发现镱、1880 年发现钆、1879 年尼尔松（瑞典）发现钪、克莱夫（瑞典）发现铥、1885 年韦耳斯拔（奥）发现钕、1907 年至 1908 年发现镥、1886 年温克勒尔（德）发现锗、1892 年瑞利（英）发现氩（获 1904 年诺贝尔物理学奖）、1894 年至 1910 年拉姆齐（英）发现氩、氦、氖、氪、氙、氡惰性气体（获 1904 年诺贝尔化学奖）、1896 年德马尔盖（法）发现铕、1898 年居里发现镭、钋（获 1911 年诺贝尔物理学奖）、1899 年德比埃内尔（法）发现锕、1904 年哈恩（德）发现钍、1913 年法扬斯发现镤、1923 年赫维西（瑞典）发现铪、1925 年诺达克（德）发现铼、1937 年佩列尔（意）发现锝、1939 年佩雷（法）发现钫、1940 年麦克米伦发现镎、西博格发现钚、1944 年西博格《美》发现镅、锔、1945 年马林斯基发现钷、1949 年汤普森等发现锫、1950 年发现锎、1952 年吉奥索（美）等发现锿、镄、1955 年人工制得钔、1958 年人工制得锘、1961 年人工制得铹等。

周期表的建立，不仅获得许多具体成果，而且有了许多规律及原则可循，可说为近代化学发展奠定了全面基础！

1883 年开始，理查兹（美，1868—1928 年，与迈尔、瑞利来往）着手研究原子量测定，因发明浊度计，且使用石英仪器，大大改进了以前重量法，首次测定氧的原子量，然后重新测定铜、钡、锶、钙、锌、镁、镍、钴、铁、银、碳、氮等原子量，测定极为精确，更改了周期表中一些数据。并从中最先发现，有些元素原子量随来源不同而有不同，且仔细测定了铅的原子量，由铀衰变的为 206.08、由钍衰变的为 208、普通铅则为 207.2。由于精确测定了大量化学元素的原子量，获 1914 年诺贝尔化学奖。

1900 年至 1903 年之间，索迪（英，1877—1956 年）在加拿大蒙利尔的麦吉尔大学跟随卢瑟福工作，确证 α 射线就是氦原子核，共创放射性衰变理论，修正了道尔顿的原子学说。后来随着放射性物质不断发现，时常出现几种物质无法用化学手段分开的局面，他就认为是同一元素的不同质量的原子混在一起之故，1910 年提出同位素概念，至 1913 年第一次使用同位素一词，并预言有同质异能素存在，获 1921 年诺贝尔化学奖。1910 年阿斯顿（英，1877—1945 年）进入卡文迪什实验室工作，任汤姆孙助手。1919 年研制成第一台质谱仪，并用以研究了 50 种以上元素的同位素，从中发现非放射性元素的同位素，并测定了许多核素质量，获 1922 年诺贝尔化学奖。1925 年对质谱仪作了改进，测量精度达 1/10000。至 1927 年再作进一步改进，精度更达 1/100000。质谱仪的使用，导致更多同位素发现。1931 年尤里（美，1893—1981 年）将液态氢在负 259℃低温之下，进行缓慢蒸发，用光谱分析法，从剩余的微量物中发现氢的同位素氘，自此同位素的分离，就有了一种化学方法，获 1934 年诺贝尔化学奖。同位素的发现，使无机化学深入到一个新的层次。

质谱仪被用以分析各种元素同位素，并测量其质量及含量百分比的一种仪器，有多种类型。质谱仪通常由原子源、分析器与收集器三部分组成，将待研究的同位素粒子，在原子源部分中形成离子，当其经过分析器时，在恒定磁场或电场作用之下，因各种离子质量不同，各循不同路径达到收集器，从其达到收集器的位置与强度，就可求得各同位素的质量及含量百分比，故对发现及研究同位素起了重要作用。质谱仪如图 3-14 所示。

图 3-14　质谱仪

1885 年，阿伦尼乌斯（瑞典，1859—1927 年）在奥斯特瓦尔德实验室工作，1887 年提出电离学说，是物理化学初期的重大发现，成了化学与物理学之间一座桥梁，获 1903 年诺贝尔化学奖。1872 年穆瓦桑（法，1852—1907 年）进入弗雷米实验室，当了一名助手，并旁听德维尔与德布雷讲课，1886 年 6 月 26 日第一次制得单质氟，为制取此不驯服元素，化学家奋斗了 70 余年，他吸取前人经验，在低温（-20℃）下，电解氟化钾的无水氢氟酸溶液，取得圆满成功，后又设计一种用电弧加热的特殊电炉，后人称穆瓦桑炉，可产生 3500℃以上高温，能加热难溶氧化物，还原出大量金属，如钼、钽与铌等，获 1906 年诺贝尔化学奖。1887 年奥斯特瓦尔德（德，1853—1932 年）测定在溶液中用碱中和酸时，发生体积变化，1888 年提出奥斯特瓦尔德稀释定律，最先将质量作用定律用在电离上，在化学历史上起了重要作用，1894 年给催化以及催化剂下了个现代定义，1902 年进一步指出，催化剂只能改变化学反应速率，不影响化学平衡，其作用仅限于降低活化能力，且发明由氨经催化氧化制出硝酸，后称奥斯特瓦尔德法，主要因对化学动力学与催化作用的研究卓有成效，获 1909 年诺贝尔化学奖。他们三人的主要成就是，开创了物理化学新领域，而且还获得一些具体成果。

1891 至 1892 年，韦尔纳（瑞士，1866—1919 年）在法兰西学院与贝特洛一起做研究工作。1893 年著《无机化学领域中的新见解》，提出络（配）合物配位理论，打破了凯库勒仅基于碳化物研究所得到的、并不全面的结构理论，获 1913 年诺贝尔化学奖。他的主要成就完善了凯库勒的价键理论。

以上科学家的研究，主要为近代无机化学发展进一步奠定基础。

在门捷列夫等改变无机化学混乱局面并发展的同时，另一更为混乱领域也在经历重大变革。

中国古代有人认为，生物生命是种"气"的活动，而古希腊哲学家认为是种神定的"活力"。经约 1500 年之后，至 1807 年，贝采里乌斯等把来源于生物体的一类化合物，称为有机物，而把非来源于生物体的另一类化合物，称为无机物。认为有机物功能与无机物相比，受完全不同规律控制，在许多方面差别极大，其差别仍认为来自某种"活力"，此活力仅与有机物有关，从未有人从无机物中创造出有机物。

至 1810—1815 年之间，盖·吕萨克与泰纳尔合作，先后选用氯酸钾 $KClO_3$ 与氧化铜 CuO 为氧化剂，以之分解有机物，得到首批较准确的有机物元素的分析数据，打开了有机化学大门。但未定出分子量，没有得到正确化学式，但对"活力"论敲起了警钟。

至 1828 年，贝采里乌斯学生维勒（德）发表《论尿素的人工制成》，首次用非生命物质氰酸氨 NH_4OCN 为原料合成原来由生物体产生的有机物尿素 H_2NCONH_2，推翻了"活力"论这一老掉牙的陈固观点，开有机化工先河。

可贝采里乌斯还固执己见，认为氰酸氨本身可能就是一种有机物，不是无机物，其发现似乎也难以确定。但别的化学家却被其成就激动，纷纷以其他无机化合物做实验，结果证明，有机化合物确可从无机材料合成，根本就不存在什么神的"活力"。

如果真的不存在"活力"，为什么比奥 1815 年发现，在实验室里产生的酒石酸 $HOOCCH(OH)CH(OH)COOH$ 不能使光发生偏振？而葡萄酒产生的却能使光发生偏振。两种酸具有同样成分、同样比例、同样化学式，至此贝采里乌斯仍固执己见。

巴斯德对比奥发现的酒石酸异构体这一奇怪现象，首次进行了认真研究，将实验室合成的异构体，分成单个晶体，并证明会使光发生偏振，只是右旋酒石酸沿一个方向偏振，左旋酒石酸沿相反方向偏振，至 1848 年，有了确切答案，在实验室制成的物质中，使两种晶体相互抵消，整个物质就不发生偏振，到此贝采里乌斯才无话可说。

李比希（德，1803—1873 年），父亲是医药、染料、颜料与化学经销商人，有些货物常在家里制造，自然就接触到化学实验，1818 年曾当药剂师学徒，1822 年到埃朗根大学学习，同年到巴黎，常听盖·吕萨克的讲演，不久就到其实验室工作。1824 年回到德国，做了大量有机化合物分析，改进有机分析若干方法，发展碳氢分析，定出大量化学式，发现同分异构体。1832 年与维勒合作，发现安息香基，提出基团理论，为有机结构发展奠定基础。1840 年之后，转而研究生物与农业化学，出版《化学在农业与植物生理学上的应用》，论述并实证植物生长需要碳酸、氧化镁、磷酸、硝酸钾、钠、铁、氨等无机物；人与动物的排泄物只有转变为碳酸、氨与硝酸等之后，才能被植物吸收，推翻所谓的腐殖质说，创矿物质营养说，为近代农业化学奠定基础。继之证明糖类（碳水化合物的总称）可生成脂肪（是一种由碳、氢与氧组成的简单链状分子），还提出发酵作用原理。一生共发表 318 篇论文，著有《有机物分析》《生物化学》《化学通信》、《化学研究》、《农业化学基础》、《关于近世农业之科学信件》；和维勒合编《纯粹与应用化学词典》；至 1831 年创办《化学和药物杂志》。对化学贡献可说空前！其研究主要为近代有机化学发展进一步奠定基础。

凯库勒（德，1829—1896 年）在吉森大学本学建筑，受李比希影响，改学化学，1850 年至 1858 年之间，有机化学仍处比较混乱状态，虽有化学家提出些概念，列出些结构式，但多数化学家不理解为什么有机化合物中，竟能集合那么多碳原子，1857 年提出碳为四价，1858 年进一步提出碳原子间可连成链状，开辟了理解脂肪族化合物途径，1861 年发表《有机化学》，在一卷中用简单明了写法，终止长期以来纠缠不清的争论，定义有机分子为含碳分子，无机分子为无含碳分子，根本无法涉及是否有生命等问题，对有机分子含有某种奇妙的、不可定义的"活力"观念，给了致命一击，再也无法兴风作浪，自此有机化学才一路得到顺利发展。至1872年，范托夫（荷，1852—1911年）拜师凯库勒，1874年研究有机化合物三维结构，再进一步提出：一个碳原子具有四面体结构概念，四个价键指向四面体四个顶端，开立体化学新篇章，解开了某些有机化合物具有光学活性的奥秘，提出分子内部存在不对称因素，从而解释了这类化合物能使平面偏振光旋转的原因，接着研究渗透压现象，发现溶解在溶液中的物质的渗透压与理想气体的压力十分相似，可遵守同样定律，1884年发表《化学动力学研究》论文，提出热力学原理，以及亲和力概念，叙说热力学平衡，并导出反应速率公式，1886年著《稀溶液理论》，阐明稀溶中分子行为与气体相似，获1901年第一个诺贝尔化学奖状。1919年至1921年之间，朗缪尔（美，1881—1957年）也研究化学键理论，提出原子结构模型，1913年至1942年研究物质表面现象，开拓化学新领域，即表面化学，研究物质表面化学力，1916年提出，单分子层吸附理论与朗缪尔吸附层等温方程，解释许多表面动力现象，发展了许多试验技术，获1932年诺贝尔化学奖。他们三人的主要成就不仅促进了有机化学发展，而且对整个化学领域均起了极为重要作用，且由于其创建的价键理论用到其他有机化合物研究之中，至19世纪中叶，不但在理论上取得蓬勃发展，而且在德国建立起庞大有机化学工业。

　　1884年，布赫纳（德，1860—1917年）在拜尔指导下，开始研究生物化学，1897年发现非细胞发酵，结束了近半个世纪的有关发酵本质争论，获1907年诺贝尔化学奖。凯尔平（瑞典，1873—1964年）原本学习绘画，1893年转入柏林大学随普朗克学物理，后受 E. 费歇尔影响改学化学，一生致力于糖发酵与发酵酶研究，1923 年研究糖发酵过程中发现辅酶大多具有核苷酸结构，多数为维生素、嘌呤碱与含铁卟啉，其功能主要传递氢原子或者官能团，由酶蛋白与非酶蛋白质辅酶组成全酶，才可起催化作用，酶与其底物可通过羧基（—COOH）与氨基（NH$_2$）连接，酶抑止剂与酶能生成稳定络合物，此种络（配）合物不仅能减低与破坏酶活力，而且还能降低反应速度，从而可达抑止与阻止生物化学反应，还证明酶分子中除蛋白质外，还有非蛋白质，即辅酶，对形成己糖二磷酸酯起着至关重要作用，用实验方法提纯出酒化酶的辅酶，并证明其是糖与磷酸生成的特殊酯，为研究酶促反应机理，作出了开创性贡献。1929 年哈登（英）在凯尔平基础上，研究出糖的发酵原理及酵素制造程序，两人一同获 1929 年诺贝尔化学奖。他们三人的主要成就，为发酵进一步作出了贡献，而且还获得一些具体成果。

1897 年，萨巴蒂埃（法，1854—1941）研究乙炔 CH≡CH 的氢化反应，发现金属钯、铂、镍等金属粉末具有催化作用，接着将苯 C$_6$H$_6$ 氢化为环己烷 C$_6$H$_{12}$，一氧化碳 CO 氢化为甲烷 CH$_4$。在高温下还可脱氢，使伯醇可转化为醛类，仲醇转为酮。醇类化合物是烃分子中一个或几个 H 原子被羟基 OH 取代，生成的一类有机化合物。醛类化合物是在羰基碳原子上，结合两个氢原子或一个氢原子和一个烃基的化合物，其通式为 RCHO。酮类化合物是在羰基碳原子上结合两个烃基的化合物，通式为 RCOR，R 可是各种饱和的或不饱和的，脂肪族的、脂环的、芳香族的或杂环的各种基团。紧接着，研究氧化物催化作用，发现用氧化铝为催化剂，可将伯醇生成烯烃（一类碳的双键化合物）、用氧化铜则可生成醛，认为是催化剂表面形成一种不稳定化合物所致，后称"化学吸附"；1901 年，格利雅（法，1871—1935 年）研究用镁进行缩合反应，发现烷基卤化物易溶于醚类溶剂，与镁反应能生成烷基氯化镁，即格利雅试剂，其通式为 RMgX。一个发现以金属与金属氧化物可对生物化学起催化作用；一个发现有机化学中用途最广泛的试剂之一，他俩就一同获 1912 年诺贝尔化学奖。

威尔施泰特（德，1872—1942 年），大学时在拜尔指导下学习化学，1905 年至 1915 年之间，研究天然色素，着重研究叶绿素（是一种镁卟啉化合物）等植物色素的化学结构，发现血红素在结构上与叶绿色中的卟啉化合物结构很相似，研究植物对二氧化碳吸收时，详细阐述了叶绿色的作用，以及其结构，着重指出，光合作用是由叶绿素来完成，获 1915 年诺贝尔化学奖。H. 费歇尔（德，1881—1945 年）在学校时，就开始研究叶绿素与血红素，并取得一些进展，1908 年进入慕尼黑大学，师从德国化学权威 E. 费歇尔，1921 年至 1929 年之间，研究血红素结构，指出血红色是一种含铁卟啉化合物，而卟啉是一类带有四个吡咯环结构的红色化合物，四个吡咯环通过 α 碳原子，以四个亚基桥相连接，研究中发现：将胆汁中的胆红色分子碎裂一半时，胆汁色素中就有血红素成分存在；血红素结构同吡咯有着实质性类似，从而进一步证实，一切与吡咯类结构类似的有机物均可用来提取血红素晶体，并验证了叶绿素与血红素之间关系，从化学结构来看，两者活性核心均由卟啉构成，由于研究血红素与叶绿素所取得成绩而获 1930 年诺贝尔化学奖。他俩的主要成就，在研究叶绿素方面取得了开创性作用，而且也获得一些具体成果。

席格蒙迪（奥，1865—1929 年），1897 年至 1900 年之间，在德国吉诺森玻璃厂任职，实验中发现一些彩色玻璃秘密，如宝石红玻璃中含有胶体金，此种精密实验引起了蔡司工厂显微镜部主任、著名光学家西登托夫的重视，就推荐他到蔡司厂工作，并拨出专款供其研究。至 1903 年，终与西登托夫合作制成超显微镜，可观察一亿分之一米的微粒，得以直接对胶体微粒进行研究，可细致观测悬浮水中的藤黄小球运动，发现因受地球引力，悬浮颗粒形成沉降平衡，由此求得自然科学中一个重要常数，即阿伏伽德罗常数。继之以电解法阐明怎样保护胶体或破坏胶体，用实验证明，溶液色泽与溶液量的关系，奠定胶体化学基本研究方法，解决了生物化学、细菌学与土壤物理学中的有关诸多难题，席格蒙迪获 1925 年诺贝尔化学奖。斯韦德贝里（瑞典，1884—1971 年）更以 20 年时间长期致力胶体化学研究，1903 年开始仿照布雷迪希在浸液中用金属电极间电弧，制备金属溶胶，后改用交流感应线圈，在液体中产生电火隙，由 30 多种金属制备出很多种有机溶液，比布雷迪希方法分散得更细、杂质更少，用超显微镜研究了胶体微粒的"布朗运动"，观察其温度、黏度与溶剂对此种运动的影响，用实验肯定了爱因斯坦关于此种运动的理论。1923 年与尼科尔斯试制第一台离心机，拍摄在沉降过程中的胶体粒子。1924 年研制出高速离心机，用于蛋白质研究，首次测定蛋白质分子量，获 1926 年诺贝尔化学奖。至 1940 年，发明超高速离心机，可产生 20 万倍于重力加速度 g 的加速度，可直接测定从几万至几百万那样大的分子量，并可测出分子量的分布，此成就对高分子化学与胶体化学均起了很大推动作用，对高分子合成与同位素方面也有贡献。他俩的主要成就，在研究胶体化学方面取得了开创作用，而且也获得一些具体成果。

高速离心机是一种作匀速圆周运动的机器，对质点提供的向心力小于其离心力时，质点就会远离圆心，此现象就叫离心。高速离心机就是利用其转子高速旋转产生的强大离心力，加快液体中颗粒的沉降速度，将样品中不同沉降系数与浮力密度的物质分离开，对胶体物质的研究，曾起过重要作用。高速离心机如图

3-15 所示。

1904 年，普雷格尔（奥地利，1869—1930 年）研究胆酸时，只能从胆汁中获取极少试剂，促使设计微量天平与研究微量分析技术，1912 年建立整套有机物中碳、氢、氮、卤素、硫与羧基等的微量分析法，只用 1~3 毫克试样就可进行比较迅速并准确分析，大大促进了有机化学的发展，获 1923 年诺贝尔化学奖。维兰德（德，1877—1957 年），早期致力

图 3-15　高速离心机

有机含氮化合物研究，特别研究含氮氧化物对烯烃的加成反应与对芳烃的硝化反应，揭示此两种反应机理，后主要精力集中生物有机化学方面，1912 年开始研究胆汁酸，起初认为胆汁酸有三种，后证实其中一种是另一种胆汁酸与一种脂肪酸的合成产物，并成功研制出可衍生出全部三种胆汁酸的母体化合物，测定三者复杂结构，在 30 年研究工作中，一共发表 50 多篇关于生物体内氧化反应机理论文与著述，创立氧化过程理论，获 1927 年诺贝尔化学奖。他俩的主要成就，在研究胆酸、胆汁酸方面起了开创作用，而且普雷格尔发明了有机物的微量分析法。

霍沃思（英），其父从事油毯研究及设计，自小接触了化学，并对其甚有兴趣。1903 年进入欧文斯大学，在化学家帕金指导下从事糖类研究，自此就一直致力于碳水化合物（即糖类）研究，除与欧文合作研究糖类之外，与赫斯特合作研究糖类分子结构，还独自确定糖类具有五环与六环两种基本结构，并测定出葡萄糖、甘露糖、半乳糖等醛糖的环状结构，一般均为六元环。与卡勒合作阐明维生素结构，并于 1933 年合成维生素 C，他与卡勒一同获 1937 年诺贝尔化学奖。

霍沃思主要成就，在糖的研究方面起了开创作用。

以上科学家的研究，继李比希之后，主要为近代有机化学发展再进一步奠定基础。

在化学理论发展的同时及以后，还获得许多其他重大成果，诸如 1661 年玻意耳（英）第一次从木材干馏液中获得甲醇 CH_3OH。1688 年法国用浇注法造出平板玻璃。17 世纪中格劳贝尔（德）用硝石与浓硫酸 H_2SO_4 作用，制得硝酸 HNO_3；用氯化钠 $NaCl$ 与硫酸共热，制得盐酸 HCl；1746 年罗巴克（英）建成铅室法硫酸厂。1704 年迪斯巴赫（德）制得彩色颜料铁蓝；1809 年沃克兰（法）制得无机颜料铬黄 $PbCrO_4$；1831 年吉梅（法）建厂生产无机颜料群青；1857 年珀金（英）用苯胺 $C_6H_5NH_2$ 为原料，建成合成染料苯胺紫厂；1861 年曼恩合成偶氮染料苯胺黄；1870 年拜尔（德）用靛红与三氯化磷 PCl_3 反应合成靛蓝；1878 年用苯乙酸合成靛红，获 1905 年诺贝尔化学奖；1870 年巴登公司（德）生产合成茜素染料；1884 年博蒂格尔（德）合成染料刚果红。1791 年吕布兰（法）建成吕布兰法碱厂；1865 年索尔维（比）建成 Na_2CO_3 纯碱厂；1890 年格里斯海姆（德）建成隔膜电解法 $NaOH$ 烧碱厂。1807 年戴维（英）将苛性碱电解获得钠。1809 年布莱（法）用硫酸将乙醇 CH_3CH_2OH 脱水，制得乙醚 $C_2H_5OC_2H_5$。1842 年佩利若（法）用乙醚萃取硝酸铀酰。1855 年帕克斯（英）建成硝酸纤维合成树脂厂。1856 年辛普森（英）以硝基 NO_2 代替苯环上一个 H 原子，生产硝基苯 $C_6H_5NO_2$；同年贝塞麦（英）发明转炉炼钢，将空气吹入钢液使碳、锰、硅等元素脱除。1867 年沃尔芬（德）建成感光材料厂；1871 年马多克斯（英）发明溴化银 $AgBr$ 感光版；1888 年美国柯达公司制成胶卷。1872 年美国生产赛璐珞。1875 年雅各布（德）建成铂催化剂厂。同年巴登公司以硫酸处理蓖麻油，生产红油，并建成表面活性剂厂。1882 年米亚尔代（法）制得农用杀菌剂波尔多液。1884 年维埃耶（法）制得单基火药；1887 诺贝尔制得高性能双基火药，两者主要成分均为高性能纤维素硝酸酯。1884 年汽巴公司（瑞士）制得邻磺酰苯酰亚胺 $C_7H_5NO_3S$，俗称糖精。1884 年至 1902 年之间，E. 费歇尔（德）合成糖类与嘌呤衍生物，获 1902 年诺贝尔化学奖。1886 年霍尔（美）用冰晶石电解法，建成高纯铝厂。1888 年邓录普（英）制得充气自行车胎、同年鲍尔（德）合成硝基麝香化合物。1889 年基思顿（美）建成水泥回转窑厂。1891 年夏尔多内（法）建成硝酸纤维厂。1895 年美国用电炉法建成电石厂，即 CaC_2 碳化钙厂。19 世纪末以苯酚为原料，生产阿司匹林，1899 年德雷泽（德）用作镇痛药使用。1895 年至 1905 年之间，瓦拉赫（德）合成香料，并分离又提纯出香精油，获 1910 年诺贝尔化学奖。1905 年挪威用电弧法固定氮，并建成硝酸及硝酸钙氮肥厂。1905 年贝克兰（美）开始研究苯酚与甲醛的反应及其产物，1909 年合成世上首批高聚物合成酚醛树脂，并取得专利，1910 年在柏林吕格斯厂建立日产 180kg 酚醛树脂公司，实现工业化，1911 年艾尔斯沃思提出，用六亚甲基四胺固化热塑性酚醛树脂，制得性能良好的工程塑料。1910 年埃尔利希（德）生产治梅毒药胂凡纳明 606。1918 年哈伯（德）用氮与氢合成氨 NH_3，获 1918 年诺贝尔化学奖。1901 年温道斯（德）研究胆甾醇 $C_{27}H_{46}O$ 时，发现维生素 D_2，1932 年分离出 D_1、D_2 与 D_3，获 1928 年诺贝尔化学奖；1933 年卡勒与霍沃思合作合成维生素 C，接着合成维生素 B_6，1939 年分离出维生素 A 与 K，获 1937 年诺贝尔化学奖。1929 年库恩（德）研究类胡萝卜素时，发现并制得类胡萝卜素 α、β、γ，紧接着由 β 胡萝卜素加水，制得维生素 A，1933 年从脱脂牛奶中分离出并合成维生素 B_2，1937 年又合成维生素 A，获 1938 年诺贝尔化学奖。1929 年布特南特（德）从孕妇尿液中，分离出雌酮素，即雌激素，1931 年从男性尿液中，分离出雄酮素，即雄激素，1934 年从胆甾醇中，提出纯净孕酮，即助孕酮，紧接着从睾丸提取物中得到睾丸酮，1935 年将雄酮素衍生物转变成睾丸酮，获 1939 年诺贝尔化学奖。1936 年克洛耳（德）采用镁还原法，制得钛……

近代化学的创立及应用，不仅彻底摧毁了"三元素"、"四元素"、"五元素"等谬论，而且满足了广阔工业部门的原料需要，奠定了农业发展的主要基础，成了战胜疾病的重要武器，并获得了改善生活的有利手段。试想若无此类成就，怎能造出花样繁多的机械设备！建起五彩缤纷的高楼大厦！发展各色各样的新兴农业！实现日益舒适的美满生活！故也应属于近代自然科技给人类送来空前福音的重大成就之一！

3.8 光学

呱呱坠地，就见光明，人自生就与光相伴随，光学也是一门古老科学，历代记载甚多，如前 5 世纪至前 4 世纪中国《墨经》、北宋沈括《梦溪笔谈》、南宋赵友钦《革象新书》、1030 年阿拉伯伊本·海赛木等，对眼的结构、视觉与光线、照度与光源、影的生成及定义、光的直线传播、针孔成像、平面镜与球面镜的物像关系等均有叙说。但一律限于与眼睛及视见相关等问题。至 16 世纪末到 17 世纪初，詹森与李普希几乎同时各自独立发明光学显微镜之后，才开始对其进行深入系统研究。光学显微镜工作原理如图 3-16 所示，光学显微镜基本组成如图 3-17 所示。

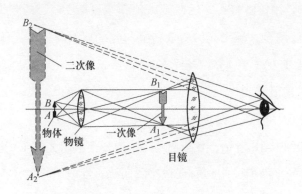

图 3-16 光学显微镜工作原理

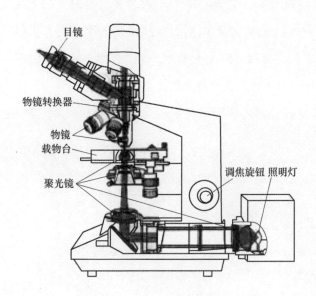

图 3-17 光学显微镜基本组成

17世纪上半叶，斯涅耳与笛卡儿对光的反射与折射进行长期观察之后，作了详细描述。1665年牛顿将太阳光分解为简单光谱，并据光的直接传播性，认为光是种微粒流，用以解释折射反射。1690 年惠更斯（荷，微粒反对者）著《光论》，提出光的波动学，导出光的直线传播与光的反射与折射定律，并解释双折射现象。1801 年 T. 杨（英）作"杨氏实验"，接着作"杨氏干涉实验"，解释"牛顿环"成因及"薄膜颜色"。1818 年菲涅耳（法）以杨氏干涉补充惠更斯原理，形成惠更斯 – 菲涅耳原理，解释干涉与衍射。

光的反射如图 3-18 所示，反射光线 OR 位于由入射光线 IO 与界面入射点的法线 ON 所决定的平面内，OR 与 IO 位法线两侧，反射与入射角大小相等、符号相反，这就是光的反射定律。

光的折射，如图 3-19 所示，光在两种媒质的平滑界面上发生折射时，折射光线 OT 位于由入射光线 IO 与入射点 O 所决定的平面内，折射角 i' 的正弦与入射角 i 的正弦之比，与入射角大小无关，仅由两种媒质的折射率 n 与 n' 所决定的常数，即 $\sin i'/\sin i = n/n'$，这就是光的折射定律。

光的干涉，若干个光波相遇时，产生的光强分布，不等于由各个成员波单

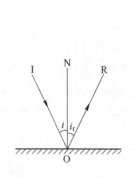

图 3-18　光的反射示意图

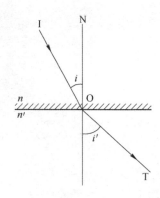

图 3-19　光的折射示意图

独造成的光强分布之和，而会出现明暗相间现象。如图 3-20 所示，杨氏双孔干涉实验中，由每一小孔 H_1 或 H_2 出来的子波，就是一个成员波，当孔甚小时，由孔 H_1 出来的光强分布 $I_1(x)$，在相当大的范围内大致均匀；由孔 H_2 出来的 $I_2(x)$ 亦是如此，二者之和 $I'(x)$ 也均匀，但两者共同造成的光强分布 $I(x)$，则随位置 x 变化，显然不等于 $I'(x)$，而是明暗相间，这就是光的干涉。

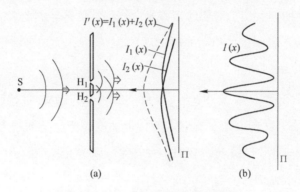

图 3-20　光的双孔干涉实验示意图

　　光的衍射，光波遇到障碍以后，会或多或少偏离几何光学传播定律现象，按几何光学，光在均匀媒质中由直线定律传播、在两种媒质的分界面由反射定律与折射定律传播，但光是电磁波，当一束光线通过有孔的屏障之后，其强度可波及按直线传播定律所划定的几何阴影区内，也使得其区内出现某些暗斑或者暗纹，总之衍射效应使得障碍物后的空间光强分布，既区别于几何光学给出的分布，又区别于自由传播给出的分布，出现一种重新分布现象，使得一切几何影界失去了明锐边缘，17 世纪意大利科学家格里马尔迪首先精确描述了此种现象，这就是光的衍射。

　　夫琅禾费（德，1787—1826 年），父亲是名玻璃工匠，自幼当过学徒，后自学数学与光学，他集工艺家与理论家于一身，故能取得大的成就。1814 年发现太阳的光谱中有若干条暗线，即夫琅禾费线。利用衍射原理测定其波长，并用其中一些测出了光学玻璃折射率，竟得到意想不到的、从所未有的精度，解决了制造大块高质量光学玻璃的难题。后用几何光学原理，研制成消色差透镜，取代盲目试验法，还首创用牛顿环法检查表面加工精度与透镜形状，推动德国精密光学迅速发展，致使所制大型折射望远镜等光学仪器甚负盛名，光学权威就从英国转到了德国。夫琅禾费制成的衍射光栅如图 3-21 所示，夫琅禾费衍射光差分析如图 3-22 所示。

1846 年，法拉第（英，1791—1867 年）发现光的振动面在磁场中发生旋转。1856 年韦伯（德）发现，光在真空中的传播速度等于电荷的静电单位与电磁单位之比。1860 年麦克斯韦（英，1831—1879 年）认为光是种电磁波，后由赫兹得到证实。电磁波的发现，为无线电通信打下初步基础。

迈克耳孙（美，1852—1931 年），先后受教于亥姆霍兹等名家。1879 年他看

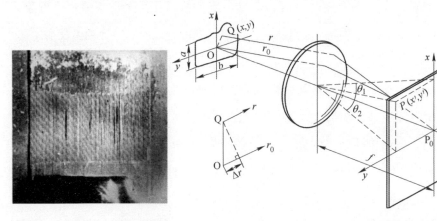

图 3-21　夫琅禾费制成衍射光栅　　　　图 3-22　夫琅禾费衍射光差分析

到麦克斯韦写信给美国航海年历局的一封信件中提到：地球上所有测定光速的一切方法，由于精度有限，均不足以检验地球的绝对运动。从而激起其从事光速的测定，并用凹面镜与透镜等测得光速为 299910km/s。1893 年开始，安装阶梯分光镜、谐波分析器、大型竖直干涉仪与高分辨率衍射光栅，继续进行测定，得到更为精确数值，与公认的 299792458m/s 相差很小，因其研制成多种光学精密仪器，并用之作了各种精确测量，获 1907 年诺贝尔物理学奖。迈克耳孙干涉仪见图 3-23，迈克耳孙干涉仪光路图如图 3-24 所示。

图 3-23　迈克耳孙干涉仪

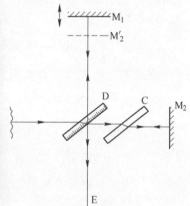

图 3-24　迈克耳孙干涉仪光路图

　　至 19 世纪 80 年代，对光的实质有了一定认识，可科学家还较普遍接受"以太"振动的波动学说，但有些科学家开始怀疑。有人认为，如以太真的存在，应能找到其证据，迈克耳孙想到了一个办法，若充满宇宙的以太是静止的，那么地球运动时，在地球上看来以太会像"风"一样迎面吹来，因此顺着以太风一起运动的光束会被以太风带着走，而逆着以太风的光束应该走得较慢，为此特做了一台用之测量的干涉仪，可以将光束一分为二，并使之相互垂直，然后又重新汇合，应可能精确测到其差异，并预计应产生 0.04 四个条纹的干涉花纹移动，实验结果却令人特为困惑，速率并无一点差异，为慎重着想，1887 年与精通物理、数学的化学家莫雷合作，用改进后的设备，对每一环节均采取严格措施，以避免误差，所得结果还是一样，此即著名的迈克耳孙 – 莫雷试验。实验极为严谨，结论不容反驳，由此得出结论，以太假设完全错误。当时他并不知道光的真实性质，实际这种试验，对"以太"假设来说，只能算敲起一次意外的警钟，并不能否定什么。但从实验中可得出一个有益结论，不论以什么作参照系，光速总是常数，是个普适的绝对值，为爱因斯坦光量子论作了准备。

洛兰兹（荷，1853—1928 年），早年曾受菲涅尔、亥姆霍兹启发，用麦克斯韦电磁论来处理光在电介质交界面上的反射与折射问题。1892 年开始发表电子论文章，认为一切分子均含有电子，用以解释了发光与物质的吸光现象以及光在物质传播中的特点（含色散），在其理论中，"以太"除作电磁波的荷载物与绝对参照系之外，已失去任何具体生动物理性质，对"以太"说衰落才真正敲起一次警钟，为爱因斯坦建立光量子论铺平了一定道路。

在普朗克建立量子论多年之后，爱因斯坦以其为切入点进行深入试验研究，认为光也是以波包形式进行传播，根据量子理论，一个特定波长由具有固定能量的量子组成，当一个能量子轰击金属一个原子时，原子会释放出一个具有固定频率的光子，更亮的光含有更多的量子，会引起更多的光子辐射，光的波长越短，量子所携带能量越高，所激发光子也具更高能量，非常长的波长是由能量很低的量子组成，在某些情况下，因其能量太小，不足以引起光子释放，这一阈值与不同金属有关，对经典物理学不能解释的一些物理现象，成功作出了解释。至

1905 年 3 月，爱因斯坦就发表《关于光的产生与转化的一个推测性观点》，提出光量子假说，认为对时间平均值光表现为波动、对瞬时值光则表现为微粒，第一次揭示微观客体的波动性与粒子性的统一，圆满解释了各种光学现象，并提出光电效应方程，获 1921 年诺贝尔物理学奖。

密立根（美，1868—1953 年），早年接触到迈克耳孙实验中的精湛技术、1895 年留学欧洲时听过普朗克讲课，均对他影响甚大。其最著名实验成就，1907 年至 1913 年之间，在电场与重力场中，精确测定运动带电油滴的基本电荷，得到电子电荷 $e=1.59 \times 10^{-19}$ 库仑，现国际通用值为 $e=(1.6021892 \pm 0.0000046) \times 10^{-19}$ 库仑。与此同时，也着重光电效应研究，在其实验中，经细心观测分析之后，至 1916 年肯定爱因斯坦光电效应方程正确，给量子光学以巨大支持，并从图像中测得当时最好的普朗克常数 h，获 1923 年诺贝尔物理学奖。

光量子论的建立，彻底粉碎了"以太"学说，为光学奠定理论基础！

紧接着，爱因斯坦在光量子理论的基础上，建立狭义相对论，之所以叫狭义，只讨论物体沿直线做匀速运动的情况。在其理论中提出了两个主要原理，一个是相对性原理；另一个是光速不变原理。在这两个主要原理的指引下，做出了四个预言：

（1）长度收缩预言，即 $l=l_0 \sqrt{1-v^2/c^2}$，式中 l_0 表示物体的静止长度；l 表示运动时的长度；v 表示运动速度；c 表示真空中光速。

（2）时间膨胀预言，即 $\Delta\tau=\Delta t \sqrt{1-v^2/c^2}$，式中 $\Delta\tau$ 表示运动物体上的时间间隔；Δt 表示静止物体上的时间间隔。

（3）质速关系预言，即 $m=m_0 / \sqrt{1-v^2/c^2}$，式中 m_0 表示静止物体质量；m 表示相对论质量。

（4）质能关系预言，即 $E=mc^2$，式中 E 表示能量；m 表示质量。

此四个预言，不仅对光学发展起了重要作用，而且有人认为：狭窄相对论的建立，在科学上的重要性，可与量子力学相比美。

在发展光学理论的同时及以后，也创造出许多较大具体成果：如 17 世纪中欧洲研制成照相机，1814 年夫琅禾费改进光学系统，以之研究太阳光谱，从此出现光谱仪。1879 年爱迪生（美）研制成白炽灯。1884 年弗赖斯（英）研制成首架电影摄影机。1895 年阿马特（美）展示放映机。1929 年科勒研制成银氧铯阴极，从此出现光电管。1939 年兹沃雷金研制成光电倍增管……。所有成果，也已广泛用于医疗、深空探测、军事、试验室及日常生活等各个领域。

光谱仪基本结构如图 3–25 所示，狭缝 S 位于准直物镜 O_1 焦面上，于是有平行光束射至色散元件（这里是棱镜），光就被分解为光谱，并最后聚焦于成像镜 O_2 焦面 F 上。故光谱仪也有成像问题，也要尽量减小像差。特别重要的是要使相邻波长的光谱分辨清楚，这与一般光学仪器中要分辨空间相邻物点的情况相似，所不同的是，这里要分辨的是不同的波长，这就是光谱仪的基本特征。

光电管主要由密封在玻璃壳内的光电阴极与阳极组成，如壳内抽成真空就成真空光电管；光电倍增管由光电阴极、电子光学系统、电子倍增系统与阳极四

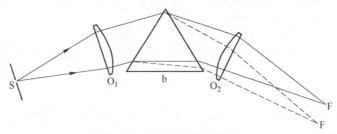

图 3–25　光谱仪基本结构图

部分组成，光电阴极接受入射光子后，发射出电子，电子光学系统使光电子在电场作用下，汇集到第一电子倍增极，受电场加速电子，射到倍增极上，会激发更多电子，称次级电子，次级电子数对入射电子数的倍数，称次级发射系数，一般为3~6倍，电子经电子倍增系统中多级倍增极倍增，增益可达 10^4~10^8，最后被阳极收集，形成阳级电流。两种典型的光电倍增管如图3-26所示。

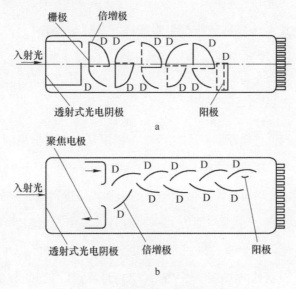

图 3-26 两种典型的光电倍增管

a—非聚焦型；b—聚焦型

　　近代光学的创立及应用，彻底揭开了光的神秘面纱，并能实现人眼无法实现之事，尤其是电灯的出现，虽非什么伟大发明，实际效果却无与伦比！试想，若无此一成就，将是个什么世界？定仍是原始！黑暗！阴沉！浅见！短视！故也应是近代自然科技给人类送来空前福音的重大成就之一！

3.9 声学

呱呱坠地，人自生就与声同出，也是一门古老科学，历代记载也多，如前6世纪中国《管子》、前5世纪中国《考工记》、前5世纪至前4世纪中国《墨经》、前4世纪至前3世纪中国《庄子》、北宋沈括《梦溪笔谈》等，对瑟弦共鸣作声、他物作声振动、声强与传播距离、发音频率、和声规律、律笛管口校正法等，均有不少叙说。尤其在《梦溪笔谈》中对音律有较详细论述："古法，一律七音，十二律共八十四调，更细分之，尚不止八十四，逸调至多。偶在二十八调中，人见其应，则以为怪，此常理也，此声学至要妙处也"。但主要均限于个人能听到悦耳音律。

声学虽是一门古老科学，但与热力学一样也是个难以捉摸的东西，至17世初伽利略研究单摆周期及物体振动时，才开始对声学进行深入系统研究，自此不少杰出物理学家与数学家对物体振动与声的产生均做过贡献，声的传播更最早受到注意。2000多年前，中国与西方几乎同时有人将声与水面波纹相类比。1635年就有人用远地枪声测声速，以后方法不断改进，至1738年，巴黎科学院用炮声测量，获得折合摄氏零度时为332m/s，与后经计算得到的数值331.45 m/s 相比，只差 1.5‰。在当时声学仪器只有停表与人耳的情况下，的确是个了不起成绩。1759年欧拉根据牛顿在《自然哲学的数学原理》中的推理，求得声速只有288m/s，与实验相差很大。之后不少学者继续对声学进行探索，可从未得到规律性成就。

瑞利（英，1842—1919 年），出身富裕贵族家庭，但从未影响对科学追求，家里就有实验室，涉及领域很广，开始研究电学，之后更多研究声学与光学。

1877 年至 1878 年，在总结两三百年成果基础上，经深入研究分析，写成《声学原理》两卷，为近代经典声学奠定基础。他是一位多产科学家，对重要气体密度（发现了氩气）、力学普遍理论、光辐射、毛细现象、弹性媒质振动、电磁学、热力学等方面均做出不少贡献，为英国获第一个 1904 年诺贝尔物理学奖。

在瑞利之后，许多学者继续对声振动、声发射、声吸收、声辐射、声疲劳、声频谱、声干涉、声成像、声遥感、声光作用等进行探索。至 20 世纪，因电子学发展，用电声换能器与电子设备相结合，可以产生、接收、利用任何频率、任何波形、任何强度的声波，才使声学研究范围有所扩大，并得到不少具体成果。后又对电声学、超声学、次声学、建筑声学与量子声学等进行研究。

建筑声学是研究建筑中环境问题的科学，涉及声波在封闭空间（如剧院、大型厅堂及其他房间等）内的传播问题，此问题与自由空间（周围无障碍物）不同，对此人们早就有一定认识，如中国古代《千字文》中就有"空谷回音，虚堂习听"之说，但直到 19 世纪末，科学家对此还不甚理解，设计的礼堂、讲演厅多数均存在问题。一般建筑材料对声波是良好反射体，反射系数常达 97％至 99％，声波在室内就像光在各面均有镜子的空间内传播一样，会来回反射，而且声速比光速低得多，反射多次就要几秒，甚至几十秒，因此讲话时，语声会相互干扰。对此塞宾经五年艰苦钻研，至 1900 年求得他命名的混响公式，才使人们认识到混响规律，为建筑声学奠定基础，标志近代声学开始。

在发展声学理论的同时及以后，也创造出不少成果：如研制出电声换能器，含送话器、受话器、扬声器、传声器、超声换能器、水声换能器等；声成像器，含常规、扫描、声全息等；声呐，1916 年法国郎之万研制成被动声呐，1918 年研制成主动声呐，二次大战中研制成环扫声呐；1921 年美国出现收音机，1927

年美国卡森发明录音机；1924 年苏联捷尔缅发明捷尔缅电子琴、1945 年西班牙萨克斯发明萨克斯号与萨克斯管，……。所有成果也在日常生活、军事与实验室等领域得到广泛使用，故也应是近代自然科学给人类送来空前福音的重大成就之一！

声学研究历史虽然悠久，也取得一定成绩，但其成果相对并不理想，是当前仍处前沿的唯一老分支学科，唯望量子声学能在今后得到重大发展！

3.10 热力学

据考古发现，约 180 万年前，中国就使用火能。但热力为人类广泛使用是从瓦特（英，1736—1819 年）才开始进行深入研究的，且对"热"的确切认识，更经过了漫长曲折的时间。

瓦特父亲是位木工与造船工，受其影响，瓦特自幼就爱好技艺与几何学，少年时就精通木工、金工、锻工及模型制造等技术。1753 年到格拉斯哥与伦敦等地学习仪器制造，1764 年为格拉斯哥大学修理纽科门蒸汽机，开始从事蒸汽机改进及研究，针对其热效低、能耗大等问题进行仔细探索：1765 年发现水沸腾后继续加热，温度不再升高，即将排出蒸汽引到分离凝汽器内冷却，并采用缸套保温，试制成实用单作用蒸汽机并取得专利。1776 年因缸内粗糙，严重漏气，即采用新发明的炮筒镗床加工，保证其紧密配合，使蒸汽机得以顺利运行。1781 年采用进、排气阀，使汽缸能连续往复运动，并取得双作用专利。1784 年发明带气泵的凝汽器与平行运行四连杆。1788 年发明控制进气阀开启程度的离心调速器。1790 年发明压力表，至此算基本臻于完善，燃料只要纽科门蒸汽机的 1/4，得到迅速推广。至 1807 年，富尔顿（美）用蒸汽机作动力，研制成轮船。1814 年斯蒂芬逊（英）研制成第一台蒸汽机车，1830 年英国建成利物浦与曼彻斯特之间的世上第一条铁路。创造出的蒸汽机及蒸汽机车与蒸汽轮船，开启蒸汽动力时代，是机力代替人力的第二次重大飞跃，同时使海、陆交通也起了第一次革命性变化，故应是近代热力学发展史上的一个里程碑！纽科门蒸汽机如图3-27 所示，瓦特蒸汽机如图 3-28 所示。

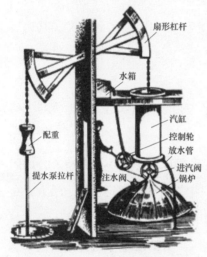

图 3-27　纽科门蒸汽机

图 3-28　瓦特蒸汽机

　　长期以来，"热"是物理学的巨大奥秘之一，古希腊人对其特性曾提出三种猜测，一种是物质；二种是性；三种是普通物质的一种偶然属性（运动结果）。至 18 世纪大多数化学家和物理学家已认为"热"是种看不见"不可称量的"（即没有重量）流体，并命名为"热质"，实际仍在第一种与第三种之间争个高低，主要原因之一是一直没有一种合适方法去测量热的量或者度。

至 1847 年，焦耳（英，1818—1889 年）在实验中，先测量一桶水的温度，然后将带翼轮子放进水中，让其长时间转动，使水温逐渐升高，反复测量翼轮所做的功与水温的升高，从而算出多少机械能可产生多少热，被后人称"热功当量"，其实验导致热力学第一定律建立。同年，亥姆霍兹增加一条与之相关的补充定律："自然作为一个整体，拥有的能量，不可能增加，也不会减少"；"宇宙中的能量正如同物质一样，既不能生，也不能破坏"。因此在物理学历史中，热力学第一定律应具革命性思想之一，正如科学史家克朗比说："其含义和其提出问题，主宰了从法拉第与麦克斯韦电磁学研究，至 1900 年普朗克引入量子理论之间这段时期里的物理学"。

卡诺（法，1796—1832 年），1812 年在巴黎工艺学院从师盖·吕萨克与安培等名家。从 1820 年开始，潜心蒸汽机研究，至 1824 年，发表名著《谈谈火的动力与发动此动力的机器》，提出可逆热机模型，设想以理想气体为介质，分四阶段周而复始循环；工作在两给定温度之间的热机中，可逆热机产生动力最大，可达热效极限。这就是热力学第二定律，从理论上解决了蒸汽机效率一直不高的难题。1850 年克劳修斯（德）在审查卡诺研究之后，给第二定律以定性表述，认为不可能将热能从低温传到高温，否则必须从外加入能量，1854 年在《热力学理论第二定律的另一形式》中引入"熵"，又赋予了量的表述，设 dS 为无限小过程中熵的增量；dQ 为系统从温度为 T 的热源所吸收的热量，其数学表达式为 $dS \geq dQ/T$，其中等号对应可逆过程、不等号对应不可逆过程，他们两人就一同建立了热力学第二定律。

能斯脱（德，1864—1941 年），1887 年在莱比锡大学做著名物理化学家奥斯特瓦尔德助手，受到一定影响，之后一生主要从事电化学与热力学等研究。1906年提出所谓"热定理"，即热力学第三定律，断言绝对零度不可能达到。1911年从量子理论观点，研究低温下的固体比热（比热容），用实验证明在绝对零度下，一个理想固体的比热也是零。因提出热力学第三定律，获 1920 年诺贝尔化学奖。

热力学三定律的建立，对热不但认识了各种实质和性质，而且均有了各种严格数值作证，为经典热力学奠定理论基础，为后来继续取得许多具体重大成果，铺平了道路。

在发展热力学理论的同时及以后，又创造出许多具体重大成果：如 1834 年，帕金斯（美）在封闭系统中，利用易发挥乙醚液体气化，研制成制冷机，1844年戈里（美）研制成空气压缩式制冷机，1859 年卡雷（法）研制成用氨作制冷剂与用水作吸收剂的制冷机，1910 年有人研制成蒸汽喷射式制冷机，1930 年有人研制成氟利昂制冷剂，接着开发出分马力马达，实现小型化与自动化。制冷机的出现及不断改善，试制出各式各样冰箱、空调机，在各产业与日常生活中均得到广泛应用，尤其是使人的寿命得到了普遍提高，故应是近代热力学发展史上的又一个里程碑。

再如 1883 年，戴姆勒（德）研制成首台立式汽油机，1885 年研制成首台摩托车，同年本茨（德）研制成首台单汽缸二冲程三轮汽车，同年狄塞尔（德）利用压缩空气高温直接在汽缸中燃烧，至 1897 年研制成首台柴油机，1905 年研制成首台船用柴油机，1913 年研制成以柴油机为动力的内燃机车，20 世纪 20 年代后期出现高速柴油机，开始用于汽车。汽油机与柴油机的出现，开启内燃动力时代，是机力代替人力的第三次重大飞跃，也使海陆交通发生了第二次革命性变化，故应是近代热力学发展史上的又一个里程碑。

近代热力学的创立及应用，不但使海陆交通发生了两次革命性变化，而且使日常生活也发生了革命性改变，试想若无此类成就，哪有今日天涯若比邻！故也应是近代自然科技给人类送来空前福音的重大成就之一！

3.11 流体力学

中国秦朝开始修建的四川都江堰工程，就很符合流体力学规律，是世上首个大型水利设施（图 3-29）。明朝使用水车带动几十个纺锭同时旋转，更开自然力代替人力，实现工业生产先河。但受儒家思想等束缚，一直没有得到应有发

图 3-29　都江堰

展。一直至 18 世纪 30 年代之后，西欧在力学、能量守恒、热力学第一、第二定律的基础上，才取得重大成就。

伯努利（瑞士，1700—1782 年），是著名伯努利家族中最为杰出的一位，因自幼受父叔兄弟学术思想熏陶，最后从学医转而研究数学与力学，与欧拉曾在彼得堡科学院共事，他俩是亲密朋友，又是竞争对手，均曾以 25 年中获得 10 次法兰西科学院奖，闻名于世。他的贡献主要涉及医学、数学与力学，而以流体动力学为最著名，流体动力学这一学科就是由其所著命名的。1738 年发表《流体动力学》，从能量守恒出发，用流体压强、密度与流速作为描写流体运动的基本物理量，写出流体力学基本方程，即伯努利方程，获得流体定常运动下的流速、压力、管道高程之间的关系。至 1755 年，欧拉（瑞士）用连续介质将静力学压力概念推广到运动流体中，建立欧拉方程，用微分方程描述无黏流体运动。忽略伯努力方程中黏性，也能得到欧拉方程。在定常流情况下沿流线将欧拉方程积分，也能得到伯努力方程。两方程的建立，标志流体动力学作为一个新兴分支学科得到成立，自此就开始用微分方程与实验测量，对流体运动进行深入系统研究。

18 世纪开始，科学家与工程师为解决实际问题，尤其是对黏性处理，开辟了一条适合工程设计的途径，即部分运用流体力学、部分采用归纳实验结果的半经验公式，形成了水力学，并一直与流体力学并行发展。

1822 年，纳维建立黏性流体运动方程。1845 年斯托克斯（英，1819—1903 年）以更合理基础，导出纳维方程，涉及的宏观力学概念，均论证得令人信服，后人称纳维－斯托克斯方程，简称 N–S 方程。欧拉方程是 N–S 在黏度为零时的特例。1904 至 1921 年之间，普朗特学派逐步将 N–S 简化，从推理及实验各角度建立边界层理论，在简单情况下，能计算边界层内的流动状态、流体同固体间的黏力，提出许多新概念，并广泛用于飞机与汽轮机设计。后期望揭示飞行器周围的压力分布、受力状况及阻力，促使流体力学在实验及理论上迅速发展，以儒科夫斯基、恰普雷金与普朗特等，以无黏不可压缩流体位势流理论为基础，建立机翼理论，阐明机翼如何受到举力、怎样使飞机托上天空。边界层理论与机翼理论，使无黏流体理论与黏性流体边界理论得到很好结合，为流体力学奠定初步理论基础。

随着汽轮机完善，飞机速度提到 50m/s 以上，至 1920 年起，又迅速扩展了，从 19 世纪就开始的，对空气密度变化效应实验及理论的研究，为高速飞行提供理论指导，产生了高速空气动力学或气体力学分支学科。以此为基础，40 年代对炸药或天然气等介质发生的爆轰波，又形成了新的一系列理论，为研究原子弹、炸药等起爆后的激波，在空气或水中的传播，发展成爆炸波理论，并出现了许多分支学科，如高超速、跨声速与稀薄空气动力学；电磁流体、计算流体力学；两相（气液或气固）流等，至此流体力学理论发展到了较高水平。

在发展流体力学理论的同时及以后，也创造出一些具体重大成果，如 1827 年富尔内隆研制成世上第一台水轮机，1878 年法国建成世上第一座水电站，开启大规模利用天然能源之门，故应是近代流体力学发展史上的一个里程碑！

再如 1903 年，莱特兄弟（美）研制出世上第一架内燃机飞机、1926 年戈达德（美）成功发射一枚以液氧加煤油作推进剂的液体火箭、1937 年惠特尔（英）研制成世上第一台喷气式发动机。飞机的发明，使交通运输发生了意想不到的第三次革命性变化！喷气动力的出现，又开启了意想不到的喷气动力之门！故应是近代流体力学发展史上的又一个里程碑！莱特兄弟飞机如

图 3-30 所示。

图 3-30　莱特兄弟飞机

近代流体力学的创立及应用，能在大河上建起水电站、在天空中出现高翔飞机。试想若无此类成就，哪有今日的洁净能源与快捷交通工具以及明日的宇宙开发，故也应是近代自然科技给人类送来空前福音的重大成就之一！

3.12　建筑学

中国的秦砖汉瓦，推动建筑工程第一次飞速发展之后，一直长期停滞不前。后在西欧力学、冶金学、化学、光学、声学、热力学及相关材料学等发展基础上，才使其又多次实现突破。

（1）冶炼出各种特种钢材。中国春秋曾人工锻钢，在工业生产最早期也采用坩埚法，因产量低、成本高，无法满足需要。后在冶金学、化学、力学等成就下，至 1856 年，贝塞麦（英）将空气吹入钢液，使碳、锰、硅等元素氧化脱除，并发明转炉炼钢，速度快、能耗小、成本低，但因含氧氮高，质量仍差，无法适应重要产品。1856 年至 1864 年之间，西门子（英）与马丁（法）合作发明平炉炼钢，脱除硫、磷、氧等功能较好，质量优于转炉钢，一些重要零部件曾用酸性平炉钢。1882 年哈德菲尔德（英）研炼出高锰耐磨钢，在 1000~1050℃时经水中淬火，能获全部奥氏体组织，主要用于耐磨部件。1889 年纪尧姆（瑞士）研究铁镍合金过程中，偶然发现其热膨胀系数极低，就对整个系列进行了深入探索及试验，发现因瓦（invar）合金在很宽温度范围内能保持固定长度、艾林瓦（elinvar）合金在相当宽的范围内热弹性系数实际为零，主要用于温差较大的零部件，在精密物理学中做出了重要贡献，获 1920 年诺贝尔物理学奖。1899 年埃鲁（法）发明电弧炉炼钢，脱除硫、磷、氧等功能更好，速度更快，尤其是能适于生产铬合金钢。1912 年布里尔利（英）试炼出不锈钢，主要用于耐蚀部件。紧接着施特劳斯与茅雷尔（德）合作，试炼出更好耐蚀性、可焊性与成型性的铬镍不锈钢。之后出现耐热钢，主要用于耐热部件。各种特种钢材的出现，一方面大大提高了各种机械品质，另一主要方面也大大提升了各类建筑物风格，不但使原有梁与拱等结构焕然一新，而且各种新兴桁架、框架、网架与悬索结构等也如火如荼迅速推广，出现各种结构形式百花争艳局面，使建筑物跨径从砖结构、石结构、木结构的几米、几十米，发展到钢结构的百米、几百米，一直到现代的千米以上，能在大江与海峡架起大桥、地面建起摩天大楼、高耸铁塔、广延铁路，使建筑工程在历史上得到第二次飞速发展！如 1889 年法国建成的埃菲尔铁塔，高 300 米、总重仅 7000 吨，却有三层平台可供游人登高眺望，还设有餐厅邮局等各类服务设施，是彻底打破两千多年砖石传统建筑的一个主要象征！时至如今，能建成如迪拜高达 828 米的哈里发塔，是其发展结果。据 2014 年有人统计，世上当年已建成的 97 幢最高摩天大楼，其中中国有 58 幢、从中可看出其发展动态。法国埃菲尔铁塔如图 3-31 所示。

图 3-31　法国埃菲尔铁塔

（2）研制成功各种钢筋混凝土。中国古代，早就广泛使用稻草增强黏土作为建筑材料，两者取长补短，综合性能优于单质结构，实开复合材料先河，但也长期踏步不前。后在西欧化学、力学等成就之下，至 19 世纪 20 年代，研制出波特兰水泥，混凝土问世。1849 年朗姆波（法）在铁丝网两面涂抹水泥砂浆，制作小船，开始出现钢筋混凝土，20 世纪初已获广泛应用。至 30 年代，出现既美观又经济的各种预应力结构，用途更为广阔，占据了统治地位。各种钢筋混凝土的不断出现，使建筑工程在历史上得到第三次飞速发展！时至如今，以长江三峡大坝为首的世上各种巨型水坝、以英吉利海峡（31 英里）为首的各种海底隧道、以港珠澳大桥为首的各种海上通道，以及各地建成的大型港口、机场、广延高速公路等均是其重大贡献，也是其象征！长江三峡大坝见图 3-32，规划中的港珠澳大桥如图 3-33 所示。

图 3-32　长江三峡大坝

图 3-33　规划中的港珠澳大桥

（3）研制出各种轻质材料。自古以来，建筑工程习惯采用密度较大的材料，似乎如此可牢固稳定。后在化学、冶金学、力学等成就之下，至 1886 年，霍尔用冰晶石电解法建成高纯铝厂，自此就不断试制出各种铝合金，密度仅为钢的1/3，强度有的甚至超过钢材，因易氧化，可形成一层牢固氧化膜，反而具有良好耐蚀性，较适合做屋面、墙面、门窗、骨架、吊顶、天花板、扶手、装饰板、室内家具、商店货柜，由于功能多，一些工业发达国家建筑用铝量，早就占到总产量的 30%；1909 年贝克兰研制出酚醛树脂，之后不断出现了各种工程塑料，质量也轻，更耐腐蚀，是热与电的良好绝缘体，有的纤维增强塑料的强度也比钢材高，但一般易变形、热膨胀系数很大、耐热性差，主要只用作管及管件、通风管道、装修配件、绝热与吸声、泡沫夹层、地板地毯、门窗、采光天窗、波形瓦、贴面板、壁纸、整体卫生间、混凝土模壳等非结构性材料，因功能更多，而且十分经济，在建筑上更被广泛使用。因此打破了傻大笨粗的沉重格局，使建筑工程在历史上得到第四次飞速发展！以铝合金为骨架、透明高强材料为墙壁、地板，曾出现的各式各样的、美丽轻巧的多层大楼，即为其象征。

（4）试制出各种特种玻璃，如吸热玻璃，只能透过可见光，阻止红外线进入；热反射玻璃，可降低透过玻璃的热辐射；选择玻璃，可选择吸收或透过紫外线红外线、特定波长的光线；导电膜玻璃，在一定电压下可保持一定温度以除冰防霜；光致色玻璃，经紫外线或可见光照射，可改变光的密度，使颜色变深，停止照射则恢复原状，光线弱时可通过大量的光，强时又可降低透光度，能保持光强在一定范围之内；安全玻璃，机械强度高、抗冲击、耐热震等，特殊玻璃还能抵御枪弹射击、高能射线；中空玻璃，具有良好保温、绝热、隔声等性能，不结霜保持透明、阻止室外噪声传入。

（5）改进了防腐措施。中国古代采用黏土灰土（黏土掺石灰），外加糯米粥与猕猴桃藤汁拌和，有时还掺入动物血料、铁红等分层夯实，对构筑物进行防水，过程复杂，效果也差，后不断试制出沥青油毡、硫化橡胶等卷材防水；沥青溶剂、苯乙烯乳化、合成树脂等涂膜防水；防水混凝土与特殊构造等刚性防水，不但施工简单，效果也特好。

（6）改善了劳动条件。自古以来，主要靠人力，后不断试制出起重、运输、土方、打桩、石料开采及加工、混凝土制备及输送、喷射与振捣、装修、路面、铁轨铺设、桥梁施工、隧道施工等各种机械。时至如今，劳动主要靠机械，人则主要起领导组织作用。

（7）解决了噪声控制。古代中国对声的探索主要限于能单独听到悦耳声音，从未触及大型建筑声学，至1900年，赛宾提出混响公式之后，标志现代建筑声学开始，接着试制出各种吸声材料，建立吸声及音质理论，后随电子技术发展，据其理论研制出扩声系统与受援共振系统，可在大型厅堂内与广场上也能听到悦耳乐声。

特种玻璃的出现、防腐材料的改进、劳动条件的改善以及噪声得到了控制，对建筑物美观、长寿、低能耗、舒适度、改进施工劳动条件及提高劳动效率等方面，也起了一方面或多方面的添颜加彩作用。

近代建筑学的发展，能建起跨海大桥、海底隧道、高耸铁塔、大型港口与机场、广延公路与铁路，各式各样的、特别舒适的、美轮美奂的摩天大厦，故也应是近代自然科技给人类送来空前福音的重大成就之一！

3.13　电磁学

古人对电磁虽有所察觉，可终究也是个看不见、摸不着的东西，故发展也较晚。

吉伯（英，1544—1603 年），一向蔑视经院哲学，重视实验。在总结马里库尔与诺尔曼等人磁与电现象及观察磁针若干应用基础上，通过磁石球证明地球是个大磁体，至 16 世纪最先提出电力、电吸引与磁性这些名字，1600 年出版《论磁性》，叙述磁极必成对出现，许多物质经摩擦之后，可吸引小物体，自此才开始对磁学进行认真研究。

17 世纪，盖里克设计出一个可以产生静电的机器。1745 年马森布洛克与克莱斯特各自独立发现莱顿瓶原理，但均无法产生连续的、稳定的电流，虽可短时储存，瞬间就放电完毕。1765 年伏打（意，1745—1827 年）开始从事静电实验研究，1769 年出版《论电的吸引》，1775 年研制起电盘，1793 年创伽伐尼电接触说，1799 年发明电池之后才开始对电学进行认真研究。伏打向拿破仑展示电池如图 3-34 所示。

1807 年，奥斯特（丹麦，1777—1851 年）无意中发现，磁针在电的作用下可以偏转。1820 年 4 月提到磁针能转到与通电导线相互垂直，7 月提出电流能使磁铁受到作用，反之亦然，打破了当时有人认为电与磁不会有联系的错误观点，引起科学界广泛注意。如安培（法，1775—1836 年）得知后，就做了两根载流导线相互影响的著名实验，并导出公式，1827 年著《电动力学现象的数学理论》，是首部电磁学的经典著作。

图 3-34　伏打向拿破仑展示电池

1825 年，欧姆（德，1787—1854 年）在戴维等人的电导率实验影响之下，也对电磁学进行研究。至 1826 年，用各种金属制成直径不同导线以测定电导率，粗细不一的同一材料，长度与截面为一定比值时，电导率相同，得到电流等于电动势与回路总电阻之比，即有名的欧姆定律。

法拉第（英，1791—1867 年），原本是个普通学徒，先在戴维实验室洗瓶子，因有强烈好奇心，勇于钻研，后得戴维赏识及重用。1813 年戴维访问欧洲时就带其随行，利用此机会，他认识了科学界的关键人物伏打、安培、盖·吕萨克等，在此过程中，他接受了从未有过的教育。1815 年返回英国时，就成了戴维得力助手。1820 年得知奥斯特的发现后，更引起其巨大兴趣。1821 年 9 月发现，通电导线能绕磁铁旋转，1831 年 8 月经多次实验证实"伏打电感应"，10 月发现磁铁与导线闭合回路有相对运动时，会感生电流，接着将一圆盘放在永久磁铁两极之间旋转，用导线从盘边与轴心之间引出了电流，试制出发电机雏形。之后对其进行了一系列定量研究，归纳为电磁感应定律，成为电磁学的重要基础。此外还有多项贡献，如 1834 年建立电解定律；1837 年提出电场、磁场概念；1845 年发现磁光效应；1852 年提出电力线、磁力线概念。法拉第主要成就，均总结在《电磁实验研究》中，为麦克斯韦建立电磁理论奠定了主要基础。法拉第手稿如图3-35 所示。

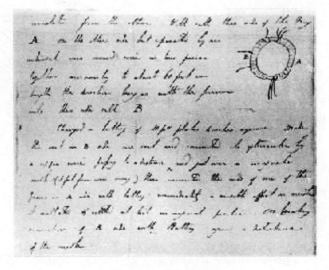

图 3-35　法拉第手稿

1854 年，麦克斯韦（英）从剑桥毕业之后，读了《电磁实验研究》一书，立即被书中实验与新颖见解深深吸引，1855 年与 1856 年分两部分完成《论法拉第的力线》，1861 年又发表《论物理中的力线》，1864 年再发表《电磁场的动力学理论》。他数学根底深厚，紧接着提出联系电荷、电流、电场与磁场的微分方程组，以之分别表示安培环路定律、电磁感应定律、高斯通量定律、磁通连续性原理，不但圆满解释了法拉第等发现的各种电磁现象，而且得到了有重大意义

的延伸。既然磁场变化之处有感应电场、变化着的电场也产生磁场，推论此种交变电磁场定会不断继续，以一种波的形式向空中散布。继又推论出电磁波传播速度正好等于光速，此乃第一个说明光是电磁领域的一部分，于是大胆宣布：世上还有一种看不见摸不着未被发现的电磁波，故所著《电磁学通论》就成了物理界的一件大事，一售而空。可由于其理论过于深奥，曲高和寡，懂的人太少、怀疑的人太多，并未引起后续轰动效应。至 1887 年，赫兹用实验证明，确有电磁波存

图 3-36　麦克斯韦

在时，世人才意识到，麦克斯韦是继牛顿之后出现的又一位伟大经典物理学家。麦克斯韦如图 3-36 所示。

微分方程组的建立奠定了经典电磁学理论基础，促使整个机电工业蓬勃发展，也是个改变人类历史进程的成就，故应是自然科技发展史上的又一（第三）个伟大成就，也具划时代意义！

在发展电磁理论的同时及以后，还创造出许多重大具体成果，如 1856 年，西门子（德）研制成纵向横梭绕式定子发电机，即交流发电机前身，至 1866 年，用电磁铁取代永久磁铁，研制成自激式直流电机。电机的出现，开启电磁动力时代，是机力代替人力的第四次重大飞跃，故应是近代电磁学发展史上的一个里程碑！

再如 1894 年，马可尼（意，1874—1937 年）用无线电打响 10 米以外电铃。1895 年改进发射机与检波器、接收机与发射机加装天线，成功进行传输实验，

图 3-37　马可尼

到秋天距离增至 2.8 公里，不但打响电铃，而且录到拍来电码。1899 年实现电磁波横贯英吉利海峡，增至 45 公里。1901 年从英国高发射塔发射信号，在大洋彼岸 3000 公里的加拿大收到。马可尼如图 3-37 所示。

紧接着，1899 年布劳恩（德）发明新型无线电报发射机与接收机，并采用谐振电路，至 1904 年，接收机中又采用晶体检波器，根本改善了马可尼系统，两人一同获 1909 年诺贝尔物理奖。

至 1924 年，阿普顿（英）专设相距 112 公里的发射机与接收机，利用发射机慢调频，产生一系列信号，通过对干涉波长计算，测得地球上空 100 公里高处存在一个电离层，证实了亥维赛与肯涅利 1902 年的假设，以此用来解释横跨大西洋两岸无线电传播实验，并认为远距离短波信号传播，只能由高空电离层反射来实现，至 1926 年，又发现 230 公里高处还有一层反射能力更强的电离层，即"阿普顿层"，至此无线通讯从理论到实践，算基本臻于完善。阿普顿获 1947 年诺贝尔物理学奖。

1922 年，马可尼发表无线电波可探到物体论文，之后美国发现用双基地连续波雷达，能发觉其间通过的船只，自此各种雷达就不断出现。其基本原理，先发射电磁波对目标进行照射，继而接收其回波，由此能获得目标至雷达距离、距离变化率（径向速度）、方位、高度等信息，是种利用电磁波探测目标的电子设备。其优点白天黑夜均能检测到远距离较小目标，不会被雾、云、雨等阻挡。不仅已用于军事，而且也广泛用于国民经济、科学研究等各个领域。包括雷达在内的无线电通讯的实现，使世人通过广阔空间可进行远距离讯息交换，故应是近代电磁学发展史上的又一个里程碑！雷达侦察设备组成框图如图3-38所示，对空监视雷达见图3-39，爱国者反导火控雷达如图3-40所示。

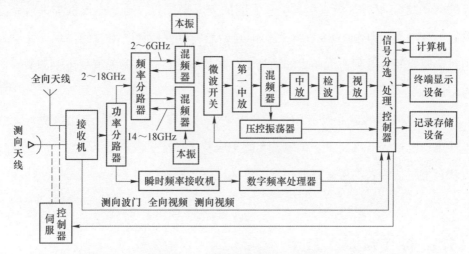

图3-38　雷达侦察设备组成框图

图3-39　对空监视雷达

图3-40　爱国者反导火控雷达

又如 1884 年，尼普科夫（德）发明螺盘旋转扫描仪，用光电池将图像光点转变为电脉冲，实现原始电视。1925 至 1926 年之间，詹金斯与贝亚德合作，实现一种机械扫描电视系统。1930 年范思沃恩发明电子扫描、RCA 改进电子束显像管。1932 年改进兹沃雷金（美）发明的光电摄像管，至此电视基本进入完善阶段。1937 年在英国、1939 年在美国开始黑白电视广播。电视的出现，使世人通过广阔空间可看到遥远距离的活动景象，故应是近代电磁学发展史上的又一个里程碑！

近代电磁学的创立及应用，揭开了电磁的神秘面纱，并研制出电机、无线电通讯、电视等新兴装备。试想若无此类成就，日常生活真不堪设想！故也应是近代自然科技给人类送来空前福音的重大成就之一！

3.14 原子及量子力学

物质可随时看到，也可认清其类型，其中原子古人也认为可随时看到，但无法辨明，故发展也较晚。

古人曾经猜测，所有物质均由几种基本元素构成。希腊人认为是由四种元素，即空气、火、水、土构成；中国道家相生相克五行理论，即由金、木、水、火、土构成，但大多数古代哲学家没有原子概念。至公元前 5 世纪，一位希腊思想家留基伯想知道，若将物质分成尽可能小的粒子会怎么样？例如把一块石头一分为二，然后再一分为二，依次进行，分成碎屑，还能继续一分为二吗？当然可能，最终会得到无法看见的最小粒子，并称其为 atomo，希腊文不可分割之意，原子一词即出于此。其学生德谟克利特，在其基础上，继续发展原子论，认为原子间除了空虚之外，就没有任何东西。与此同时，中国战国时代哲学家惠施提出"至小无内，谓之小一"，也认为最小物质粒子是不可分割的。但均无任何实验作基础，只是一种推论而已，自然就无任何说服力。

至 18 世纪末开始，道尔顿（英）对空气本质及其组成极感兴趣，一生作了约 200000 次气象观察，已知空气大体由氧、氮与水蒸气等组成，为什么这一混合物很难分离？为什么重的氮气不沉在容器底部？为了回答这些问题，自制一个简单装置，称重组成空气的不同元素，得出重要结论："气体混合物重量等同各成分单独重量之和"；"当分别标记 A 与 B 两种弹性流体混合在一起时，粒子相互间没有排斥力，A 间互相排斥，但不排斥 B 粒子，因此作用于任一粒子上的压力完全来自相同粒子"，即 1801 年发表的"分压定律"，结合玻意耳气体体积与压强成反比定律，显然使其意识到，气体是由看不见的微粒组成。继续推想，是否所有物质均由此种微粒组成，普鲁斯特 1788 年曾指出，物质往往以整的单元组成，就是说能以 4:3，或 8:1 的比例结合，但不能按 8.673:1.17，即'定比定律'，由此认为，有理由假设，每种元素均由一些微粒组成，为尊重留基伯及其学生德谟克利特，也将这些微粒正式命名为原子。在此基础上，1803 年以氢的重量为 1 作基础，其他元素重量是其倍数，提出一个有 21 个元素的原始原子量表。1804 年论证两个元素可合成不止一种化合物，如碳和氧可合成一氧化碳与二氧化碳，虽是不同比例，但仍是整数。至 1808 年，著《化学哲学新体系》，进一步指出，化学分解与合成只不过是这些粒子的重新组合，正如拉瓦锡所说，在此过程中物质不会被创生，也不会被消灭，宣称可以产生的所有变化，仅是将各种状态的粒子分开，或将分开的再结合在一起而已。道尔顿的研究结果对物理化学作出了开创性贡献，世人从未忘记。但"原子"是物质组成最小单元这一观念，在一定程度上，长期阻碍了科学家的深入探索，也应是个教训。

至1895年11月8日晚上，伦琴（德，1845—1923年，图3-41）正在巴伐利亚乌兹堡大学幽暗的实验室里工作，突然被房间一个角落发出的神秘闪光吸引，不由得靠近去观察，其闪光来自涂有氰亚铂酸钡的纸片，其时已知此种物质在阴极射线照射下，会产生奇异荧光，但此刻正使用的阴极射线管已被厚纸板盖得严严实实，显然穿透了整个房间，试着先关闭射线管，纸片不再发光，紧接着接通，闪光重现，并把自己的手放在射线管与纸片之间，纸片上竟显示手的阴影，甚至可看到手骨！再将纸片拿到另一房间，并关上门，拉下窗帘，然后开动射线管，纸片仍然发光，可见引起闪光的神秘射线还能穿墙而过，因对射线毫无了解，就称X射线，以示未知之意，这是人类第一次发现所谓的"穿透性射线"。为了做到确实可靠，推迟了7周，至1895年12月28日才正式宣布。1896年1月23日作了一次专题报告，结束时用射线拍了著名解剖学家克利克尔的一只手，以示具有穿透性能。三个月之后，美国缅因州达特茅斯有个名叫麦克卡塞的受伤

图3-41　伦琴

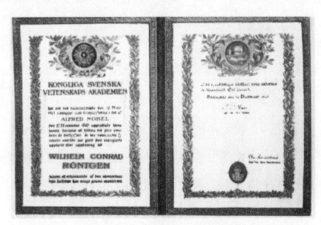

图3-42　第一张诺贝尔物理学奖状

男孩，成为历史上第一个用此法查看断骨状况，并做了正骨手术的病人，自此 X 射线就成了医疗领域的一种重要诊断手段，荣获世上 1901 年第一张诺贝尔物理学奖状。第一张诺贝尔物理学奖状见图 3-42。

1892 年，洛伦兹（荷兰，1853—1928 年）发表电子论文章，认为一切分子均有电子，阴极射线粒子就是电子，电子是种极小质量的钢球，1895 年提出一个假设，运动点电荷在磁场中会受到作用力。塞曼（荷兰，1865—1943 年）师从洛伦兹，大学毕业后成其助教，1896 年发现，在足够强的磁场中，原子发射的光谱线会分裂为几条，分裂间隔与磁场强度成正比，沿磁场方向观察是左右圆偏振光，沿垂直磁场方向观察是互相垂直的两种偏振光，此即塞曼效应。洛伦兹首先对其作了经典理论解释。两人一同获 1902 年诺贝尔物理学奖。

1909 年，洛伦兹在所著《电子论与其在光现象中及热辐射中的应用》中进一步指出，电子与带正电粒子运动时，周围会产生磁场，带电粒子在做加速或作减速运动时，会辐射出电磁波，电磁场有影响电子与带电粒子的行径能力，即"洛伦兹力"，其表达式 $F=qv{\times}B$，式中，q 为点电荷电量；v 为点电荷速度；B 为磁感应强度。

发现 X 射线之后，对其本质一时众说纷纭，莫衷一是，其中劳厄（德，1879—1960 年）认为，是种极短电磁波，就产生用 X 射线照射晶体并研究其结构的想法。设想晶体是原子或离子有规则的三维排列，只要 X 射线波长与晶体中原子或离子间距具有相同数量级，应能看到干涉现象，1912 年 4 月开始进行试验，果然显出规则斑点群，紧接着从光的三维衍射理论出发，以几何观点完成了 X 射线在晶体中的衍射理论，成功解释了有关试验结果，他就成了研究 X 射线获诺贝尔物理学奖的第二位得奖者（1914 年）。因忽略了原子或离子的热运动，所得理论只是近似，1931 年完成 X 射线动力学理论之后，才算达到完善。

1916 年，德拜（美，1884—1966 年）采用粉末晶体，替代大块晶体，发展劳厄法，经 X 射线照射，显出同心圆环衍射图样，可用以鉴定样品成分，决定晶胞大小，主要因用 X 射线衍射与电子衍射研究分子结构，卓有成就，获 1936 年诺贝尔化学奖。

1904 年，布喇格（英，1862—1942）研究放射性物质，通过试验之后，指出不同放射性物质发射 α 粒子的初速率、射程、电离能力均不相同。1912 年其儿师从汤姆孙，劳厄发现晶体对 X 射线衍射作用时，也引起了其注意，深入研究之后指出，晶体中整齐排列的原子面，可看作是一种衍射光栅，照片上的斑点群，是光栅反射 X 射线结果，并由此导出"布喇格方程"，反映了 X 射线波长与晶面间距之间的定量关系，既可测定 X 射线波长，又可作探索晶体结构特征的一种工具。1913 年在儿子获得成果之后，他也将精力从研究射线本性，转移到对晶体结构应用分析，研制成 X 射线摄谱仪，测定出许多元素 X 射线波长。父子还用摄谱仪测定金刚石、水晶等简单结构，从理论及实验证明：晶体结构的周期性与几何对称性，奠定 X 射线光谱学及 X 射线结构分析基础，为深入研究物质内部结构又开辟了一条可靠途径。父子俩就成了研究 X 射线获诺贝尔物理学奖的第三位与第四位得奖者（1915 年）。

接着，巴克拉（英，1877—1944 年）发现用 X 射线照射固体、液体、气体时，会引起两种完全不同的次级辐射，一是微粒，即电子发射；二是 X 射线。对 X 射线做了深入研究，首先发现，有两种不同的 X 射线，一种吸收系数与穿透本领等与入射 X 射线相同，认定是散射后的原 X 射线，其强度随相对入射方向不同有所变化，通过对强度分布测量可确定一系列物质在不同条件下的总发射，从而可近似估计一个原子中所含电子数量；另一种则是均匀的，吸收系数与入射 X 射线毫无关系，仅由被照物所决定，就认定此次级 X 射线可看作是该元素的一种特征标志，后被称"标识 X 射线"。并发现其谱线可分为两个不同范围，即 K 系列与 L 系列，K 系列穿透本领较强、L 系列较弱。接着成功研究了从钙到铈的 K 系列、从银到铋的 L 系列，他就成了研究 X 射线获诺贝尔物理学奖的第五位得奖者（1917 年）。次级 X 射线标识谱的发现，对原子结构建立起了重要作用。后对 K 系列与 L 系列均进行了深入研究，得到重要结果，是原子核电荷而非原子量决定原子在元素周期表中的位置，就是说是原子核电荷决定原子化学属性。

1921 年，西格班（瑞典，1886—1978 年）研制成光谱用真空分光镜，以此确定了 92 种元素原子所发射出的标识 X 射线，所得光谱间的相对简易性及紧密相似性，确信辐射源于原子内部，而与外围电子结构所支配的复杂光谱线及化学性质无关，并验证 K 与 L 系列确实存在，并发现了另一 M 系列。接着用高分辨率光谱仪，在 K 系中发现两条谱线，L 系中发现 28 条谱线、M 系中发现 24 条谱线，强力支持了玻尔的观点，即原子内的电子按壳层排列。至 1924 年，终于用棱镜演示 X 射线折射，获得成功，才首次证实，多数科学家认为 X 射线是种波长很短的电磁波，他就成了研究 X 射线最后一位获得诺贝尔物理学奖者（1924 年）。

劳厄等不但掀开了 X 射线面纱，而且进一步揭示了原子的内部秘密。

1896 年 1 月，贝克勒尔（法，1852—1908 年）获悉伦琴发现 X 射线之后，2 月就开始作进一步实验，伦琴是从 X 射线引起荧光，逆向过程是否也能成立，即荧光物质是否也能发出 X 射线或阴极射线？于是以铀盐作实验对象，把一块会发荧光的铀盐用黑纸包住，放在照相底片上，然后用阳光照射，其想法是，如荧光辐射 X 射线，这些射线就会穿透黑纸，使底片曝光，他知除此之外，包括紫外光均不可能穿过黑纸到达底片。当取出底片时，确呈现灰雾，如同曝光一样，荧光果然产生了猜想的 X 射线。同年 5 月发现纯铀也同样辐射，就确认有天然放射性存在，继续研究发现，此 X 射线不但可穿透不透明物质，还可使空气电离、将一种物质以恒定流量向所有方向辐射，至此贝克勒尔等就注意到，如果原子是不可分的，怎会放射出自己的一部分？！

1896 年 3 月，M. 居里（法）在贝克勒尔启发之下，决定寻找其他类似物质，不久发现钍。继之发现沥青铀矿放射性比铀盐更强，就认定存在某种其他的、未知的放射性更强的元素，又决定用测定放射性手段，与夫合作，坚持不懈，至 1898 年 7 月发现钋，12 月又发现镭，与贝克勒尔一同获 1903 年诺贝尔物理学奖。

1892 年，研究电磁波的赫兹就告知勒纳德（德，1862—1947 年）一个新的发现，一块被铝箔包着的含铀玻璃片，放入电管中，阴极射线轰击铝箔时，也发出光线，并将具体实验交给他。至 1894 年 1 月 1 日，赫兹突然去世，他怀着对恩师感激之情，就自动担起全部责任，用厚度不同铝箔，做了大量实验。至年底，发表成果，即用一块铝箔代替封闭放电管的石英板，铝箔厚度恰好可使管内保持真空，但又薄到使阴极射线能顺利通过，如此不仅能研究阴极射线，也能研究放电管外引起的荧光，得到阴极射线在空气中传播距离为分米数量级，在真空中传播数米则毫无衰减，此即勒纳德窗，其成就促使发现电子，获 1905 年诺贝尔物理学奖。

J. 汤姆孙（英，1856—1940 年），最初兴趣是在麦克斯韦的磁场理论上，后却被阴极射线迷住。阴极射线在本质上不同于电磁现象，阴极射线可被磁场偏折，或者偏向一边，似乎是一种带负电的粒子，但没人证明其能被电场偏折，

1896 年他接受这一挑战，引进电场后成功使射线出现偏折，还测得偏折速度，并用不同阴极材料作测试，如铝、铜、锡与铂等，试验时还将不同气体，如空气、氢、二氧化碳等引入射线管里，获得所有数据完全相同。如果是各种带电的原子，数据肯定不会相同，不同数据才能反映原子的不同质量，初步意识到，是一种更小粒子。当得知阴极射线可通过"勒纳德窗"的金属薄片时，即认定是一种带负电的粒子流，后在气体导电实验研究中，发现其质量只有氢离子质量两千分之一，经反复验证，深信此种粒子定是组成原子的基本成员，至 1897 年 4 月 30 日就正式宣布此种微粒存在，并也借用 1891 年斯坦尼创造的"电子"一词，给其命名。并推想，电子具有负电荷，任何物质不显电性，所以原子一定具有某种带正电的内部结构，来抵消电子的负电荷，1898 年就提出后称"葡萄干布丁"（即嵌葡萄干的蛋糕）的原子模型，电子嵌在均匀带正电的物质球中。电子的发现，将物理学带入了一个崭新层次，彻底打破了原子是组成物质最小单元的这一陈固观点，自此向原子内部探索，就成为物理学界最振奋人心的口号，自然也解答了贝克勒尔与居里等的疑问，获 1906 年诺贝尔物理学奖。

1895 年，卢瑟福（英，1871—1937 年）师从汤姆孙，当贝可勒尔发现铀的辐射时，也引起了其重视，1902 年研究钍盐放射性时，发现钍原子变成新钍原子，对放射性衰变建立起了主要作用。紧接着与同事合作，证明 α 射线即氦原子核。1907 年提出，据矿石放射性核素现存量与转变量，可测定矿石年龄，获 1908 年诺贝尔化学奖。1908 年至 1909 年间，与盖革合作，用 α 粒子轰击金箔，大多数粒子直接穿过金箔，这正是实验家据汤姆孙模型所期望的结果，但也有少数粒子，打到金箔后，发生散射，散射以某一角度，常常是 90 度角甚至更大，这使其大为吃惊，并说："这就好比你向一片薄纸打出一颗 15 英寸的炮弹，却反回来击中了你一样"，于是 1911 年初他向盖革宣布，"我知道原子是怎么回事了"，据实验结果，提出关于原子的、很有创造性的新思维：若所有带正电粒子不如汤姆孙所设想那样，而是集中于中心的一个小区域，或者称之为核，情况会怎么样？原子大多数质量集中在核内，相等数量带负电粒子就在核外某些地方处于运动之中，类似一个微型太阳系，即原子内大部区域是空的，后来实验证明，其想法十分正确。1919 年用天然放射产生 α 粒子，轰击氮原子核，打出了质子，第一次发现人工核反应。他在物理学中成就甚多，故赢得"原子物理学中的牛顿"称号。

1911 年，查德威克（英，1891—1974 年）师从卢瑟福，1920 年测出原子核电荷，证实卢瑟福的核电荷数与元素原子序数相等的结论。1932 年，在 I. 居里用 α 射线轰击铍能发出某种辐射的基础上，通过一系列实验研究，证实铍辐射线即铍中射出的中子，在《自然》上就发表《中子可能存在》，彻底否定了博特将铍辐射认定是 γ 射线的一种错误观点。中子的发现，继发现电子之后，对研究原子核又提供了一种更有力武器，并促进核裂变研究发展，而且解决了原子序数与原子量之间一直难以理解的差异，因已知带负电的电子数与带正电的质子数是平衡的，但除氢以外，所有原子质量均超过其质子质量，至少是其两倍，这些质量是从哪里来的？至此才得到正确答案，乃由核中的中子造成，获 1935 年诺贝尔物理学奖。

普朗克（德，1858—1947 年）在柏林大学上学时，师从克劳修斯，他很赞赏其在热力学领域里取得的成就，此时正好出现黑体辐射研究中的"紫外灾难"，当时已认识到物理学上的黑体能吸收所有频率的光，却不出现丝毫反射，理论上当其加热时也应辐射所有频率，物理学家预料高端频率应比低端频率大得多，即应多处光谱的紫外端，但发现实际情况并非如此，此即所谓"紫外灾难"。对此难题并无什么人关心，他却很感兴趣，用了 6 年时间终于找到了答案。在直觉基础上，先建立一个简单方程，可精确描述整个频率带的辐射分布。如能量不是无限可分，情况会怎么样？有可能与物质一样，以粒子或波包形式存在，或者存在于所谓的"量子"里。还发现这些量子大小与辐射频率成正比，低频辐射只需小的能量波包或者能量子，若要达到两倍高的频率，也许就需要两倍能量，换句话说，能量只能以整量子的形式发射，物体在低频下发射比较容易，在高频端辐射需要能量更大，以致极不容易发生，并证明能量大小与辐射频率之比是个常数，后人称普朗克常数 h。至 1900 年，提出符合整个波长范围的黑体辐射公式，即量子论，首次把能量不连续性引到人对自然界的认识，开创理论力学新纪元，获 1918 年诺贝尔物理学奖。但量子论没有找到合适规律，仍存在不足之处。

1912 年，尼·玻尔（丹麦，1885—1962 年）在汤姆孙主持的卡文迪什实验室学习。几个月之后转赴以卢瑟福为首的科学集体，自此与卢瑟福就建立长期密切关系。1913 年他以《论原子构造与分子构造》为题，分三部分发表论文，用已有量子知识，提出原子定态及量子跃迁概念，为解释氢原子光谱取得相当圆满结果。定态概念虽然得到越来越多的实证，冲击了经典理论，但还不能很好说明其他元素光谱，且根本无法说清任一光谱线的强度与偏振。至 1918 年，想找到原子与分子的物化性质，来说明元素周期表变化情况，深入探索经典理论与量子理论之间的关系，认为按经典理论描述周期性体系运动，与实际量子运动之间会存在一定的对应关系，即"对应原理"。后来此原理就成了经典理论通向量子理论的一座桥梁，获 1922 年诺贝尔物理学奖。

1914 年，夫兰克（德，1882—1964 年）与赫兹合作，利用电场加速，使热阴极发出的电子获得能量，与管中汞蒸气原子发生碰撞，发现电子能量未达某一临界值时，电子与汞原子发生弹性碰撞，电子不损失能量，但当能量达某一临界值时，则发生非弹性碰撞，电子能量传给汞原子，使后者激发，观察汞原子跃迁发射的光谱，表明电子失去的能量只能等于一系列分立值，即能级，证实玻尔原子定态正确，此即夫兰克－赫兹实验，两人获 1925 年诺贝尔物理学奖。

1912 年至 1920 年之间，康普顿（美，1892—1962 年）作为访问学者，至卡文迪什实验室工作，得到汤姆孙与卢瑟福指导。1920 年用 X 射线照射物质，看到散射 X 射线波长发生改变，无法以经典理论进行解释。1923 年用光子与自由电子发生碰撞，才解释此种现象，并得到波长移动公式，还获得在石墨中散射后的波长改变值，与理论推测值一致，即康普顿效应。获 1927 年诺贝尔物理学奖。此效应与夫兰克－赫兹实验一同为量子力学奠定基础。

1922 年，海森伯（德，1901—1976 年）在格丁根大学曾听尼·玻尔演讲，仅 20 岁的他竟对其某些论点提出异议，自此两人交往甚深，至 1926 年夏，一直随玻尔工作。他于 1925 年发表《关于运动学与力学关系的量子论新释》，在此基础上，与玻恩（德）、约旦等合作，发展成矩阵力学，即量子力学，弥补了量子论的不足，且与泡利为量子场论的建立，打下基础。海森伯获 1932 年诺贝尔物理学奖。海森伯如图 3-43 所示。

1925 年底至 1926 年初，薛定谔（奥，1887—1961 年）在爱因斯坦单原子理想气体量

图 3-43　海森伯

子理论、德布罗意物质波假设的启发下，提出对
应波动光学的波动力学方程，奠定波动力学基础，
至 1926 年 1 至 6 月，以《量子化就是本征值问题》
为题，连续发表四篇论文，系统阐明波动力学理
论。3 月发现波动力学与矩阵力学在数学上完全等
价，是量子力学的两种表达形式，可通过数学变
换，从一理论转至另一个理论。获 1933 年诺贝尔
物理学奖。薛定谔如图 3-44 所示。

图 3-44　薛定谔

　　1927 年戴维森（美，1881—1958 年）用电子
束垂直投射到镍单晶，经晶格散射之后，在某一方向上衍射极大，从衍射资料
中，求得波长与从德布罗意算出的波长完全一致，证实德布罗意假设正确。紧接
着 P. 汤姆孙（1906 年诺贝尔奖得主，即 J. 汤姆孙儿子）作了进一步衍射实验，
同样证实德布罗意假设正确。两人一同获 1937 年诺贝尔物理学奖。两者构成了
量子力学的实验基础，为量子力学提供了第一个后续证据。

　　有关量子力学论文发表之后，并未立即得到科学界的普遍认同，一度还有
人认为，应将粒子与量子跃迁等概念全部放弃。玻恩则认为：绝不宜草率行事，
宜先探索粒子与波动相一致之处，很快在几率概念中得到启发，即提出一种新的
理论，将德布罗意的电子波认定是电子出现的几率，电子运动可用一个波函数来
表示，但不表示一个电子确定运动方向及轨迹，只说明电子占据某点所存在的概
率，成功说明了量子力学波函数的确切意义，此乃量子力学中的波函数统计解
释。几率波将物质波动性与粒子性作了合理统一，并经历了无数实验考验，为量
子力学提供了第一个最有力的后续证据，获 1954 年诺贝尔物理学奖。至此对量

子力学的怀疑才算基本结束。

量子力学的建立，给现代微观科学发展找到了一种空前有力武器，为现代科学开启了第三扇大门，也改变了人类的历史进程，使许多学科得到前所未有的动力，很快在多方面出现了焕然一新局面！试想若无此理论建立，将会怎么样？也定不堪设想！故应是自然科技发展史上的又一个（第五）伟大成就！也具划时代意义！

3.15 科学数学

数学也是一门最古老科学，在欧洲中世纪黑暗时代，也长期停滞不前。11世纪后才渐有好转，至 1462 年雷格蒙塔努斯（德，1436 —1476 年）才到罗马研究希腊数学，1464 年著《论各种三角形》，对平面与球面三角进行阐述。1545 年卡尔达诺（意，1501—1576 年）著《大术》，有塔尔塔利亚三次方程解与费拉里四次方程解。至 1557—1560 年之间，邦贝利（意，1526—1572 年）著《代数学》，指出三次方程解的不可约性，可通过虚数运算得到三个实根，并给出初步虚数理论，对数学发展起了承前启后作用，至此才随其工业发展超越了中国，标志近代数学的开端！

1637 年，笛卡儿（法，1596—1650 年）著《几何学》，创解析几何。1639年德扎格（法，1593—1662 年）著《试论处理圆锥与平面相交的初稿》，创射影几何。1655 年沃利斯（英，1616—1703 年）著《无穷算术》，导入无穷级数及无穷连乘积，创无穷大符号 ∞。至 1665—1736 年之间，牛顿与莱布尼茨在阿基米得"穷竭法"、祖冲之"割圆术"、笛卡儿"几何学"、沃利斯"无穷算术"等基础上，各自独立建立微积分学，使数学科学化。自此对自然科技的复杂现象就可进行合理描述及深入了解，有了一种无以替代的有力工具，是数学发展史上的一个里程碑，故爱因斯坦赞美说："只有微分定律，才能完全满足近代物理学的因果要求，是牛顿最伟大理智成就之一。"

1731 年，克莱罗（法，1713—1765 年）著《关于双重曲率曲线的研究》，创空间曲线理论。1747 年达朗贝尔（法，1717—1783 年）著《弦振动研究》，导出弦振动方程，偏微分方程开端。1795 年蒙日（法）著《关于将分析应用于几何的活页论文》，微分几何学先驱。1807 年傅里叶（法，1768—1830 年）在热传导研究中提出任意函数的三角级数，即傅里叶系数。1814 年柯西（法，1789—1857 年）著《关于定积分理论报告》，创复变函数。1817 年波尔查诺（捷克，1781—1848 年）著《纯粹分析证明》，第一次给出连续性与导数恰当定义。1822 年彭赛列（法，1788—1867 年）著《论图形的射影性质》，奠定射影几何基础。1826 年阿贝尔（挪威，1802—1829 年）著《关于很广一类超越函数的一个一般性质》，创椭圆函数论研究。1827 年高斯（德，1777—1855 年）著《关于曲面的一般研究》，创曲面内蕴几何学。1851 年黎曼（德，1826—1866 年）著《单复变函数的一般理论基础》，创黎曼面概念，复数函数论经典之作；1854 年著《关于几何基础的假设》，创 n 维黎曼几何学；1858 年给出 ξ 函数的积分表示与其满足的函数方程，提出黎曼猜想；1866 年著《用三角级数表示函数的可表示性》，建立黎曼积分理论。1872 年克莱因（德，1849—1925 年）发表《埃尔朗根纲领》，企图以群论为基础，统一几何学。以上数学家的研究成就，充实了科学的数学化！

很明显，数学不但随其他自然科技发展而发展，而且反过来，有时也能促使自然科技取得进一步成就，实有互为促进及相辅相成一面。

3.16　近代社会发展概况

　　在各种封建社会里或多或少会有些经济自主经营者，或多或少会有些商业往来，这些均构成了封建社会下的资本主义基因，且越来越壮大，就为资本主义出现提供了具体道路。在西欧意大利因当时是东西方贸易交往中心并且手工作业发达，北部一些城市就首先出现资本主义生产萌芽。早期生产基本形态是手工式的工场作业，资本家把原料交给劳动者加工，让其在各自家里操作或到一个工场里集体劳动。但在封建社会里，工场手工业受到许多严重束缚，如行会特权、地方特权与等级特权等存在，使统一民族市场难以形成，严重阻碍了生产技术的改进，新兴资产阶级地位也得不到社会应有承认，经济利益也得不到应有保障，于是就只得通过资产阶级革命来解除这些桎梏（某种条件下，也有通过自上而下的改革来完成的）。1640 年开始的英国革命与 1789 年开始的法国革命，就反映了当时人类进步历程发展的这种要求，结束了君主专制统治，建立代议制国家，使资本主义在欧洲真正得到确立后，才迅速推动科技不断向前发展。

　　以欧洲为主对近代自然科技的主要突出贡献表现为，在古代实用型科技基础上，实现了系统化、公式化、定量化，创立科学天文学、经典物理学与化学、建筑学、西医学、生物自然选择说、微生物学、细胞遗传学、相对论、量子力学及科学数学等理论及定理定律。由此发明了蒸汽机及机车与轮船、内燃机及汽车、柴油机及柴油车、发电机及电动机、电报与电话、飞机与火箭、冰箱与空调等近代装备；青霉素与疫苗等治疗绝症的灵丹妙药；固氮技术等绿色革命至关重要的新型化肥。在这些新成就的基础上，建立资本主义，为社会进步发展初步完成了第三次重要历史使命。而且至 20 世纪 20 年代左右，创立的相对论、量子力学、细胞遗传学，为后来的现代科技，在理论上打下了坚实基础，故同样值得世人赞颂！

1901 年至 1940 年之间，诺贝尔物理与化学奖得主，共计 86 人，其中欧洲的意大利、英国、法国、德国、荷兰等就拥有 70 人，占 80％以上，也可看出，确实独占鳌头。其成就主要由意、英、法、德四国相继引领而完成。因 1494 年至 1559 年之间，德国、法国、西班牙与罗马帝国等在意大利领土上进行过半个多世纪战争；19 世纪初法国拿破仑对其邻国进行侵略；两次世界大战中德国向他国进行先发制人进攻。受战乱程度不同，英国贡献较多，而意、法、德相对较少，也应值得世人深思！

欧洲的资本主义，虽在意大利一部分城市最早萌芽，除有战乱原因之外，其整个社会结构，包括其强大宗教势力，缺乏应有活力，应是影响其发展的主要原因。至英国与法国革命胜利之后，才带来科技及经济领域的更深刻变化，蒸汽机的发明，掀起了第一次工业革命，内燃机与电机的发明，掀起了第二次工业革命，使机器作业完全战胜了手工劳动，工场手工过渡到大工业生产，资产阶级势力大为增强，以大工业生产的价格低廉的商品为武器，不仅摧毁了国内手工业生产，而且在全世界范围内也逐步占据统治地位，得以征服一切落后民族，打破其自给自足与闭关自守状态，开拓了世界市场，也改进了其他国家的生产方式，大大提高了众多国家的生产效率，也能享受到物质文明及精神文明的好处，所以是人类进步历程的又一成就，而且出现的市场经济，就产生了法治国家与法治社会相互制约的国家结构，避免了过去君主专权的弊端，更是一大进步。

但资本主义应是最后一个人剥削人的私有制社会，既有私有制的继续剥削，就定存在固有矛盾。各企业为了提高各自利润，争相不断改良机器、改进劳动组织及结构，用以提高生产率，取得竞争主动权，有好的一面。但同时会使劳动者失业，造成城乡小生产者破产，加深了困境，从而形成了一支赤贫的失业工人队伍，这样一极是财富积累、一极是贫困积累。而贫困的积累意味着市场缩小，无法消化大工业生产出来的日益增多的产品，会出现生产过剩。生产过剩酿成经济危机，使整个社会陷入混乱，即资本主义的固有矛盾。1825年历史上第一次危机从英国开始，随后周期性每隔10年左右爆发一次，至30年代越出英国范围，至1847年影响到世界各个角落。这种危机的频繁出现，说明了生产率的进一步发展受到生产关系的制约，也必须进行革命性改变，这就为社会主义出现提供了具体方向。

第❹章

现代科学文明

1783 年，美国获得独立，1865 年南北战争结束时，北部资产阶级完全控制住联邦政府，扫除了资本主义发展的一切障碍，在吸取西欧经验基础上，一步就建立起较为先进的资产阶级共和国，加以其主要人员多从外地移民而来，前来淘金者多、保守思想者少，为发展也起了相当独特作用。首先也是利用他国科技成就，迅速发展工业，至 1894 年，其工业总产值已跃居世界第一位。发展工业同时，也尽量利用他国基础科学，进行一些实用发明，如 1837 年穆尔斯发明电码；1876 年贝尔发明电话；1877 年、1879 年、1909 年爱迪生相继发明留声机、白炽灯泡、镍铁碱蓄电池；1903 年莱特兄弟，在 19 世纪初英国人凯利等基础上发明飞机。其时有点急功近利，重视眼前经济效益，勿视长远基础理论研究，因此 20 世纪 30 年代之前，其科技水平仍落后于欧洲。但一些有远见卓识的大资本家，出资建立私人基金会，给科技与教育以大力支持，至 19 世纪末，大学生数量已超过教育最发达的德国，第二次世界大战前夜，其科技水平就进入先进行列。从1931年至1940年之间，诺贝尔物理与化学奖：德国5项、英国4项、法国2项、美国得了6项，也显示出20世纪30年代末，世界科技中心已由欧洲移到了美国，自此主要是在近代科学建立的相对论、量子力学与细胞遗传学等基础上，以美国为首的科学家，对现代科技做出了更为辉煌成就。

4.1 光学及激光器

光学是门古老科学，但在建立量子力学与利用人造电子波之后，才得到突出具体成果！

伽柏（英，1900—1979年），未入大学之前就自学微积分、阿贝显微理论、李普曼彩色照相术。1934年到英国一家公司的研究室工作，该公司正在设法提高制造显微镜的分辨率，他对此很感兴趣，在研究过程中，获得进行许多光学实验机会，形成了全息术的基本构思。1947年受布拉格在X射线金属学方面工作、泽尔尼克引入相干背景来显示位相工作等启示，正式提出全息术设想。至1948年，第一次获得全息图像。接着指出全息术有三方面应用前景，全息干涉量度术、全息光学组件、全息信息储存。后全息术与激光器结合，在科技、工农业、医药与文化艺术等领域内得到广泛使用，获1971年诺贝尔物理学奖。全息图产生原理如图4-1所示。

鲁斯卡（德，1906—1988年），在中学时就喜欢工程，设法到一些公司学电工。1928年夏入柏林技术大学，参加研究电子示波器，在高速电子束聚焦与瞄准问题等取得初步成果之后，就开始研制电子显微镜。1931年给原仪器加装

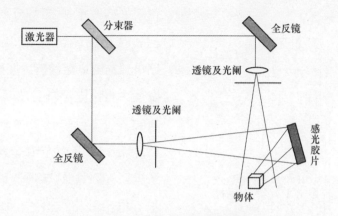

激光器 分束器 全反镜

透镜及光阑

透镜及光阑

全反镜

感光胶片

物体

图 4-1 全息图产生原理示意图

一个小线圈，创造出一个高速电子振荡器的二次成像镜台，以电子代替光子，以电磁场对电子流影响代替玻璃透镜，竟变成了现实，首先为电子显微镜解决了最大难题。1932 年用电子枪产生电子束，经电子透镜后打到样品上，与样品发生作用，穿过样品的电子束，带着样品结构信息，再经几次电子透镜放大，在荧光屏上或照相底片上就形成极高分辨率的图像。人造电子波波长仅为可见光波长的 10 万分之一，因此可大大提高分辨本领。紧接着，为保证电子波长稳定，设计出稳定度极高的高压电源；为得到稳定图像，提供恒定的电磁透镜电流；为电子无阻运动，使整个系统处于高真空中运行，终于研制成世上第一台实用电子显微镜，继光学显微镜之后，是显微光学的又一次革命，使最小分辨间距从 0.2μm，降到 0.2~0.3nm，人眼就能看到一排排原子阵列晶格结构，极大提高了研究微观世界的能力，因此获 1986 年诺贝尔物理学奖。电子显微镜光路如图 4-2 所示。

鲁斯卡发明电子显微镜之后，接着相继出现高压电子显微镜与扫描电子显

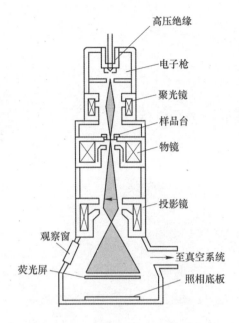

高压绝缘

电子枪

聚光镜

样品台

物镜

投影镜

观察窗

至真空系统

荧光屏

照相底板

图 4-2　电子显微镜光路示意图

图 4-3　扫描隧道显微镜

微镜，宾尼希（德）与罗雷尔（瑞士，泡利的学生）合作，在 IBM 实验室又研制出扫描隧道显微镜。据量子力学原理，金属中自由电子具有波动性，会波向金属边界，遇到表面势垒会有部分透射，就是说会有部分电子在金属表面形成"电子云"，即"隧道效应"。两种金属靠得很近电子云相互渗透，加上适当电压，即使不相互接触，也会有电流从一种金属流向另一种金属，即"隧道电流"。扫描隧道电子显微镜就巧妙利用"隧道效应"、"隧道电流"研制而成。扫描隧道电子显微镜的出现，引起科技界巨大轰动，并迅速在生物学、医学、表面物理、表面化学与材料科学等领域得到广泛应用，因可用来测定表面层的原子排列及其高低起伏，打开了活体显微研究的大门，获 1986 年诺贝尔物理学奖。扫描隧道显微镜如图 4-3 所示。

1969 年，美国贝尔实验室博伊尔与史密斯，在电子显微镜以电子波成像之后，探索磁泡器件的电模拟过程，提出了电荷耦合器件设想，认为排列在半导体绝缘表面上的电容器，可用来储存与转移电荷，初期试出表面沟道耦合器，1972 年试成体沟道耦合器，系由时钟脉冲电压来产生与控制半导体势阱的变化，是一种用电荷量来表示不同状态的动态移位存储器件，又称数码相机电子眼，简称 CCD 传感器，固体成像、信号处理与大容量存储器是 CCD 的三大主要用途。如用于摄像领域，可以电子方式直接捕捉光线，不再需要任何胶卷，是摄像技术的一次重大革命，获 2009 年诺贝尔物理学奖。

早于 1913 年，尼·玻尔用已知量子知识就提出量子跃迁理论；1916 年爱因斯坦也提出受激辐射理论，打开激光学大门。斯特恩（德，1888—1969 年）1912 年曾当爱因斯坦助手，1920 年开始，与其助手革拉赫用实验验证空间量子化正确，1921 年完成斯特恩 - 革拉赫实验，观察到注入高真空的原子或分子沿直线运动，形成了一束类似于光束的粒子流，1923 年建立分子束实验室，从电子到分子做了一系列分析，测得许多质子磁矩，对分子束技术形成了一整套独特方法，为激光器奠定初步基础，斯特恩获 1943 年诺贝尔物理学奖。

1954 年，汤斯（美）用氨作放大介质，研制成分子振荡及放大器，是利用受激辐射原理实现相干放大或振荡首次获得成功，1957 年致力可见光激光器研究，完整论述了微波激射器与激光器原理；1955 年普罗霍罗夫与巴索夫（苏）合作，研制成氨分子束微波激射器，1961 年发表微波激射器开创性论文；1958 年巴索夫提出用半导体制造激光器设想，1961 年提出 P-N 结注入式激光器原理，发表在苏联《实验与理论物理》上。三人一同获 1964 年诺贝尔物理学奖。

至 1960 年，梅曼（美）研制成世上第一台激光器，即红宝石激光器，自此发展十分迅速，很快几百种激光物质就研制成光放大器与光振荡器。激光器的出

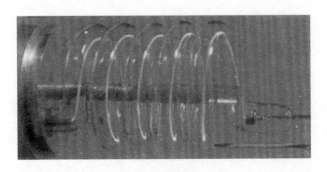

图 4-4　红宝石激光器原理图

现，是量子力学的惊人成果之一。红宝石激光器原理图见图 4-4。

20 世纪 60 年代，布洛姆伯根（美）采用三束相干光相互作用，在另一方向上产生第四束光，即"四波混频"法，以此产生红外与紫外波段的激光，利用此法及共振增强效应，可高精度确定原子分子或固体中的层级间隔，还提出描写液体、金属与半导体等非线性光学理论，大大扩展了激光波段的应用范围，使适用光谱学研究的激光，从紫外区可见光，一直覆盖到近远红外区，获 1981 年诺贝尔物理学奖。

至 20 世纪 70 年代，激光技术有了很大发展，可如何解释一些新现象，又如何对光本身进行合理描述，还缺少足够理论。至 1964 年，格劳伯（美）用量子理论在《物理评论通信》、《物理评论》上，连续发表几篇关于激光学的论文，创造性提出相干性量子理论，成功描述光粒子运行原理，展示光粒子在一定条件下如何影响运行，并着重指出：量子物理学家观察到的激光，与自然光相比，具有方向性、单色性与相干性好且亮度极强的特点，奠定了量子光学理论基础，获 2005 年诺贝尔物理学奖。

在研究激光理论的同时及以后，也创造出许多具体重大成果，如用激光可产生几千度至几万度以上高温，可用作激光打孔、激光焊接、激光切割、激光划片、激光表面处理、激光3D打印，使机械加工发生了革命性变化。激光焊机如图4-5所示。

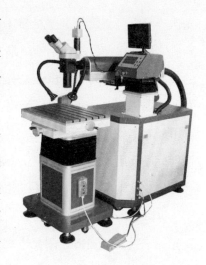

图4-5　激光焊机

3D激光打印。3D即三维之意，可打印各种形状的立体实物。其主要原理是，用激光装置将金属、塑料等加热熔化，然后按计算机程序打印各种所需构件。3D打印，是标准二维打印、模具机械加工领域的发展，先将构件设计成三维数字，然后将其分解成二维截面，再将数据输入打印机，就会将一层层很薄物质叠加打印，造出预期设计好的各种立体物品。其最大优点，可节省材料、降低成本、缩短制造周期，或可掀起新的一场工业革命。如据英国广播公司网站最近报道，欧洲航天局公布：计划将3D打印带入金属时代，拟为飞机、宇宙飞船与聚变项目（耐3000℃高温）制造零部件。甚至还有报道，打出了人造器官，可用于移植。看来其用途将十分广阔，而且十分重要。上海3D激光打印的建筑物如图4-6所示。

再如20世纪70年代，亨施（德）提出，采用短脉冲激

图4-6　上海3D激光打印的建筑物

光作测量光频率尺度的光梳技术，后与霍尔（美）合作，利用激光使原子冷却，降低热运动速度，得到精确结果，至 20 世纪末精度达到小数点后的 15 位，产生的频谱，如均匀间隔的梳子，对所有颜色的光谱均可进行精确检测，为现代光学发展呈现了新的曙光。可广泛用于化学、物理学、天文领域中的超精密测量，如可用来制作极其精确激光仪、更为精密原子钟，提高卫星导航系统与太空望远镜精度。还可用于研究物质与反物质的关系、检测某一些自然界常数可能产生的一些变化。亨施获 2005 年诺贝尔物理学奖。

又如 1966 年，英籍港人高锟等人，在固体激光器问世之后，提出用激光器作光源进行光纤通信，激光也是一种电磁波，频宽比一般的要高出几个数量级，有极大通信容量，并能实现传输低衰耗，且光纤是绝缘体，不受高电压与雷电感应，抗核辐射能力也极强，因此不但造价低，保密性能也特好，因此得到迅速发展，获 2009 年诺贝尔物理学奖。

光纤通信。即通过光学纤维传输信息的一种通信方式。在发送端将信息换成便于传输的电信号，电信号控制光源，使发出光信号具有传输信号的特点，从而实现信号电－光转换，光信号通过光纤传输到远方收信端，经光电二极管转回电

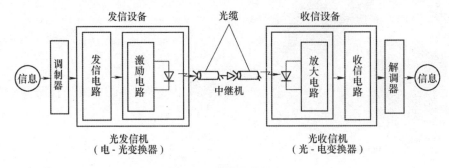

图 4-7　光纤通信系统

信号，从而实现光－电转换，再经处理，恢复原来发送端信息，以此实现信息传输，这就是光纤通信。使信息传输发生了革命性变化。光纤通信系统如图4-7所示。

另据一些科学刊物报道：2011年，美国雷神公司研制成的轻型激光器，可干扰导弹等导航系统；2011年6月美国研制成一种活细胞激光器，使用的增益介质是绿荧光蛋白GEP，有可能用来改善人体内显微成像，乃至靶向性光照疗法；2011年12月德国研制成最稳定的环形激光器，对地球自转进行了史无前例的精确测量，首次得到地球自转的摆动情况。

通常而言，光是指能刺激人眼视觉的一种电磁波，其频率为$3.84 \times 10^{14} \sim 7.69 \times 10^{14}$Hz。广泛而言，光则包括所有电磁波，按波谱秩序，工业与无线电波为$10 \sim 10^9$Hz，已广泛用于工业与信息传播等；微波为$10^9 \sim 3 \times 10^{11}$Hz，已广泛用于微波通讯与微波炉等；红外线为$3 \times 10^{11} \sim 4 \times 10^{14}$Hz，已广泛用于夜视镜等；紫外线为$8 \times 10^{14} \sim 3 \times 10^{17}$Hz，已广泛用于消灭有害细菌等；X射线为$3 \times 10^{17} \sim 5 \times 10^{19}$Hz，已广泛用于人体透视与工业产品零件探伤等；γ射线为$10^{18} \sim 10^{22}$Hz甚至更高，已广泛用于治疗肿瘤与工业产品零件探伤等。从中可看出，可见光频带实际很窄，而激光器的使用范围，已扩展到从微波至X射线的广阔频域。

新中国成立后，我国仿制到自主研发，制造出各式各样激光器，已使用3D激光打印机打印零部件等，加速了各种飞行器试制，且减少了经费，还集中精力研制激光武器、人体器官打印。但就总体水平而言，与西方工业发达国家相比，仍有一定差距！

现代光学的创立及应用，造出全息术、高分辨率电子显微镜、CCD传感器、激光器等。尤其是激光器的出现，不但开辟了光学新兴领域，而且极大促进了现代物理学、化学、天文学、宇宙学、生物学与医学等基础科学的发展，还定将有更大的、意想不到的具体成就继续不断涌现！故应是现代光学发展史上的一个里程碑！也应是现代科学技术的重大成就之一！

4.2 加速器及粒子物理学

1919 年，卢瑟福用天然放射源实现原子核反应。1925 年海森伯建立量子力学之后，为深化原子核研究，科学家提出利用加速器人造快速高能粒子，来变革原子核的设想。

1932 年考克饶夫（英）、瓦耳顿（爱尔兰）在卡文迪什实验室师从卢瑟福，将高压变压器、电压倍增回路与整流管等安装在一个四级系统中，研制出加速装置，能产生 60 至 80 万伏高压，即"科克罗夫特 – 瓦尔顿加速器"，将加速质子射向锂靶，使锂原子产生 α 粒子（氦原子核），实现了首次原子核人工蜕变，并释放出巨大核能，第一次为验证爱因斯坦质能关系提供依据，也证实了伽莫夫对入射粒子进入核内的估算，获 1951 年诺贝尔物理学奖。世上首台粒子加速器如图 4-8 所示。

图 4-8　首台粒子加速器

同年，劳伦斯（美，1901—1958 年）发明回旋加速器，将不变均匀磁场与频率固定电场相结合，使带电粒子能逐步加速，沿半径

不断增大的圆弧轨道运动，通过
加速质子、氘核与 α 粒子轰击靶
核，得到高强度中子束，第一次
造出许多医用同位素，后来加速
的粒子，能量大大超过天然放射
性物质发射的 α 粒子，后者能量
仅 7~8 兆电子伏，1939 年提供的
α 粒子竟达百兆电子伏，引起了

图 4-9　首台回旋加速器

新的衰变，使普通物质也能变为比天然镭还要强的人工放射性物质，获 1939 年
诺贝尔物理学奖。劳伦斯首台回旋加速器如图 4-9 所示。

　　同一期间，范德格喇夫研制成范德格喇夫加速器，即以静电高压发生器作
电源的静电加速器，反复改进之后，已被广泛用于辐射化学、放射生物学、材料
与组件辐射处理、辐射育种与金属探伤等各个领域；斯莱皮恩也提出利用感应电
场加速电子的设想，紧接着有人进行了实验研究，可无一人获得成功，至 1940
年克斯特解决电子轨道稳定之后，才研制成第一台电子感应加速器，将电子加速
到 2.3 兆电子伏，1942 年加速到 20 兆电子伏，1945 年加速到 100 兆电子伏，最
高加速到 315 兆电子伏，因易制造、易调整、价格低等优点，已被广泛用到工业
γ 射线探伤与治疗癌症等各个方面。

　　1944 年至 1945 年之间，韦克斯勒（苏）与麦克米伦（美）各自独立提出，
自动稳相原理的同步回旋加速器，在加速过程中采用调频技术，使加速电场频率
随粒子回旋频率同步下降，以保加速条件，加速能量可达上千兆电子伏。

　　20 世纪 60 年代，为寻求超重核，又发展一系列重离子加速器，使加速的粒

子品种，自初期的少数轻离子，发展到元素周期表上的全部天然元素的离子。

1956 年，克斯特就提出，通过高能粒子束对撞，来提高作用能的概念，导致对撞机迅速发展。时至今日，已成为获得最高作用能的主要手段。如欧洲核子中心，已建成质子对撞机 ISR，能量为 2×310 亿电子伏；1981 年将 4000 亿电子伏质子同步加速器也改成质子 – 反质子对撞机；还在原正负电子加速器的基础上，耗资 100 亿美元，建成世上最大强子对撞机（现代九大物理实验"怪物"之一），其环状隧道 27 公里，拟将质子加速到接近光速，以高达 14 万亿电子伏能量碰撞，是费密实验室正负质子对撞机的 7 倍；为配套强子对撞机又建了阿特拉斯探测器（现代九大物理实验"怪物"之一），由许多观察室组成，长 46 米、高 25 米，围绕对撞周围，拟将对撞产生的粒子，留下的痕迹及释放的能量，在观察室中记录下来，可借此重建质子对撞结果，试图制造 130 多亿年前宇宙大爆炸瞬间呈现的最初万分之一秒内释出的能量与粒子，当然规模相对十分微小，主要目的是想找到"希格斯玻色子"，已吸引来自 80 多个国家的全球半数粒子物理学家，包括约有 800 名美国研究者。当时主流科学理论认为，源自希格斯场的此种物质，与万物有着密切联系，有人认为是物理"标准模型"的关键，其中麻省理工学院粒子物理学家蒂文史纳恩说："要么发现希格斯玻色子，就万事大吉；要么把标准模型扔进垃圾箱，只得从零开始"。两怪物于 2008年 9 月投入使用。强子对撞机如图 4-10 所示。

图 4-10　强子对撞机

自然界存在四种作用力，即强作用、电磁作用、弱作用与引力，只有电磁力可用于加速粒子，故所有加速器的基本原理均基于此。

在粒子物理学研究中，开始使用威耳孙云雾室，其原理是离子在过饱和蒸汽中，可成一个凝聚中心。使一个充满饱和可凝蒸汽的容器，在绝热条件下急速膨胀，然后将温度骤然下降，就形成过饱和状态，此时若有带电粒子进入，会使路径上的气体分子——电离，这些离子均可作为凝聚中心，凝成可见大小的液滴，从而将粒子径迹显示出来。云室气体大多是空

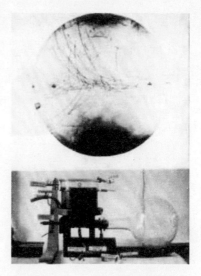

图 4-11　威耳孙改进过的云室

气或氩气，蒸汽大多是乙醇或甲醇，后来发现云雾室只能检测低能粒子。探测与确定高能粒子时，要求比云雾室更快更长的路径做记录。威耳孙改进过的云室如图 4-11 所示。

至 1952 年，格拉泽（美）研制成气泡室，以代替云雾室。气泡室是一种装有透明液体，如液氢、丙烷、戊烷等的耐高压容器，也是利用特定温度下突然减压，使液体能在短时间内（约 50 毫秒）处过热亚稳状态，不立刻沸腾，此时若有高能带电粒子通过，会因沸腾而出现大量气泡，显出粒子径迹，根据径迹长短与浓淡等资料，就能清楚分辨出粒子种类及性质。气泡室密度大、循环快，所能搜集到的信息大约是云雾室的 1000 倍，格拉泽获 1960 年诺贝尔物理学奖。

至 1959 年，阿耳瓦雷茨（美）在格拉泽的基础上，将液氢气泡室容积逐步扩大，从最初的 1 寸扩展了 72 寸，经反复改进之后，至 1968 年，每年检测量

超过 100 万，几乎等于其他所有实验室工作量的总和，获 1968 年诺贝尔物理学奖，气泡室见图 4-12。气泡室的出现，通过与高能加速器联用，又发现许多新粒子，及一大批共振态子，进一步促进了粒子学的发展。

图 4-12　气泡室

加速器与气泡室等的应用，不断发现了许多新元素与基本粒子：如 1940 年塞格雷（美）等发现元素锝、砹、钚 –239 等；1932 年安德森发现正电子之后，使人更加相信质子也应有其镜像粒子反质子，1953 年加利福尼亚大学建成一台能量为 6.2×10^9 电子伏 的高能质子同步稳相加速器，使寻找反质子有了新的途径，塞格雷与张伯伦就立即利用其射向铜靶，产生了反质子，由于射束中大部分粒子是质子、中子与介子，要从其中检出少量反质子，需要相当高明的实验技术，他们利用磁场分析射束，才肯定反质子存在，两人一同获 1959 年诺贝尔物理学奖。

再如 1960 年开始，鲁比亚（意）与范德梅尔（荷兰）合作，在西欧核子研究中心的质子 – 反质子对撞机上，寻找弱作用重质量传播子 $W^{\pm}$ 与 Z 试验，认为要产生 $W^{\pm}$ 与 Z^0 子必具有两个前提条件：一是对撞粒子必具足够能量，以便能产生重质量传播子；二是对撞必具足够次数，才有机会观测到极为罕见现象。鲁比亚建议用最大加速器 SPS 作正反质子循环存储环，在存储环中，质子与反质子沿相反方向作环形运动，能使粒子以每秒 10 万周速率绕转。反质子在地球上不能自然产生，而且与质子极易发生湮没，要得到反质子束十分困难，范德梅尔在另一加速器 PS 上以随机冷却法产生反质子束，并被储存在一个由其领导的小组建造的存储环中。至 1983 年 5 月 4 日，鲁比亚终于找到第一个 Z^0 子。两人一同获 1984 年诺贝尔物理学奖。

又如 1964 年，弗里德曼、肯德尔与泰勒合作，在斯坦福直线型加速器中心作深度非弹性散射实验时，证实 1962 年盖耳曼提出的中性"胶子"确实存在，获 1990 年诺贝尔物理学奖。

又如 1962 年，莱德曼发现中微子，1974 年至 1977 年佩尔（美）在正负电子对撞机上发现重轻子 t（后改名 τ 子），比质子重 2 倍，比电子重 3500 倍，性质却类似电子与 m 子，经反复检验，确定是电子与 m 子之外的又一种轻子，至此已发现三代轻子。中微子与重轻子的发现，使科学家对微观世界认识大大跨越了一步，佩尔获 1995 年诺贝尔物理学奖…。

从其他实验研究中，也发现了一些新元素与基本粒子：如 1931 年尤里（美）将 4 升液氢蒸发，只剩下 1 毫克残液，然后用光谱分析，发现质量数为 2 的氢同位素氘，获 1934 年诺贝尔化学奖。

再如 1932 年，安德森（美）研究宇宙射线时，采用一个由强磁铁装备的云雾室，企图让宇宙射线通过强磁场，对其进行研究，却无意中发现了正电子。

又如 1932 年当查德威克发现中子之后，海森伯就提出一个问题，原子核内只带有质子与中子，那么唯一电荷是质子的正电，同号带电粒子应会相互排斥，为什么这些粒子不以相反方向飞离，反而紧紧结合，他当时没有条件与能力作出什么解答，只得留给后人。1934 年汤川秀树（日）就接受这一挑战，经反复研究原子核与量子场之后，认为中子与质子相互交换粒子时，会有一种粒子产生核力，力程越短质量越大，预言的这种粒子后称介子，因介于电子与核子质量之间故称之。1936 年安德森与尼德迈耶在实验上确认了一种新粒子，其质量是电子质量的 207 倍，因自旋为 1/2，并不参与强相互作用，后被称为 μ 子。1939 年至 1945 年间，鲍威尔（英）研究宇宙射线时，用核乳胶照相法发现 π 介子，即自旋为零的介子，参与强相互作用，质量为电子质量的 273 倍，才第一次真正证实汤川预言正确。汤川秀树获 1949 年诺贝尔物理学奖。鲍威尔获 1950 年诺贝尔物理学奖。

又如 1947 年，罗彻斯特在宇宙线实验中发现 V 粒子，即 K 介子，是后称奇异粒子的一系列新粒子发现的开始。

又如 1964 年至 1972 年间，莱因斯（美）在南非深矿井里，探到大气层在宇宙辐射下产生的中微子，获 1995 年诺贝尔物理学奖……

不断发现的新粒子似乎有增无已，1932 年发现中子时，又有人一时认为电子、质子、中子应是基本粒子，所有物质均由其构成，至此不但又纠正了其错误概念，而且不少科学家还怀疑新发现某些粒子的基本性，自此就不再使用基本粒子一词，改称粒子。并按相互作用性质，加上理论预言的、尚未证实的引力子，将所有已知粒子分成引力子、光子、轻子与强子继续进行研究。

时至今日，已初步得到一些归纳性的或系统性的认识：

引力子，是理论上预言存在的引力场的一种量子，其自旋量子数为 2，静质量与电荷均为零，以光速运动，由于引力相互作用与强相互作用力、电磁相互作用力、弱相互作用力相比，十分微弱，故迄今为止在实验中尚未被发现，但在更高能区引力作用将增强，有可能观察到引力场的量子效应。

光子，是电磁场的量子、自旋为 1、静止质量为零的中性粒子，1900 年普朗克在解释辐射时，就提出了假设，1905 年爱因斯坦在解释光电效应时，提出了光的波粒二象说，直到 1923 年，康普顿研究 X 射线与电子碰撞所显示的微粒性之后，光量子概念才被普遍接受，至 1926 年被正式命名为光子。光子是光与电磁波的能量动量携带者，光子能量 $E=h\nu$；动量 $p=h/\lambda$，式中，h 是普朗克常数；ν 为光频率；λ 为光波长。光子在真空中均以光速 c 运动。

轻子，是不参与强相互作用、自旋为 1/2 的粒子。轻子包括电子、μ 子、τ 子，与之相应的中微子。τ 子质量比电子质量大得多，故称重轻子，μ 子质量介两者之间，均带有一个单位负电荷，反粒子均带有一个单位正电荷。中微子的静止质量可能为零，与其反粒子均是一个不带电的中性粒子。轻子在参与所有弱相互作用与电磁相互作用中，发现存在一个守恒的量子数，称轻子数，所有正粒子的轻子数为 +1，反粒子的轻子数为 –1，在所有反应过程中，轻子数的代数和在反应前后总是不变的。与电荷守恒不同，电荷守恒与电磁相互作用相联系，而轻子数守恒没有已知的相互作用为根据，只是实验上发现其总是守恒而已。

强子，参与强相互作用的粒子，自旋为 ħ 整数倍的强子称为介子；自旋为 ħ 半奇数倍的强子称为重子。目前认为，重子均由三个夸克组成，如质子、中子。发现许多参与强相互作用、自旋为 ħ 整数倍粒子，质量有在电子与核子之间，也有大于核子质量的，但统称介子。目前认为，已被发现的介子均由一对正反夸克构成。

自旋，是微观粒子内禀角动量，粒子组成系统总角动量为两部分之和，一部分由各粒子时空运动状态决定，称轨道角动量；另一部分各粒子所固有，称内禀角动量，简称自旋。每种粒子均具特有自旋，自旋为 ħ 半整数（1/2，3/2，…）倍的粒子服从费密—狄喇拉统计；整数倍的（即 0，1，…）服从玻色–爱因斯坦统计，此普遍关系称自旋统计关系。至今已发现的基本粒子中，已确定的最大自旋量子数，整数自旋为4、对半整数自旋为3/2。其中，$\hbar$ 为普朗克常数 h 除以 2π。

至今虽尚未发现轻子有内部组成结构，包括电子、μ子与τ子及相应的中微子（但据2012年4月报道，瑞士与德国研究人员已发现，电子在高速轨道上分解成带电自旋子与轨道子两部分），但已肯定强子由更小粒子组成。

最早提出基本粒子并非是基本的想法，是费米与杨振宁于1947提出，认为 π 介子不是基本的，只是由核子与反核子构成的结合体。自此盖耳曼（美，曾随费米研究）就对此倍加注意，感到许多亚原子粒子，如介子、质子、中子等均以家族出现，两三成组，介子有三个，K介子有两对、质子有一对（质子与反质子）等，这些家族成员之间的相似性远超其差异性，唯一差别在于其电荷与质量，而质量差别之小，显然是电荷质量引起，换句话说，这些粒子可能是同等的；其次感到强力完全不顾及电荷，不管粒子是中性还是带正电或负电，其效果均是一样，以同样强度作用于质子与反质子，强力对中性π介子、与正电的姐妹或带负电的兄弟，也无任何分别，后来几乎已知所有强子均可分成族或多重态，1961年就提出一种分类系统，称"八重态法"，该词是从中国佛经里借用的，有神秘之意。在八重态法中也如门捷列夫建立周期表时一样，缺了一个位置，即预言有 Ω 负粒子存在，后证明正确。至1964年，在阪田模型（日）与八重态法的基础上，提出强子夸克模型，着重指出：夸克均带有分数电荷，当时预言有上夸克 u（电荷数 $2/3e$、重子数 $1/3$）、下夸克 d（电荷数 $-1/3e$、重子数 $1/3$）、奇异夸克 s（电荷数 $-1/3e$、重子数 $1/3$），获1969年诺贝尔物理学奖。

接着，弗里德曼、肯德尔与泰勒合作，在斯坦福直线型加速器中心作深度非弹性散射实验时，证实盖耳曼1962年提出的中性"胶子"确实存在，为夸克模型的确认起了重要作用。1971年韦斯柯夫提出胶子在夸克间传递相互作用，使夸克能组成强子，为夸克模型又奠定理论基础。

1974 年，美籍华人丁肇中等发现粲夸克 c，获 1976 年诺贝尔物理学奖。1977 年莱德曼发现底夸克 b。1984 年欧洲核子中心在对撞机实验中发现顶夸克 t。20 世纪 60 年代南部阳一郎（美籍日裔）就曾精确描述基本粒子的"自发对称性破缺"、小林诚与益川敏英（日）发现对称性破缺的由来，预言自然界至少有三个夸克家族，至 2001 年及以后由巴巴尔（美）与贝尔（日）在实验对称性破缺中，才发现其预言正确，进一步证实了夸克学说，三人一同获 2008 年诺贝尔物理学奖。

在夸克模型里，所有强子均由夸克与其反粒子组成，如质子就由 uud 三个夸克；中子由 udd 三个夸克；π^+ 正介子由 u$\bar{\text{d}}$ 正反夸克；π^- 负介子由 d$\bar{\text{u}}$ 正反夸克组成。夸克模型的建立，显示科学家对物质内部结构有了更加深一层次的认识。

公元前 5 世纪，中外哲学家均将物质看成由最小单元原子构成，虽原子性质各不相同，但很单一，比较简单。经 2400 多年发展，各种基本粒子越来越多，变得十分复杂，使绝大多数人常处云里雾里之中。可至如今，若各种强子均由各种夸克构成，那物质组成由复杂就回到了简单，主要由轻子与夸克组成。每种只有三个类型，叫做味（实际与味毫不相干），轻子的三味是电子、μ 子、τ 子，轻子每味只有四个成员，如电子，包括电子及其中微子、反电子及其反中微子。夸克稍微有些复杂，也可当成是不同的味，夸克每味也只有四个成员，如上 / 下味，包括上夸克及反上夸克、下夸克及反下夸克；奇异 / 粲味，包括奇异及反奇异夸克、粲夸克及反粲夸克。轻子与夸克之间，只有一个关键差异，夸克受到的是强力，而轻子则不是。再有轻子具有整数电荷或不带电荷，并不能合并，而夸克则具有分数电荷，显然只能以复合方式存在。

至 20 世纪 70 年代，夸克学仍有一个大的问题没有得到解决，什么力量把其束缚得如此之紧！似乎永远不能将其从紧密结合状态中分离，此问题一直萦绕一些科学家脑际，格罗斯（美）是其中之一，他投入极大精力，70年代初就决心对SLAC（斯坦福大学直线加速器中心）深度非弹性散射实验所引起的理论，进行深入研究，即自由夸克问题。当时他掌握威尔逊重整群理论，认为除杨密规范场论之外，其他不具备渐近自由特性，故与学生威尔茨克就计算杨密理论β衰变，经反复研究校正之后，终于发现渐近自由，解释了一些强相互作用之谜，同时波利茨也得到同样结果。至1973年，三人即通过一个数学模型公布其成就，并详细作了阐述：夸克越接近彼此影响愈小，非常接近就成了自由粒子，即渐近不束缚；反之彼此愈远离强作用越强，可将质子与中子等夸克紧紧绑在一起。这一发现导致一个全新理论，即量子色动力学，给自然力统一又推进了一步，三人获2004年诺贝尔物理学奖。

格罗斯等发现渐近自由之后，粒子物理学家一致认为夸克每个不同的味，来自轻子不具有的、三种不同的属性，此属性盖尔曼称之为"色"（即色动力学）。三种不同的色分别为红、蓝与绿，这些名字也不过是些比喻，并不真正具有什么颜色。当夸克三个或两个味结合一起时，颜色相互抵消，就变成无色或白色。如色盘旋转时，上面三种原色合成白色一样，这样就成功解释了夸克怎样两两结合形成介子，又如何三三结合形成重子。可颜色怎样转移，是什么信使粒子像光子作用于电磁力那样传递色力，他们把这样粒子称胶子，携带两种类型的颜色：颜色（红、蓝或绿）及其反颜色。当这些胶子被夸克发射或吸收时，就改变夸克颜色，且不停地在各夸克之间来回移动，这就提供了强大力量，把夸克紧紧粘在一起。当两夸克互相离开时，这力加大，互相靠近时，力则减小，这一特性正好与电磁力相反。

建立的量子色动力学，认为夸克之间作用力是由带有色荷的夸克，相互交换带有色荷的胶子而产生，与描述量子电动力学很相像。在那里电磁力是由带电荷的粒子相互交换光子而产生。与光子一样，胶子也是无静止质量、自旋为1的一种粒子。但不同的是，光子并不带电荷，而胶子却带色荷，也许正是这一差别，使强作用力是短程的，而且必须作无穷大的功，才能将强子里的夸克与反夸克完全分开，使得夸克不能以自由状态存在，不过这点在实验上或理论上，至今均未得到证实，且自由胶子也未在实验中发现。

在原子内部，信使粒子起的作用是传送强作用力，弱作用力与电磁作用力。后来把这些信使粒子称为"基本玻色子"，其中有负责电磁作用力的光子；负责弱作用力的 W^+、W^-、Z^0 子、负责强作用力的八种胶子，这些玻色子均是基本粒子，不能衰变为更小的粒子。

这样，轻子基本粒子只有 12 个；强子基本粒子也只有 12 个，信使粒子包括引力子也只有 13 个，一共也不过 37 个，确实简单多了。

物质最小粒子到底是个什么东西？自古以来，人们一直在认真进行探索。2400 多年前，古希腊思想家就提出由不可再分的一些基础单元构成，应是原子概念的萌芽。1808 年道尔顿明确提出原子是元素最小单元。1897 年汤姆孙发现电子之后，首次打破其陈固观点。接着不断发现各种粒子，而且与各种力场有密切关系，从而有人提出，原子中到底有多少不可再分的粒子，相互关系又如何？在此思想引导之下，有些科学家企图想通过一个原子模型，来统一说明各种复杂交叉问题。

20 世纪初，就有人提出一些模型，如 1902 年开尔文提出的原子模型，把原子看成是均匀带正电的球体，里面埋藏着带负电的电子。1911 年卢瑟福在开尔文基础上，经进一步试验及研究，提出又一个电子围绕中心核不断旋转的原子模型，受电的吸引作用，就像一个微型星行系统，此模型至今也不能说有什么原则问题，仅简单而已。但当时在理论上有个根本问题无法说清，19 世纪法拉第与麦克斯韦证明：一个带电粒子如果偏离直线运动，就会发出辐射，辐射会损失能量，如果没有相应机制补充，其设想的那种沿圆形轨道运动，很快就会沿螺旋状轨道向核靠拢，就是说轨道必将渐渐坍缩，为什么实际并非如此？！

尼·玻尔（丹，1885—1962 年），从电子围绕原子核运动而不坍缩为切入点，先经长期思考，仔细琢磨实验数据，写下各种方程，心想如把普朗克量子理论运用到原子模型，事情会怎么样？19 世纪物理学家已发现每种元素加热后，均会产生某种特征性质的光谱，如钠只发出特殊波长的光，即黄光，钾发的是紫光，在普朗克理论看来，这就意味着每种元素原子只产生携带特殊能量的光量子，由此提出一种原子模型，来解释其中原因，认为电子绕原子核旋转，不能取任一轨道，任何元素的电子只允许其在特定轨道运动，其轨道离核的距离是特定的，轨道半径决定于普朗克常数，只要电子在允许的轨道上运动，就不会发射电磁能量，但电子可自发从一个轨道，跳跃到另一轨道，此时其能量状态会有所改变，以波包即量子形式吸收或释放能量，当跃向靠近原子核内侧轨道时，轨道半径变小，电子会释放能量，当跃向远离原子核外侧轨道时，轨道半径变大，电子要吸收能量。并对氢原子的单个电子作了计算，果然与相应产生的光波波长相符，此前一直是个无法解释的迷，至此就得到合理回答，获 1922 年诺贝尔物理学奖。接着泡利提出不相容原理，更明确指出，原子中所有电子，并非均能陷入到最接近核的轨道上，因为一旦有个电子占据某一轨道，就会排斥任何其他电子占据同一轨道，至此电子围绕原子核运动这一机制，就认为已得到完满解决，故以后所提模型，均是原子核模型。

20 世纪 30 年代，尼·玻尔提出核"液滴模型"，基本综合了之前已发现的主要物理学成果，如汤姆孙的电子、卢瑟福的正核、量子理论等，认为核中粒子有点像液滴分子，能服从某种能量统计分布规律，粒子在表面运动，会导致"表面张力"，以此研究原子核裂变，奠定了核裂变初步理论基础，应是历史上出现的第一个相对正确的核子模型。1936 年提出复合核概念，认为低能中子进入原子核之后，会与许多核子相互作用，使其激发，作了补充，对物质组成开始有了深层次的了解。

20 世纪 30 年代末，惠勒提出"核集体模型"，认为核子会结合成各种"集团"，通过这些"集团"相互结合，使集体内部自由度能近似冻结，可使计算简化，仅强调了核子集体运动一面，有片面之处。

1946—1947 年间，迈尔（美）在海森伯与薛定谔建立量子力学之后，收集大量具有幻数（原子核含中子或质子数为 2、8、20、28、50、82 以及中子数为 126 的特别稳定，这些值就称幻数）与近幻数的核试验资料，按描述原子结构类似方式，提出"核壳层模型"，认为核子按壳层排列轨道运行，自旋方向与绕核中心旋转方向相同与相反时，能量不同；每个核子自旋与轨道角动量之间存在强烈耦合，且两向量趋于平行。此论述与幻数对应于最稳定的核正好吻合。至 1948 年初，与延森（德）各自建立使世人较易接受的一种论述，一同获 1963 年诺贝尔物理学奖。但仅强调了单粒子运动一面，与集体模型相比，出现了另一极端，也有片面之处。

1953 年，阿·玻尔（尼·玻尔的儿子）与莫特森合作，在雷恩沃特发表震惊物理学界的一篇论文之后，提出"核集体运动模型"，亦称"综合模型"。认为许多原子核基态就是变形的，球对称基态也可变形激发态，激发态上能建立能带，说明变形核显出转动能谱；原子核中核子可分快速独立粒子与慢速集体粒子协同运动，集体运动除转动之外还有振动。后来想出一种新法，处理原子核振动，利用核子平均密度与平均场同步涨落假定，借助求和规则，探讨振动与独立粒子运动之间的关系，建立一种粒子运动的核振动简化理论，就纠正了壳层模型与集体模型的片面，为核模型建立迈进了重要一步，三人同获 1975 年诺贝尔物理学奖。核集体运动模型如图 4–13 所示。

20 世纪 80 年代下半期，一批主流粒子物理学家，提出一个核"标准模型"，将已发现的各种主要粒子，包括六种夸克（上夸克、下夸克、粲夸克、奇异夸克、顶夸克、底夸克）、六种轻子（电子及电子中微子、μ 子及 μ 子中微子、τ 子及 τ 子中微子）、四种玻色子（力携带者，即胶子、光子、W 玻色子、Z 玻色子）均放在一起，来说明 20 年代维格纳发现的强相互作用力、1933 年费密等建立的弱作用 β 衰变理论、50 年代初费因曼等建立的量子电动力学、60 年代初盖耳曼等建立的"夸克"学说、1967 年至 1972 年格拉肖等建立的电弱统一理论、70 年代初

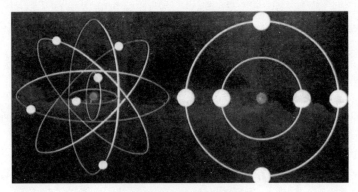

图 4–13　核集体运动模型

格罗斯等发现的渐近自由并导出的量子色动力学。但在建立量子电动力学时，解释了光子与物质如何相互作用，虽正确假设了光子没有质量，可对其他各方面均类似的粒子质量却很大，未做交待，留下缺陷。至1964年，英国物理学家希格斯才开始决定率领一群科学家对此进行弥补，后他发现让一个没有质量的粒子具有质量，在理论上是可行的，并预言存在一种新粒子能起此种作用，即以其名命名的希格斯玻色子。至2012年7月，欧洲核子中心宣布，在强子对撞机上已找到此种昵称的"上帝粒子"(通过质子间800万亿次对撞结果)，竟按科学家的期望，使"标准模型"达到初步完善，可将已发现的所有主要粒子，能协调放在一个模型里，并能给强相互作用力、电磁相互作用力、弱相互作用力也能得到协调统一描述，此成就应是个划时代成就，值得庆幸，希格斯因此获2013年诺贝尔物理学奖。希格斯玻色子出现情景如图4-14所示。

新中国成立之前在粒子加速器等方面全是空空如也，20世纪50年代末才开始一步一步研制出高压倍加器、静电加速器、电子感应加速器、电子直线加速器、质子直线加速器、回旋加速器与对撞机等，并从事了重离子加速器与同步辐射加

图4-14 希格斯玻色子出现情景

速器的研制。在粒子物理学领域也做出了一定贡献的，如王淦昌等科学家 1959 年发现反 Σ^- 超子等。但就总体水平而言，与西方经济发达国家相比，仍相去甚远。中国 35MeV 质子直线加速器见图 4-15，中国第一台回旋加速器如图 4-16 所示。

图 4-15　中国质子直线加速器　　　　图 4-16　中国第一台回旋加速器

　　几十年来，科学家应用粒子加速器对原子核进行实验及研究，发现许多新超铀元素与几百种新的粒子，包括重子、介子、共振态子、轻子及各种夸克，建立粒子物理学新兴学科；合成上千种新的人工放射性核素，促使原子物理学迅速发展。其应用范围远远超出原子科学领域，如在表面物理学、材料科学、分子生物学与光学等各领域均发挥重要作用；在工业、农业与医疗中广泛得到具体应用，如同位素生产、肿瘤诊断及治疗、射线消毒、无损探伤、高分子辐照聚合、材料辐照改性、离子束微量分析、空间辐射模拟与核爆炸模拟等。迄今为止估计世上已建成数以万计粒子加速器，实际只有小部分用于原子核与粒子物理的基础研究，向提高能量与改善束流质量发展，其余均属以应用粒子射线技术为主的小型加速器。其应用范围如此之广，作用如此之大，故也应是现代科学技术的重大成就之一！

4.3　量子力学及原子能

20世纪20年代开始，原子物理学处物理学前沿，科学家一边发展量子力学，一边以其为武器深入原子内部，探索到许多秘密，取得甚多重大成果。

1922年，泡利（美，1900—1958年）在格丁根大学任玻恩助教，并结识来该校讲学的尼·玻尔，受到一定影响。1924年著《关于原子中电子群闭合与光谱复杂结构的联系》，指出在同一时间内，一个原子中不可能有两个或两个以上的电子处同一能级，使许多原子结构得以圆满解释，对正确理解反常塞曼效应、原子中电子壳层形成及元素周期律均必不可少，即泡利不兼容原理。1925年引入其原理，从量子论角度解释元素周期表结构，是物化领域的一个突破。至1930年据实验数据研究提出一种想法，在β衰变中一定放射一种奇怪的未知粒子，没有质量、没有电荷、特别与任何东西没有相互作用，为解释反应中的能量损失，此粒子必定存在，否则就得放弃能量守恒定律，这是不可能的（实发现弱相互作用）。其研究成果，对发展量子力学起了重要作用，为后来深入研究原子秘密起了关键作用，获1945年诺贝尔物理学奖。

1927年至1940年之间，拉比（美，1898—1988年）在斯特恩分子束实验的基础上，设计一套装置，用一个非均匀强磁场使一束粒子偏转，再用同样强磁场使粒子重新聚到一个探测器上，在两个磁铁之间的弱均匀磁场中，放个振荡器，由此产生附加弱交变磁场，通过精确调节振荡器频率，使原子从一个态跃至另一个态，原子排序遭到破坏，原子束不再聚焦在探测器上，此时测定探测器频率，直接得到引起原子自旋跃迁所需能量，表明与原子核磁矩成正比，此即著名核磁共振实验，并以此测定了80多种原子核磁矩，获1944年诺贝尔物理学奖。

20世纪40年代中珀塞尔（美，1912—1997年）提出，氢原子中的质子与电子自旋行为就像磁铁，吸收或发射一定能量时，小磁铁只能向某一确定方向变化，为测量其能量转移，将原子置于高频线圈中心，再将线圈置于强磁场之中，强磁场使微小磁体整齐排列，然后通过无线电波改变方向，使原子核随其节奏"跳舞"，通过记录允许原子吸收能量的无线电波频率，找到重新排列所需能量，也得到了核磁矩；与其同时布洛赫（瑞士，1905—1983年）的实验虽然不同，但从其物理意义而言是一致的，结果是相同的，两人一同获1952年诺贝尔物理学奖。所有核磁共振法，不仅在核物理研究中有重要作用，而且有重大实用价值，如50年代以来研制出的核磁共振仪，就在物化、生物、地质、冶金与医疗等领域发挥着越来越大的作用。

1934年至1937年之间，切伦科夫（苏联，1904—1990年）发表论文，阐述切伦科夫效应。之前也有人观察到辐射穿入液体时，会放射微弱浅蓝色辉光，但认为是一种荧光。他用蒸馏水做实验，排除微小杂质产生荧光的可能，却仍发现沿辐射入射方向被激化，就认定是辐射产生的一种快速次级电子所致，即切伦科夫效应。紧接着夫兰克与塔姆对此现象进行了系统理论研究，说明是带电粒子速度超过媒质中光速所产生，做了合理解释。其效应也有广泛应用，尤其是对核物理与高能物理研究特别重要，如1958年发现反质子、苏联Ⅲ号人造卫星宇宙射线计数器，均用此种原理制造，为此三人一同获1958年诺贝尔物理学奖。

1950年，卡斯特勒（法，1902—1984年）用圆偏振光激发原子，使角动量发生变化，将原子集中在某一能级上，此现象称光抽云，成功与否，取决弛豫（分子由一种激发态跃迁到另一能量较低激发态或基态）过程速度，太快只能观察到微弱信号。1955年利用充氢气的钠样品泡做实验，终于获得强度足够的显像。紧接着利用射频场得到超精细塞曼能级之间的跃迁，此即光磁共振。此法在核物理中起着更为重要作用，大大丰富了对原子能级精细结构与超精细结构、能级寿命、塞曼分裂与斯塔克分裂、原子磁矩、原子与原子之间以及原子与其他物质之间相互作用的了解，同样也具实用价值，如可制成微弱磁强计与高稳定度原子频标等。获 1966 年诺贝尔物理学奖。

20 世纪 90 年代，美籍华人朱棣文发明激光冷却以及陷俘原子技术。其法使真空中一束钠原子先被 6 束激光冷却，并推向交汇区域，使之陷入其中，即"光学粘胶"。原子虽会不断降低速度，但也会因重力而下落，故加装两个磁性线圈，成"磁光陷阱"，用以产生一种电磁力，将原子始终保持在陷阱中心，之后又设计出"原子喷泉"，可对原子能级进行极精确测量。同时塔诺季（法）与菲利普斯（美）也做出一些相同贡献。在各种不同类型的"原子陷阱"中，可对原子进行极精确研究，如确定内部结构及详细特性，为扩大辐射与物质之间的相互作用，做了重要贡献，尤其是提供了更深了解气体在低温下量子行为的方法。这些方法，可用以制作新原子种，精确度比当时最精确者还高百倍，可应用于太空航行与精确定位。由此还开始原子干涉仪与原子激光研究，原子干涉仪可用于极其精确测量引力，原子激光可用于生产非常小的电子器件。三人一同获 1997 年诺贝尔物理学奖。

核磁共振、光磁共振、切伦科夫效应，原子陷阱均主要是层级之间的一些跃迁现象，发展了量子力学，不但对原子核研究提供了重要手段，而且还获得许多重要具体成果。

早于 1921 年，维格纳（匈牙利，1902—1995 年）到德国一所工科大学就读化学工程，常去比邻的柏林大学参加德国物理学会星期三下午举行的学术讨论会，接触了爱因斯坦、普朗克、劳厄、泡利、海森伯等许多大物理学家，在学期间，就以主要精力研究物化理论，而非某工程学。他将高深莫测群论用于量子力学，以群论为基础发展原子能级理论，竟从中发现核子间有种非电磁性的作用力，比电磁力强，能使核子紧紧结合，但当间距大于 $0.5×10^{-12}$ 厘米时，会立即消失，即发现强相互作用力，对原子核认识进入了一个崭新阶段。

强相互作用力，是自然界四种基本作用中最强的一种，先用之研究了核子中有关质子中子的核力，即结合成原子核的一种作用力。1947 年发现与核子作用的 π 介子之后，实验中陆续发现几百种有强相互作用的粒子，均统称强子。其相互作用力，与其他相互作用力相比，有三大特点：（1）强度大，与电磁相互作用力相比，还强 $10^2~10^3$ 倍；（2）不像引力与电磁作用那样的长程力，而是一种短程力，但其力程比弱作用较长，约为 10^{-13} 厘米，大约等于原子核中核子间的距离；（3）比其他三种作用力有更大对称性，也就是说，在强相互作用中有更多守恒定律。

至 1928 年，维格纳发表《量子力学中的守恒定律》，阐述广泛用于原子核、介子、粒子物理中的微观基本规律，即宇称守恒原理，指出原子的两类不同能级，来自于描述原子波函数在空间反射变换下具有的不变性，在很长一段时间内其原理与实验相符，获 1963 年诺贝尔物理学奖。

至 1951—1956 年间，美籍华人杨振宁（师从费密）与李政道（两人在国内就已认识）合作，先发现 K 介子衰变时，有时衰变为两个 π 介子，加在一起就成了偶宇通，有时则衰变为三 π 介子，加在一起就成了奇宇通，宇通有两种可能值，即奇与偶，宇通守恒定律说的是：如在反应或变化之前是奇宇通，则在结束时也应是奇宇通，也就是说当粒子之间相互作用形成新粒子时，方程式两侧宇通应该相同。继之认真分析了一系列已有实验资料，发现基本粒子的弱相互作用，没有一个例子能说明宇通是守恒的,并进一步研究了几个现象再作验证,结果仍然如此。1956 年 6 月就发表《对弱相作用中宇通守恒的质疑》,对之前奉为金科玉律的定律正式提出挑战。

紧接着,李政道请其好友吴健雄再作进一步实验,她在极低温度(0.01K)之下,用强磁场将钴 60 原子核自旋方向极化(即使自旋几乎都同在一个方向上),然后观察原子核 β 衰变放出电子的出射方向,发现绝多电子出射方向和原子核自旋方向相反,就是说原子核自旋方向与 β 衰变电子出射方向形成了左手螺旋,而不形成右手螺旋,若宇称守恒,必须左右对称,左右手螺旋两种情况机会相等,证实杨振宁等的质疑正确,于是哥伦比亚大学即正式宣布:推翻弱相互作用中的宇称守恒定律,一时引起物理学界震惊!杨振宁与李政道就获 1957 年诺贝尔物理学奖。

50 年代前,物理学家将宇称(P)守恒、电荷共轭(C)守恒、时间反演(T)不变、能量动量守恒,均奉为粒子物理学中的金科玉律。发现弱作用中 P 不守恒之后,紧接着发现 C 也不守恒,但仍将 CP 联合守恒作为一条规律。至 1964 年,菲奇与克洛宁(美)用加速器射出 30GeV 质子,轰击铍靶,产生许多新粒子,经磁场过滤后,得到一束中性 K 介子,K 介子有寿命长的 KL 与寿命短的 KS,再经一段距离 KS 衰变殆尽,此时测量 KL 衰变出的 p 介子,若 CP 守恒,KL 只能衰变为 3 个,不应衰变为 2 个,可发现每 1000 次 KL 衰变中总有 2 起违背 CP 守恒,即有 2 例 KL 衰变为 2 个 p 介子,此发现不但又轰动了物理学界,而且对天体物理学界也引起巨大反响,因可用之解释宇宙学中一个长期悬而未决的问题,即宇宙极早期演化过程中的粒子生成,两人一同获 1980 年诺贝尔物理学奖。

杨振宁与李政道等就如此推翻了弱作用中的 P、C 与 CP 守恒的基本规律。宇通守恒虽仅在强相互与电磁相互作用中适应，但对科学发展仍作出了重大贡献。

1928 年，狄拉克指出，氢原子处 2s1/2 与 2p1/2 两种状态时应具相同能量。1943 年至 1951 年间，兰姆（美）精确研究能级分裂时，让微波通过处于一种状态的氢原子，使其与微波共振，转变成另一种状态，微波能量被吸收，证明两种状态却具有不同能量。然后用微波共振法测出与此能量差相应的频率为 1077.77 ± 0.01 兆赫，即"兰姆移位"。如今理论认为，主要由量子化电子场与电磁场高次相互作用引起，即辐射修正效应，就纠正了狄拉克的预言。并意外获得精细结构常数 α 精确值，为 1/（137.0365 ± 0.0012），此常数乃量子电动力学中的一个无量纲数，能表征荷电粒子与光子相互作用力的强度，获 1955 年诺贝尔物理学奖。朝永振一郎（日，曾在海森伯领导下研究量子理论）在 1942 年建立《超多时理论》基础上，找到一种能避开量子电动力学中发散困难的重整化方法，成功解释了兰姆位移与电子反常磁矩实验。兰姆位移、电子反常磁矩实验，加上 m 子反常磁矩实验，一起构成量子电动力学的三大实验支柱。

至 1951 年，费因曼（美，1918—1988 年）研究量子力学基本问题时，发现一些主宰亚原子粒子相互作用的规则，探索出粒子如何通过光子互换，产生互动，据此建立量子力学路径积分法，重新写出量子电动力学，使之具有相对论协变性，将基本过程看做是粒子从一点到另一点传播，用简单图形描绘基本粒子之间相互作用，即费因曼图，将光现象、磁现象、电现象均联在一起；与此同时，施温格（美、曾做奥本海默助理）也作同样研究，建立微分法，虽方法不同，可殊途同归，一同建立量子电动力学，能正确描述电子、光子及其相互作用，已经受十分精确实验检验，是麦克斯韦理论与量子力学原理的结合，为一种微观电磁作用理论，弥补了经典电磁理论的不足。费因曼、施温格、朝永振一郎三人一同获 1965 年诺贝尔物理学奖。

　　1931 年，泡利提出中微子假说，继之费密建立 β 衰变理论时也认为中微子存在，可从未在实验中发现，更不知如何去测量。至 1962 年，美国哥伦比亚大学莱德曼、施瓦茨与斯坦博格用质子束打击铍靶，产生 p 介子束流，飞行中衰变为 m 子，同时放出一个中微子，让束流通过大质量铁块，使绝大多数 m 子被吸收，留下可畅通无阻中微子，才第一次获得相当纯净的单质成分。紧接着将中微子束流注入火花室，竟观察到又产生了新 m 子，实验说明中微子至少有两种，即电子与 m 子中微子（和质子中子发生作用只产生 μ 子，不产生电子），此次发现的是 m 中微子，故不仅在实验中被探到，而且还发现具有与电子、m 子分别相关的两种属性，此发现为建立弱电统一理论奠定基础。三人一同获 1988 年诺贝尔物理学奖。中微子探测器如图 4-17 所示。

图 4-17　中微子探测器

1967—1970 年间，格拉肖、温伯格（美）、萨拉姆（巴基斯坦）合作对弱电统一理论进行预言：因弱力作用，当电子猛烈撞击原子核之后，弹回时左右旋电子数将会有明显差别，即"宇称破坏"，后由斯坦福大学在直线加速器上得到证实；除有电荷流的弱相互作用之外，还有中性流的弱相互作用，即在反应过程中，入射粒子与出射粒子间没有任何电荷交换，如 $p^+e^+ \to p^+e^+$，后由美国费密实验室得到证实；有三种中间玻色子，$W^\pm$ 与 Z^0 传递弱相互作用，后由鲁比亚与范德梅尔合作，在西欧核子研究中心得到证实。三人一同获 1979 年诺尔物理学奖。

要建立完善的电、弱统一理论，需要解决三个基本问题，选什么样的对称性合适；怎使传递弱力粒子获得很大质量；能否如量子电动力学一样，实现重整化（即克服量子场中出现的发散困难，能使微扰论计算合理化的一种理论方法）。

前两个问题已由格拉肖等解决。至 1971 年至 1972 年间，霍夫特与韦尔特曼（荷兰）合作，在欧洲核子中心 LEP 加速器上测量 W 与 Z 粒子时，成功证明电、弱统一理论也可重整化，即可如电磁相互作用一样进行精确计算。与此同时，实验技术已有很大发展，尤其是可用中微子束进行中性弱流实验，进一步对其作了许多验证，于是电、弱统一理论就如此被公认建立，使发现的强相互作用、电磁相互作用、弱相互作用与万有引力作用，实现了部分统一，两人一同获 1999 年诺贝尔物理学奖。不过严格而言，并不能算个严密理论，实际还存在太多缺陷，需要继续认真进行探索。

1926 年初，费密（美）就根据泡利不相容原理，提出电子服从的统计规律也应适用其他粒子，如质子、中子等，认为此对理解物质结构及其性质极为重要。

1933 年，费密在泡利提出 β 衰变中有一种奇怪粒子的基础上，正式提出一个假设，在 β 衰变中不仅会放出电子，而且要放出质量甚小、穿透力甚大的中性粒子，即中微子（取名中微子，即小的中性粒子），用以成功解释了 β 衰变现象中许多特点，此作用属弱相互作用一类，初步奠定 β 衰变理论基础。后得知引起原子 β 衰变的是电子 – 中微子场同原子核的相互作用所致。

弱相互作用力是自然界四种基本作用力之一，按其强度排在第三位，原子核的 β 衰变是最早观察到的现象之一，后又观测到介子、重子与轻子通过弱作用的衰变与中微子散射等弱作用过程。其力程在四种作用力中最短，另一特点对称性较少，不存在空间反射、电荷共轭与时间反演等的对称性。

1934 年初，费密在居里女儿用 α 粒子轰击原子核，产生人工放射性元素之后，他改用中子做实验，仅短短几个月就发现 60 多种新的放射性物质，至秋天将中子源与被轰物一同放在石蜡中，发现放射性增加许多倍，认为此乃质子与中子质量相等，快中子与静止质子发生碰撞会损失能量，变成慢中子，慢中子与原子核反应面比快中子大得多，就造成此种现象，即慢中子效应，此效应对原子能研究，起到了重要作用，获 1938 年诺贝尔物理学奖。后来费密认识到，α 粒子与质子均带正电荷，会被原子核正电荷排斥，而中子不带电荷，用其轰击原子核容易被核吸收，故能得到较好效果。

1905 年，哈恩（德，1879—1968 年）就慕名去加拿大跟随卢瑟福工作，发现"射钢"。哈恩 1938 年受约里奥·居里夫妇发现人工放射性与费密发现"铀后元素"的启发，与助手斯特拉斯曼集中全力，研究中子轰击铀后各种产物的物化性质，观察到产生了 β 放射性核素，经仔细鉴定之后，认定其中之一是放射性钡，发现重原子核裂变，揭示利用核能的可能，获 1944 年诺贝尔化学奖。

麦克米伦（美）得知哈恩发现之后，即利用加速器加速粒子，也研究铀的裂变产物，发现有很大能量可从靶中逸出，进入贴近靶的叠层中，紧接着分析残留放射性时，也发现除了原来铀的同位素外，还有半衰期分别为 23 分与 23 天的两种 β 放射性核素，前一种证明是铀的同位素，后一种由前者生成，应是超铀元素，至 1940 年鉴定为镎，与西博格合作发现钚，两者研究成果进一步促使核能研究，两人一同获 1951 年诺贝尔化学奖。自此不少科学家就担心，此技术如落到纳粹手中，会意味着什么！？

哈恩的长期朋友、物理学家迈特纳（奥）及时从哈恩处得知：德国科学家也已实现了核裂变，这使得美国上下一片惊慌，果真如此，希特勒有可能已造出原子弹，破坏能力会相当惊人，后果必定不堪设想！于是舆论的一致意见：应抢在希特勒之前，制造原子武器，赢得战争，是当务之急。

1939 年，曾与爱因斯坦共事的著名物理学家西拉德，成功说服爱因斯坦，一起去说服美国总统罗斯福：美国迫切需要进行一项研制裂变炸弹的紧急方案，于是就产生了曼哈顿计划，目的就是建造原子弹，以之对付希特勒。

曼哈顿计划，总领导是奥本海默，科学统帅是费密。1942 年 12 月 2 日，在慢中子效应与核裂变等基础上，建成世上第一座可控核裂变链式反应堆。至 1945 年 7 月，研制出四颗原子弹：两颗是铀弹、其中一颗叫"小男孩"；两颗是钚弹，其中一颗叫"胖子"。每颗威力约 20000 吨（梯恩梯当量），其中一颗钚弹在墨西哥州作了世上第一颗原子弹试验。原本目的是对付希特勒，出人意料，德国已于 5 月向盟军投降。但日本还在狗急跳墙，更为残酷地进行屠杀，自然其矛头就转向了日本。7 月 26 日下午 7 点，美国总统杜鲁门就发布文告，即《波茨坦宣言》，27 日东京时间早 7 点，向日本广播，要求其无条件投降，并严重警告："……，若不投降，日本将迅速毁灭"。第二天日本首相铃木贯太郎举行记者招待会，回应："没有别的出路，只有不予理会……，且战斗到底，以求成功结束战争"。至 8 月 6 日，在无奈之下，就向广岛投下第一颗原子弹"小男孩"，死亡人数达 145000 人，受伤留有后遗症的更无法计其数，城市基本被摧毁，日本政府还是没有表示投降。至 9 日，另一颗原子弹"胖子"就落在南部城市长崎，死了 40000 余人，尤其是苏联红军已进入中国东北，给日军以重创，打破了不少想以中国为基地、继续进行顽固抵抗的军国主义分子的幻想。至 14 日，天皇裕仁才不顾军方反对，向世界宣布无条件投降。此乃至今为止唯有用于实战的两颗核子武器，还留下一颗铀弹用作备用。长崎原子弹爆炸情景如图 4-18 所示。

至 1952 年 11 月 1 日，在物理学家泰勒领导下，以液态氘作热核燃料，研制出世上第一颗氢弹，在太平洋一个与世隔绝的珊瑚岛上进行了原理性试验，威力约 1000 万吨，重约 65 吨，无法作武器使用。氢弹爆炸情景如图 4-19 所示。

图 4-18　长崎原子弹爆炸

图 4-19　氢弹爆炸

原子弹及氢弹的出现，轰动了整个世界，也为能源开辟了新的道路，故应是现代粒子物理学发展史上的一个里程碑！

苏联 1949 年 8 月 29 日爆炸第一颗原子弹，1953 年 8 月以固态氘化锂六为热核燃料作氢弹试验，使氢弹实用成为可能。自此美苏两霸开始冷战，展开恶性竞赛。至 1983 年美国拥有战术核武约 25000 件、战略核武约 9665 件；苏联拥有战术核武约 15000 件、战略核武约 8880 件。美在核弹数量上虽多，但其投射工具与威力总量较少，故在核武能力上可说两霸曾势均力敌，不相上下。其时共拥核武占世界总数的 95% 以上，威力共约 120 亿吨（二次世界大战中，美国投在德国与日本的炸弹总计约 200 万吨梯恩梯），毁灭对方均绰绰有余，可幸的是，各方都十分明白，挑衅者也不可能躲过毁灭性打击，从而才避免一场毁灭性的世界大战！

时至今日，主要精力均集中于可控核聚变研究，最大两个聚变反应实验堆，是设在英国牛津郡卡勒姆科学中心的联合欧洲环 JET（现代九大物理实验"怪物"之一）与设在美国劳伦斯利弗莫尔国家实验室的国家点火装置 NIF（现代九大物理实验"怪物"之一、世上最大激光器），两者目的均想找到稳定和可控的核聚变能。JET 环状反应堆镶嵌在一个直径 15 米，高 20 米的容器内，用以模拟赋予太阳能量的聚变过程，至今未获理想结果。NIF 长 215 米，宽 120 米，也用以模拟太阳等恒星内部的相似条件，拟将 192 条激光束集中射到一个花生米大小的、装有重氢燃料的目标上，每束激光可射出持续约十亿分之三秒、蕴藏约 180 万焦耳能量的脉冲紫外光，总功率约为当时美国电站能量的 500 倍，试图撞击到目标上产生 X 光，能将燃料加热到 1 亿度，并施加足够压力，使发生聚变，预计释放能量将是输入能量的 15 倍，至今也未获得理想结果。JET 如图 4-20 所示，NIF 如图 4-21 所示。

图 4-20 JET

图 4-21 NIF

不仅核弹，核电站与核潜艇也在发展。现在核电已在各地不断兴起，有的已成为一些国家的主要能源，如日本、韩国核电占到发电量 30% 以上，法国核电更占到发电量 80%。压水堆核电站系统如图 4-22 所示，俄罗斯鲨鱼级核潜艇见图 4-23。

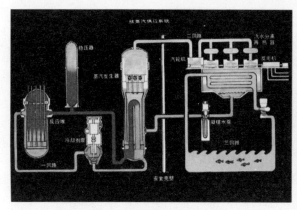

图 4-22 压水堆核电站系统图

图 4-23 俄罗斯鲨鱼级核潜艇

新中国成立前原子研究方面十分落后，原子能方面更空空如也。但奋起直追后，1964 年爆炸首颗原子弹，1967 年爆炸首颗氢弹，其后也建起重水反应堆、核潜艇战斗群（1971年水下潜射试验成功）与聚变反应堆。核能先驱者王淦昌等一直领导一批核物理精英从事核能事业，后期主要精力也集中于可控核聚变研究，并已取得一定成绩。但就总体水平而言，与西方工业发达国家相比，仍有一定差距。秦山核电站见图4-24。

图4-24　秦山核电站

在量子力学基础上，建立量子电动力学、发现强相互作用力与弱相互作用力、基本完善了强相互作用、电磁相互作用、弱相互作用三者力场的统一。尤其是原子能更是量子力学的惊人成果，不但将原子物理学推到高峰，而且使许多方面出现了前所未有的巨大变化，如核能为新能源开辟了一个广阔天空，如今的科学家正集中研究从海水中提取氢、氘、氚、锂等，使其变成可控核聚变能，为人类造福，此一设想成功之日，定是人类卸下一个燃源沉重包袱之时。核武因威力极大，不但改变了战争机器结构及作战态势，而且极有可能是防止再发生世界大战的有力法宝，当然还要看国际政治斗争趋势以及人类觉悟与领袖们的智慧。核裂变能产生原子量比其小的轻元素，如铀核裂变可分裂为镧与钡，并放出核能；核聚变能产生原子量比其大的较重元素，并放出更大能量，还可从射出的中子中对较重元素进行核裂变，即混合核反应，就是说从理论而言任一种元素均可变成另一种元素，中国自古就有点石成金之说，那时只是一种幻想。或作为一种无法实现的比方，如今竟变成了现实！原子能的用途如此之广、作用如此之大，故也应是现代科学技术的重大成就之一！

4.4　晶体管及信息现代化

20 世纪创立的量子力学，主要结出了三个划时代的巨大硕果：一是激光器；二是核能；三就是晶体管。

1948 年 6 月，贝尔电话实验室肖克莱、巴丁、布喇顿等合作，研制成世上首个点接触晶体管。1949 年肖克莱提出 PN 结理论，次年斯帕克斯与皮尔逊合作，研制成首个结型晶体三极管。肖克莱、巴丁、布喇顿三人获 1956 年诺贝尔物理学奖。

结型晶体三极管，即由一层经过特别处理的硅晶片，被夹在两层以其他方法处理的硅晶片之间而后构成，三层分别称射极、基极、集极。流入基极弱电流变化，就会使通过射极与集极电流产生较大变化，从而达到放大电流的作用。因产生热量极小，排列密度高，使有关电器不但耗电少，而且体积小，故至 50 年代末，晶体管已基本取代电子管，使弱电装置出现焕然一新局面。晶体管工作原理如图 4-25 所示，世上第一个晶体管如图 4-26 所示。

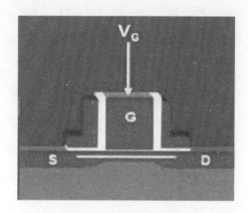

图 4-25　晶体管工作原理图

图 4-26　世上第一个晶体管

1957年，克罗默（美）建议制造异质结构晶体管，至1963年，与阿尔费罗夫（苏联）各自独立提出半导体异质结构技术，已广泛用于制造高速光电子与微电子组件。异质结构系由很多不同带隙薄层组成，性能特别优越，目前通信卫星与移动电话基站均采用此种快速晶体管，异质结构的激光二极管也使光纤电缆传输因特网信息得以实现，两人一同获2000年诺贝尔物理学奖。1952年，肖克莱就提出结型场效应原理，一年之后试制成JFET。至20世纪60年代初，发展出金属–氧化物–半导体场效应管，简称MOSFET。1966年米德提出肖特基势垒栅场效应管，简称MESFET。场效应管的主要工作原理，改变外加垂直于半导体表面上的电场方向或大小来控制半导体电层中（沟道）载流子的密度或类型，与双极型不同，由电压调制沟道中电流，工作电流由半导体中多数载流子输运，少数载流子实无什么作用，这类只有一种极性载流子参加导电的晶体管，又称单极晶体管。与双极型相比，具有输入阻抗高、噪声小、极限频率高、功耗小、温度性能好、抗辐照能力强、多功能、制造工艺简单等优点，因此很快在大多数领域取代了双极型晶体管。结晶场效应晶体管如图4-27所示，MOS结构如图4-28所示。

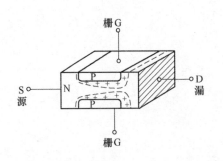

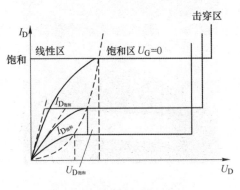

图4-27　结晶场效应晶体管

随着微电子技术进步，很快又发

展出可靠性高、成本低的集成电路，如图 4-29 所示，将晶体管等微电子组件集中制在一个硅片或化合物半导体之上，1958 年基尔比（美）研制成世上第一批集成电路相移振荡器，也获 2000 年诺贝尔物理学奖。至 1959 年诺伊斯（美）利用 PN 结隔离技术，在氧化膜上研制

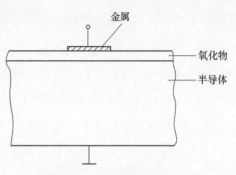

金属

氧化物

半导体

图 4-28 MOS 结构示意

出互联网，终于完成集成电路工艺，奠定集成电路基础。与此同时，利用表面场效应原理的 MOS 型场效应管面世，MOS 型比双极型更适集成，至 1968 年 MOS 电路在大规模集成电路中就占重要地位，其时 MOS 型内存，从 1 千位很快发展到 256 千位，1 兆位者也出现样品。20 世纪 70 年代末英特尔发明计算机中央处理单元，即控制单元与运算单元集成电路。集成电路的特点，一是发展快，1960 年至 1978 年间单片集成度每年翻番；二是线路微细，因采用亚微米，后采用纳米等技术，线条宽度早已缩小到 0.1 微米；三是集成度高，集成密度每平方毫米早已达万个电子组件，单片集成度也早已达千万个电子组件以上，英特尔

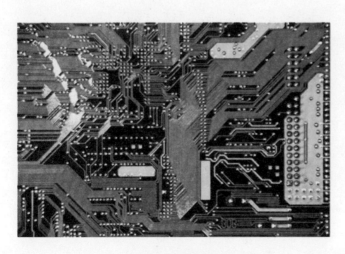

图 4-29 集成电路

2007 年 45 纳米双核处理器 Penryn 集成组件已达 4 亿，2008 年微处理器 Tukwila 集成组件竟达 20 亿个；四是速度快，达到皮秒级；五是功耗微，因此使弱电装置实现体积小、能耗低与速度快，取得重大突破。

数字集成电路在逻辑领域被广泛应用时，线性集成电路在模拟信息方面，如视听、广播、电视等领域也开始使用。线性集成电路对电阻、电容等组件要求高、依赖性大，故在模拟信号上的应用相对较晚，如模拟计算机与仪表上的首批优质运算放大器，1966 年才开始出现。

20 世纪 40 年代中至 50 年代末，研制成第一代电子管计算机，硬件庞大、软件未形成系统、速度慢、维修难，难以推广。随着晶体管出现，50 年代末研制成第二代晶体管计算机，70 年代研制成第三代集成电路计算机，因具良好性价比与高可靠性，得到广泛应用。至 1975 年研制成的第四代大规模集成电路计算机 F8，与 1946 年面世的第一代 NIAC 电子管计算机相比，体积不到 30 万分之一、重量不到半公斤、功耗仅两瓦半，主要功能却与之相等，且运行速度大为提高。

70 年代，出现的巨型计算机，运算速度达 5000 万次 / 秒以上、或每秒 2000 万个以上浮点结果，巨型机是个相对概念，一时尖端技术不久就可成一般，已经三个发展阶段。1973 年出现的 ILLIAC0-Ⅳ机（美）具有 64 个处理单元，统一控制下进行处理的陈列机；1974 年出现的 STAR-100 机（美）用向量流水处理的向量计算机，均属第一阶段。1976 年出现的 CRAY-1 机（美，框图如图 4-30 所示）设向量标量与地址通用寄存器，由 12 个运算流水部件组成，指令控制与数据存取均实现流水线化，属单指令流、多数据流结构，主频 80 兆赫，每秒 8000 万浮点结果，主容 100 至 400 万字（有 64 位），外容 10 亿至 1000 亿字，标志进入第二阶段。80 年代采用多处理机、多向量阵列结构等新技术的第三阶段巨

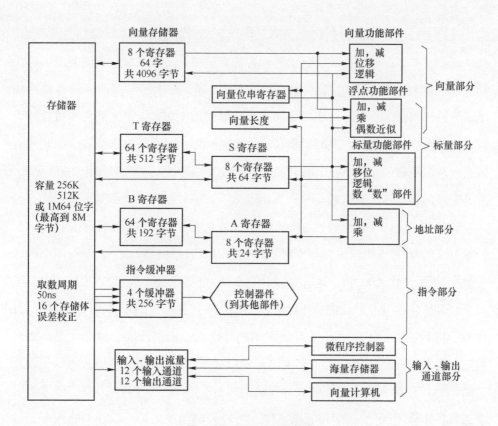

图 4-30 CRAY-1 机框图

型机就相继问世，如 XMP 机（美）、VP/200 机（日）均采用超高速门阵列芯片，烧结到多层陶瓷片上，主频 50~160 兆赫，最高速度有的可达每秒 5~10 亿浮点结果，主容 400~3200 万字，外容 1 万亿字左右。至 90 年代，已经演变至四代，可均以高速计算为主要目标，系统设计无多大变化，一直以顺序控制与按址寻索为基础的诺伊曼体制，无一不属传统机型，致使硬件功能过于简单，软件负担越来越重，造成软件危机，严重阻碍了性能的继续提高。至此科学家意识到，须在崭新理论及技术基础上，创制全新第五代计算机，以适用未来社会信息化要求。宜将信息采集、存储、处理、通信等同智能有机结合，使其成个智能装置，不仅能进行一般数值计算及信息处理，还须具有推理、联想、学习及解释等各种功能，可进行判断、决策、开拓未知领域、获取新的知识，人机之间可通过自然语言或图像进行信息交流。其时世上最快计算机大部由美国、日本拥有，如装在美国桑迪亚国家实验室的 ACCI RED 机，配有 9000 块奔腾芯片，每秒 21000 亿次，为其能源部模拟核爆炸试验。

　　紧接着，美国研制成每秒 39000 亿次计算机，日本研制成 10 万亿次计算机。2002 年日本研制成地球仿真器（现代九大物理实验"怪物"之一），占四个网球场大小地面、用 5000 个计算机处理器与 2800 公里电缆，每秒 35.6 万亿次，主要目的，想建立世上最详细的地球气候模型，并声称可预测未来 50 年气候变化；推测新材料特性；了解亚原子粒子之间相互作用；模拟地震、地心动态、地磁场与火箭发动机燃烧等。2004 年美国研制成蓝基因 / L 超级计算机，每秒 136 万亿次，2008 年研制成走鹃（超级计算机），6948 个双核芯片与 12960 个处理器组成，每秒 1000 万亿次，更称无所不能，可以研制生物燃料、设计节能汽车、寻找新药与金融服务等。次年研制成美洲虎，每秒 1760 万亿次。同时德国研制成尤金，每秒 1000 万亿次，可用作电子汽车燃烧电池研究、天气预报与宇宙起源等。2011 年日本研制成京超级计算机（用美国太阳微电子公司的芯片），每秒 1 亿亿次，速度超过第二名中国天河一号约 3 倍，至 2011 年 6 月 20 日在世界最快计算机 TP500 强排名中名列榜首。2012 年美国 IBM 研制成红杉，运算能力达 16.3petaflop（1petaflop 表示每秒 1 千万亿次运算能力），又夺回榜首，现用于保证核威慑力量的安全及可靠性，并取代地下核实验，很快将会用到自然科学的各个领域，还将用于模拟物质在极端压力与温度下的物理性质。接着将美洲虎升级研制成泰坦，每秒 2 亿亿次。时至今日，超级计算机 10 强中，估计美国可能占有 4 席、德国与中国各占 2 席、日本、法国各占 1 席。现代超级计算机确已显出一些过去无法想象的智能，似乎真的

图 4-31 地球模拟器

已有一点无所不能，如中国商用飞机设计有限公司用"天河二号"，进行大型民机全参数气动优化设计，仅耗时 6 天，而若使用普通计算平台，则需两年，就可看出一般。因此以美、日、中、欧为四极的世界，对超级计算机竞相研发，定将日趋白热化！地球模拟器如图 4-31 所示，美国泰坦超级机见图 4-32。

图 4-32 美国泰坦超级机

20 世纪 70 年代初，随着集成电路性质日益提高，出现了微处理器，80 年代初出现微型机（又称台式机或桌机），因体积小、重量轻、耗电少、可靠性强与性价比高等，被日益广泛应用。至 90 年代初有人估计，微型机销售在总销售额中就已占到 30% 以上，如今已广泛用

到工业、服务业与日常生活等各领域，使各领域发生了前所未有的深刻变化，如个人使用电脑就早成普遍现象。单片式微处理器 8080 结构如图 4–33 所示，微型机原理如图 4–34 所示。

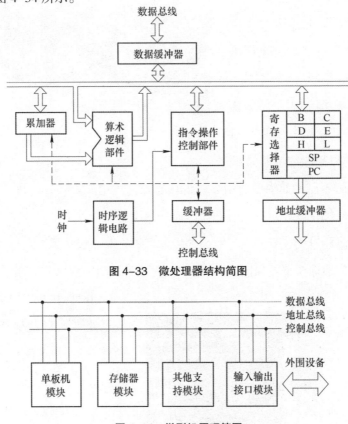

图 4–33　微处理器结构简图

图 4–34　微型机原理简图

随着电子计算机的出现，1957 年贝尔（美）提出程控交换设想，即按计算机预先编好程序的自动交换系统，1961 年开通验证模拟交换机，1965 年开通2000 门商用交换机，1970 年拉尼翁（法）开通 1000 门 E–10 交换机中，首次实

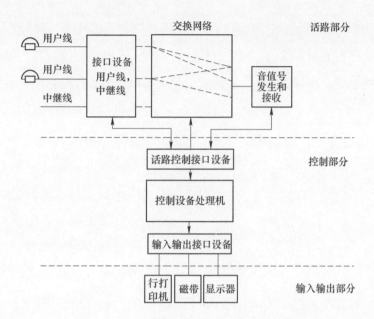

图 4-35 程控电话交换系统硬件构成及其功能

现交换网络数字化，至 20 世纪 70 年代末，单路编译码器、滤波器、线路接口、接收器等专用大规模集成电路商用化之后，就实现了电话数字化。程控电话交换系统硬件构成及其功能如图 4-35 所示，程控电话交换机见图 4-36。

随着晶体管及集成电路的出现，1953 年至 1966 年美国、德国与法国在黑白电视的基础上，据红、绿、蓝三种基色相加可得不同彩色感觉，相继传播 NTSC、PAL，SECAM 制仿真彩色电视，80 年代美国着手研究数字彩电，至 2010 年在全国普及，就实现了彩电数字化。

图 4-36 程控电话交换机

随着 1983 年第四代电子计算机与电讯网相结合，出现了互联网之后，网上购物、网上缴费、网上签约、网上通信、网上聊天、网上会议、网上间谍、网上赌博等不断涌现，出现了数字化交流空前繁荣局面。随着各种芯片不断问世，如手机芯片、钟表芯片、医保卡芯片、信用卡芯片、工资卡芯片、预付卡芯片、身份证芯片、控制板芯片、股票芯片、生物芯片等更无处不见，对不少人说已到不可相离局面，再加上电话电视互联网等，就实现了生活中的部分数字化。多指令流多数据流互联网框图见图 4-37。

随着各种高性能微型机出现，广泛使用到各类产业与服务业中，就实现了生产与服务业中的部分数字化。

随着各种超级计算机逐步用于核物理研究、核武器与航天飞行器设计、国民经济预测与决策、能源开发、中长期天气预报、卫星图像处理及情报分析等，就实现了思维推理中

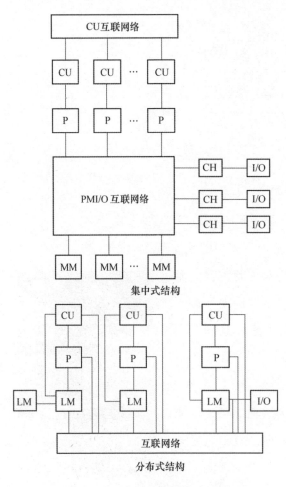

图 4-37　多指令流多数据流互联网框图

的部分数字化。

目前还正在设法将电话、电视与互联网等合并，使更多的老百姓也能享受到广泛数字化生活。

时至今日，可说已初步实现各种信息交流的数字化，即现代化！信息现代化的出现，是机力代替人力的第五次重大飞跃，故应是电子学发展史上的一个里程碑。

早于1937年，英国人里夫斯就企图实现人声数字化，当时有人认为是种奇谈怪论，现代科技不但实现了其梦想，而且大大超出了其想象能力。其实任何世事无不可以数字来表示其高低、大小、长短、厚薄、浓淡与强弱等，故其发展空间还很巨大，研试任务还很繁重！

我国电子计算机研究起步较晚，进展却很快。在芯片方面：2002年9月研制成"龙心1号"通用处理器。2005年4月研制成"龙心2号"，比1号提高10倍，性能达到奔腾3水平。接着研制成"龙心3A"，2012年10月研制成"龙心3B"，能力为A型8倍，封装表面约三、四厘米见方、厚度约两三毫米，实际芯片仅182.5平方毫米，但搭建几十层电路，共10多亿根晶体管线，线路细到32纳米，采用其8个处理器为核心的KD—90计算机，主机却似一台微波炉，计算速度竟达万亿次。

我国在计算机方面：1958年研制成第一代电子管计算机，每秒仅几十次。接着研制成第二代晶体管计算机，每秒数十万次。1983年研制成银河亿次机，1992年研制成银河10亿次机。1995年突破并行机技术，研制成曙光1000型100亿次机，1998年研制成曙光2000型200亿次机，1999年1月研制成曙光2000Ⅱ型1100亿次机。1999年8月研制成神威5000亿次机。2002年研制成

DEEPCOMP1800 巨型机，每秒 10270 亿次，列当时全球计算机排名第 24 位，前 23 位由美国日本占有。2004 年初研制成每秒 50000 亿机，装中科院作互联网中心机使用。2004 年 6 月研制成 4000A 曙光机，每秒 11 万亿次，获全球 500 强第 10 位，落户上海超算中心，为全国各单位提供计算服务。接着与美日等国竞相攻克 petaflop 难关，其技术可使运算速度提到每秒 1000 万亿次以上。2010 年初曙光研制成星云超级计算机，装英伟达图形处理与英特尔至强四核处理器，每秒 1270 万亿次，计算理论峰值接近 3000 万亿次，超过 2300 万亿次的美洲虎，2010 年 6 月在 500 强排名中位列第二。2010 年 10 月研制成天河一号，每秒达 2500 万亿次，在 500 强排名中，跃至第一位。至 2011 年 10 月，以国产微处理器为基础，研制成的中国芯超级计算机神威蓝光，每秒约千万亿次，可能排在世界最快计算机前 20 名以内。至 2013 年 6 月研制成天河二号，每秒 33.86 千万亿次，17 日公布的 TOP500 强排名中夺回了榜首。天河二号见图 4-38。

我国在微机方面：联想在国际市场上也占有一席之地，尤其是联想 2004 年 12 月收购 IBM 全球个人计算机业务后，早成世上第三大个人电脑公司。时至今日，已超惠普，跃居到头把交椅。

在互联网方面：至 2012 年 7 月全国网民就达 5.38 亿，普及率达 39.9%，早成世上第一网民大国。

图 4-38　天河二号

故在计算机研试方面，可说与西方工业发达国家相比，已相去不远，但在应用方面仍有一定差距。

现代计算机的出现，初步实现了信息的数字现代化，使矿业、工业、农业、服务业及日常生活等，均发生了从未有过的深刻变化，超级计算机还能发挥各种智能作用，并能实现单凭人脑无法实现的能力，故也应是现代科学技术的重大成就之一。

4.5 细胞遗传学及生命科学

1858 年达尔文等建立生物进化论以及 1915 年摩尔根等建立细胞遗传说之后，不少学者对生命构成及现象不断进行探索，虽有一定成果，但无大的成就。后在量子化学取得成果之后，才渐渐有所突破。

1929 年，贝特提出点电荷模型，认为配位体与中心离子的作用，类似离子晶体中的正负离子静电吸引力，未考虑中心离子轨道与配位体轨道的重叠，即晶体场理论。

1927 年，鲍林（美）就从量子力学出发，导出从化学键长度与排列，到分子与复杂离子磁性的完整理论。1928 年测定尿素 H_2NCONH_2、正链烷烃（一类直链结构烷烃，如正丁烷 $CH_3CH_2CH_2CH_3$）、六亚甲基四胺 $C_6H_{12}N_4$ 以及一些简单芳香族化合物结构，在此基础上，提出首批键长键角数据。1931 年用 X 射线衍射，测出分子中原子间距，进一步研究晶体与蛋白质结构，画出分子结构图。紧接着用量子力学研究原子分子的电子结构及其化学键本质，创杂化轨道理论。1931 年至 1933 年之间，提出分子在若干价键之间的共振学说，认为共振才使分子特别稳定，引出共振能概念。1950 年认为蛋白质肽链要满足最大限度的氢键，蛋白质可能形成 α 与 γ 两种螺旋体，为进一步研究核酸结构创造了条件。获 1954 年诺贝尔化学奖。

与其同时，马利肯（美，1896—1986 年）提出分子轨道理论，将分子看成一个整体，分子轨道由原子轨道组成。1952 年，用量子力学阐明原子结合成分子的电子轨道，完善其理论，以其处理多原子 π 键体系、解释离域与诱导效应，比鲍林价键理论能更好反映实际。获 1966 年诺贝尔化学奖。

1952 年，奥格尔（美）将晶体场理论与分子轨道理论相结合，发展成现代广泛使用的配位场理论，为量子化学打下初步基础。

1952 年，陶布（美）发表《溶液中无机配位化合物取代反应的速率及机理》一文，阐述水溶液里无机配合物的取代反应中，中心金属离子性质的变化，对取代反应速率影响和配离子不稳定性与电子结构的关系，指出取代反应速率与过渡金属配位化合物电子构型之间存在密切关系。在氧化还原研究中，又提出外界与内界电子转移机理，有助理解金属配位化合物在催化中的作用。获 1983 年诺贝尔化学奖。

1956 年，马库斯（美）也研究电子转移反应理论，不同的是，陶布侧重对内界反应机理阐述，他则主要对外界反应机理探索。1957 年从非平衡态电性极化作用出发，导出活化中间态自由能计算公式。1960 年至 1963 年间，根据统计力学与势能表面理论，提出电子转移均相反应速度的定量计算公式，用数学方式将电子转移过程理论量与实验联系起来，为实验化学家提供了有力的理论工具。1964 年对影响电子转移速率因素加以定量处理，提出电子转移模型。从本质而言，宇宙中一切化学现象，均是物质间电子转移，因此其理论被广泛用到绿色植物光合作用、蛋白质氧化还原等反应之中。获 1992 年诺贝尔化学奖。

1962 年，霍夫曼（美）与伍德沃德合作，研究 B_{12} 维生素合成。1965 年以量子化学为武器，对实验进行计算，并以福井谦一提出的前沿轨道理论为工具，进行分析，提出分子轨道对称守恒原理，即伍德沃德 – 霍夫曼规则，指导合成了维生素 B_{12}，对阐明系列协同反应过程与机理、解释与预示一系列化学反应方向、难易程度与产物立体结构等，均起了特别重要作用，将量子化学由静态发展到动态阶段，霍夫曼与福井谦一两人获 1981 年诺贝尔化学奖。维生素 B_{12} 分子式为 $C_{63}H_{88}N_{14}O_{14}CoP$，$B_{12}$ 分子结构式如图 4-39 所示。

1963 年，W. 科恩（美）开始研究密度泛函理论，传统分子计算，均基于对单个电子运动的描写，非常复杂，他认为只要知道分布在空间任一点的平均电子数就已足够，创十分简便计算法，即密度泛函理论。此理论已成为处理原子间成键基础，使许多计算得以实现，生物大分子研究也成为可能。1970 年，波普尔（英，1925—2004 年）在科恩基础上，开始以量子化学为武器，设计高斯程序，只需将分子与化学反应特征等输入计算机内，即可获得该分子特性或该化学反应可能如何发生的具体描述。密度泛函理论与高斯程序的建立，代表量子化学发展完成了第二阶段历史使命，使定量计算扩展到原子数较多的生

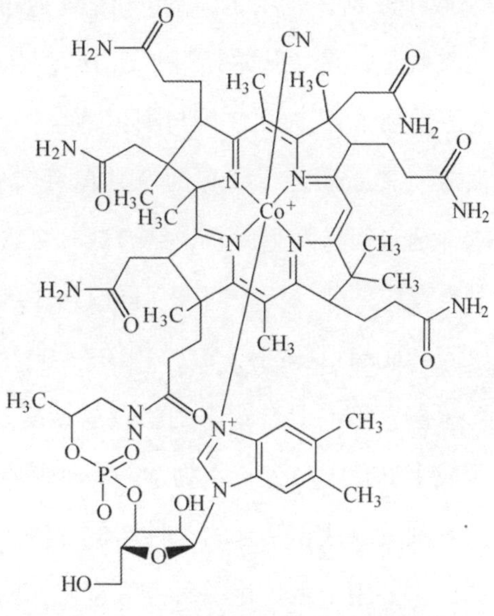

图 4-39　维生素 B_{12} 分子结构式

物大分子等高分子化合物，两人一同获 1998 年诺贝尔化学奖。

生物大分子是指作为生物体内主要活性成分、分子量达上万或更多的有机分子，其主要生物大分子，有核酸、蛋白质、脂类、糖类等，其主要特点能表现各种生物活性与新陈代谢作用，其成分除碳之外，绝大多数含有氢，有些还有氧、氮、卤素、硫、磷等。大多数由简单组成结构聚合而成，如蛋白质基本组成单位就是各种氨基酸。

在量子化学发展基础上，诞生了量子生物学分支学科，可用来研究生命物质及生命过程，如对分子电子结构及反应活性、大分子构象及功能、分子之间相互作用与特异作用及识别机制等，为生命科学发展在理论上奠定基础。

狄尔斯（德，1876—1954 年），1899 年在 E. 费歇尔指导下获得博士学位。1906 年开始，就用胆固醇 $C_{27}H_{46}O$ 通过氧化变成"狄尔斯酸"，1927 年用硒使胆固醇脱氢，得"狄尔斯烃"$C_{18}H_{16}$，对胆固醇、胆酸皂苷、强心苷等结构确定均起了重要作用。1928 年与阿尔德合作发明"狄尔斯－阿尔德反应"，即双烯合成反应，其原理是，如有两个共轭双烯分子与一个双烯分子在结构上满足一定要求，两者很易发生反应，结合成一个含有六元环的产物，此反应的应用范围与格利雅反应一样广泛，两人一同获得 1950 年诺贝尔化学奖。

1940 年，马丁（英，1910—2002 年）与辛格合作，发明分配色层分离法，可分离氨基酸混合物中的蛋白质结构及类胡萝卜素等，此法操作简单、用料少，后成生物化学与分子生物学的一种基本研究方法。分配色层分离法，是色谱与反向溶剂萃取法相结合的一种新的方法，可对少量性质相近的化学物质进行逐一分离，主要用于生物化学研究等领域，两人一同获 1952 年诺贝尔化学奖。

20 世纪 50 年代中，西格班（瑞典）与同事合作，将研究 β 射线能谱的双聚焦能谱仪用于分析 X 射线光电子能量分布，发明具有高分辨率的光电子能谱仪，用以研究电子光子与其他粒子轰击原子后发射的电子，并系统测量了各种化学元素的电子结合能。之后又发展用于化学分析的电子能谱仪，开创一种新的分析法，即 X 射线光电子能谱学或化学分析电子能谱学，成了研究电子结构、高分子结构与链接构的一种有力工具，为探测物质结构，提供了一种非常精确方法，获 1981 年诺贝尔物理学奖。

70 年代初，克卢格（英）率先将染色质分小到足可用 X 射线衍射、电子显微镜能观测到的片段，然后将各片段显微照片置于激光下衍射或散射，从各片段获得的二维图像，可形成比电子显微镜照片更详细的立体图像，以此揭示了病毒与细胞内的重要遗传物质结构，从而创立像重组分析术。该术对本来不能用 X 射线晶体学进行研究的高分子结构，也能对其进行深入探索，获 1982 年诺贝尔化学奖。

1950 年至 1955 年间，豪普特曼（美）与卡尔勒合作，就用统计学研究晶体结构，发现 X 射线衍射数据中，隐含有相角信息，经反复研究，导出相角关系式，用之确定了多种分子结构，即晶体学直接法。70 年代之后借助计算机代替人工，提高运算速度，为探索新分子结构与化学反应又提供了一种基本方法，两人一同获 1985 年诺贝尔化学奖。

赫施巴赫（美）的一生研究微反应中的分子碰撞动力学，以交叉分子束法，从微观角度深入了解化学反应过程。美籍华人李远哲在赫施巴赫基础上，研制出世上第一台大型交叉分子束碰撞器与粒子束碰撞器。1960 年交叉分子束法作为一门新兴研究技术获得成功，但只能适用碱金属，后与赫施巴赫合作，才将其发展成研究化学反应的通用工具。分子束碰撞器、离子束碰撞器可用于研究与激光化学、燃烧化学、大气化学与离子化学等有关复杂反应，使分子反应动力学研究可深入到从反应物到产物全过程的量子态层次，从而可在分子水平上，研究化学反应中所出现的各种状态，为人工控制化学反应方向及其过程，提供了一种崭新手段，两人一同获 1986 年诺贝尔化学奖。

1957 年，科里（美）与伍德沃德合作，从事生物分子、催化剂分子、有机化学反应理论、化学合成逻辑、有机化工与酶等研究。后独创逆合成分析理论，使有机合成方案系统化且符合逻辑，据此理论，编制出首个计算机辅助有机合成路线设计程序，完成了如长叶松萜烯、前列腺素（5 碳环的 20 碳不饱和脂肪酸）、银杏毒素等复杂天然产物等的合成。逆合成分析，是现代有机合成化学的最重要基石，推动了 70 年代以来整个有机合成领域的蓬勃发展，获 1990 年诺贝尔化学奖。

1964 年，恩斯特（瑞士）在安德森建议下，开发高分辨率的傅里叶变换核磁共振分光法，至 1968 年改变传统样品扫描，采用所有射频高能脉冲去照射样品，能被激发的原子核均被激发，然后用傅里叶变换分解所得信息，转变为可识别的谱线，此法将原有分析速度提高近 600 倍，灵敏度提高 100 倍以上。但要确定生物高分子结构还不够完善，接着将计算机技术引进核磁共振术，1974 年用分段步进采样，进行两次傅里叶变换，获得第一张二维核磁共振谱，又创多维谱研究新纪元，使核磁共振法从研究小分子，扩展到能确定复杂大分子的空间结构，获 1991 年诺贝尔化学奖。

70 年代初，泽雅尔（美籍埃及人）尝试用短脉冲激光，去照射反应体系中的分子及原子，以图实时捕捉反应物转变为产物过程中的有关过渡态信息。分子与原子对光的吸收或发射频率，与分子和原子所处微环境有关，记下吸收光谱或发射光谱，就可知反映体内分子与原子的变化，但所能披露详细程度，决定入射光脉冲宽度与辐照频率。其时已从纳秒（10^{-9}s）提高到皮秒（10^{-12}s），对寿命只有飞秒（10^{-15}s）的过渡络合物来说，仍如用米尺去量头发直径一样困难。只有同时具备飞秒激光器与相应采集装置，才有可能。80年代初，他用贝尔实验室高性能染料激光器，开始探测飞秒化学反应过渡态信息。至1987年，终于完成了ICN分子的光解离动态研究，首次实时观察到处于飞秒化学反应过程中的分子转变状态，自此得以研究并预测重要的化学反应，获1999年诺贝尔化学奖。

　　1968年，诺尔斯（美）在威尔金森发现可用于均相催化氢化的三苯基磷催化剂、及霍勒发现手性磷制备法等基础上，用2－甲基正丙基苯基膦替代三苯基磷，以之催化α－苯基丙烯酸，得到一种对映体过量15‰的氢化物，虽然过量，但实际还是较低的，故在方向上是个突破进展，很快就产生了产品。1980年与野依良治（日）合作，发现一种手性双膦配体BINAP，其任一对映体与铑的配合物，比其他多种催化不对称氢化反应的催化剂更具明显活性。与此同时夏普莱斯（美）也发现，在少量四异丙氧基钛与酒石酸二烷基酯存在下，叔丁基过氧化氢能高度、立体选择性地将烯丙醇中的碳碳双键环氧化，得到铪氧醇（活泼手性中间体），且极富规律性。三位科学家就如此找到了有机合成反应的高效手性催化剂及立体选择性反应方法，实现高效方便合成手性分子的单一异构体。手性是自然界物质的普遍特性，用途十分广泛。自诺尔斯第一例不对称催化反应之后，紧接着就有成千上万种手性配体分子及手性催化剂相继面世。不对称催化合成已用到几乎所有有机反应中，尤其是已成为制药工业中合成手性物质的重要手段，且方兴未艾，许多与手性相关的科学难题，还正有待解决，可能成为21世纪有机化学研究的一个热点，三人一同获2001年诺贝尔化学奖。

手性，也叫不对称性，指化合物分子或分子中某一基团结构，排列成互为镜像，而不叠合的两种形式，如人的左右手一样。不对称反应结构如图4-40所示。

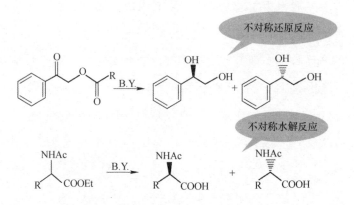

图4-40　不对称反应结构图

20世纪80年代初，芬恩（美）对成团生物大分子施加强电场，田中耕一（日）利用激光去轰击大分子，均使其完整分离并电离，导致之前质谱只能分析小分子进而可分析大分子，以此弄清了蛋白质是什么，但仍未弄清其复杂结构。之后维特里希（瑞士）汲取前人经验，改进核磁共振术，选择生物大分子中的氢原子核作测量对象，连续测定相邻两质子之间的距离与方位，经计算机处理后，得到生物大分子的三维立体结构。自此就可通过对蛋白质进行详细研究，加深对生命的了解，三人一同获2002年诺贝尔化学奖。

1962年，下村修（日）从北美西海岸水母体内分离出一种荧光蛋白质GFP，发现在紫外线照射下呈现绿色；90年代沙尔菲（美）指出，GFP价值在于可作为一种荧光基因标识；紧接着美籍华人钱永健大致解释了GFP如何发出荧光。

之后 GFP 就成了生物科学研究的一个关键工具，如可用其研究癌细胞如何扩散，三人一同获 2008 年诺贝尔化学奖。

以上科学家发明的各种实验研究方法，为生命科学发展又提供了一些不可或缺的必要研究手段，而且也获得一些具体成果。

一切生物结构基本单元是细胞，细胞可分为两大类，即原核细胞与真核细胞。前者包括支原体、细菌与蓝藻。后者构成真核生物，包括原生动物、单细胞植物、低等高等动植物。其作用能表现各种生命现象，诸如新陈代谢、生长、发育、繁殖、遗传、变异、应激性与对环境适应等。其成分由水、盐类、核酸、蛋白质、糖、脂质，以及其他各种微量物质，如维生素、细胞代谢中间产物等组成。生命体形状、大小、结构与特性可千差万别，但主要均由 DNA 脱氧核糖核酸、RNA 核糖核酸、蛋白质等天然高分子为骨架构成，并担负着生命活动过程的各种重要功能，因此科学家就一直对三者进行攻坚。动物细胞见图 4-41，植

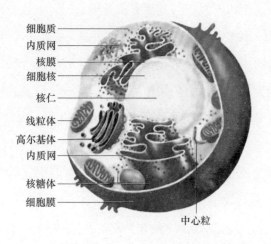

细胞质
内质网
核膜
细胞核
核仁
线粒体
高尔基体
内质网
核糖体
细胞膜
中心粒

图 4-41 动物细胞

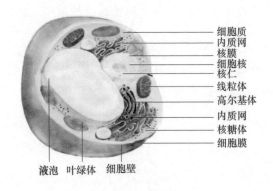

细胞质
内质网
核膜
细胞核
核仁
线粒体
高尔基体
内质网
核糖体
细胞膜

液泡　叶绿体　细胞壁

图 4-42　植物细胞

物细胞如图 4-42 所示。

1820 年，布拉孔诺就发现甘氨酸亮氨酸，被最初鉴定为蛋白质的氨基酸。1838 年米尔德（荷兰）取名 protein，希腊文意为"第一"，将蛋白质作为生命原生质的同义词。1849 年赖斯特获得马血红蛋白晶体，开始纯化各种蛋白质。之后米尔德研究蛋白质组成，发现与其他有机分子一样，也是一种特定分子实体。

E. 费歇尔（德，1852—1919 年），所处时代其毛纺、钢铁与水泥行业均非常需要化学知识，故自小就决心当个化学家，但父亲希望儿子从商，以便继承传统家业，就派他到姐夫的一个木材公司作见习，但他却全心投到化学实验之中，结果生意搞得一败涂地，只得转而送他到大学读化学专业。1871 年进入波恩大学，从师著名化学家凯库勒。第二年转至斯德拉斯堡大学，又从师著名化学家拜尔。因在糖类、嘌呤类等有机化合物研究中，取得突出成就，获 1902 年诺贝尔化学奖。对大多数诺贝尔得奖者来说，获奖成果是其一生最主要的贡献，而他在科学征途上，更令人敬仰的成就，应是在获奖之后完成的：1884 年开始，花费近10 年时间对糖进行系统研究，确定许多糖的结构，并鉴定乙醛糖果的 16 种旋光异体中的 12 种，终于探明单糖类本性及其相互之间关系；1882 年至 1906 年间，从尿酸入手对嘌呤类化合物进行研究，确定其组成结构，并合成其母体，证实嘌呤类化合物与糖类及磷酸可合成核酸；1899 年后对氨基酸、多肽及蛋白质进行重点研究，并于 1902 年提出蛋白质的多肽结构学说，他认为蛋白质分子是许多氨基酸分子以肽键结合而成的长链分子化合物，两个氨基酸分子结合成二肽，三个氨基酸分子结合成三肽，多个氨基酸分子结合成多肽。1907 年第一次试制出由 18 种氨基酸分子组成的多肽，建立蛋白质化学结构基础的多肽理论。

1923 年，斯韦德贝里（瑞典，1884—1971 年）创蛋白质超离心分析术，用以测定蛋白质分子量，自此就有了一种新的研究工具，1939 年提出纯蛋白质是一种分子量相同的均一大分子。1925 年蒂塞利乌斯（瑞典，1902—1971 年）在斯维德贝里领导下，开始研究胶体溶液中悬浮蛋白质分离，自制超速离心机，测定蛋白质分子大小及形状，并提出电泳理论，认为在外加电场下，胶体粒子在分散剂里会向阴极或阳极移动。1930 年改进实验手段及装置，发明电泳仪及分离蛋白质新法，即电泳法。1935 年发展成区带电泳，分辨率大大提高。至 1940 年分离出血清中白蛋白、α、β、γ球蛋白的四个组分，还创选择性吸附层分析，使当时难以分离的许多生物分子，均可分离成纯态，对许多复杂化合物，如各种氨基酸与肽类等均能得到精确分析，蒂塞利乌斯获 1948 年诺贝尔化学奖。电泳原理如图 4-43 所示。

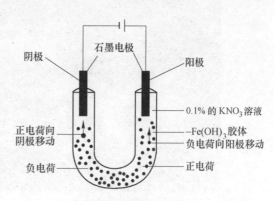

图 4-43　电泳原理示意图

20世纪20年代，迪维尼奥（美）测定胰岛素中的氨基酸成分，为胰岛素是蛋白质提供有力证据，否定了当时多数化学家认为激素是一种小分子。1928年从事脑垂体分析及合成，发现催产素与后叶增压素。1946年合成青霉素，是生物学史上的杰出贡献，此法简单快捷，解决了当时青霉素供不应求的难题。1948年分离出催产素。至1953年，确定催产素氨基酸结构为三肽侧链的环五钛，此类多肽是激素，在控制生命过程中起着重要作用，后在医学与化学等领域中得到广泛应用，获1955年诺贝尔化学奖。催产素如图4-44所示。

20世纪40年代初，桑格（英）研究蛋白质结构，经多年深入探索，找到一种试剂2、4-二硝基氟化苯，即桑格试剂，应用逐段分解与逐步递增，再经10年努力，测定胰岛素两条肽链，分别含21个与30个氨基酸排列顺序与位置。至

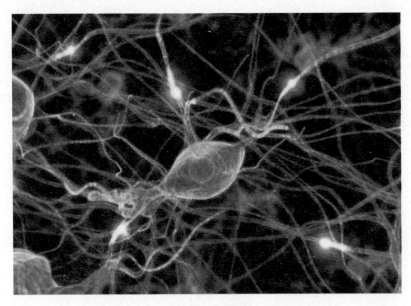

图 4-44　催产素

1955 年，测定胰岛素一级结构，是首个被阐明氨基酸序列结构的蛋白质。之后有上千种之多，包括分子量大于 10 万个氨基酸序列的结构均被阐明，为证实基因遗传密码、生物合成及整个分子生物学研究，均提供了一种最基本方法。获 1958 年诺贝尔化学奖。牛胰岛素分子结构模型如图 4-45 所示。

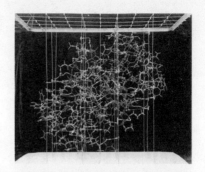

图 4-45　牛胰岛素分子结构模型

1937 年，佩鲁兹（英，1914—2002 年）就研究血红蛋白结构。1959 年与肯德鲁（英）合作，测定肌红蛋白立体结构，第二年测定血红蛋白立体结构，为广泛测定与合成各种蛋白质及其他生物大分子奠定基础。两人一同获 1962 年诺贝尔化学奖。肌红蛋白三级结构如图 4-46 所示，血红蛋白立体结构模型如图 4-47 所示。

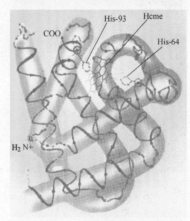

图 4-46　肌红蛋白三级结构

1949 年，霍奇金（英，1910—1994 年）第一次用 X 射线衍射测定青霉素分子结构。1956 年测定维生素 B_{12} 晶体空间结构。1957 年实现青霉素全新合成。1932 年之前，X 射线仅限于验证分析结果，之后他发展成一种重要分析法，创晶体学新时代，因此获 1964 年诺贝尔化学奖。青霉素及结构模型

图 4-47　血红蛋白立体结构模型

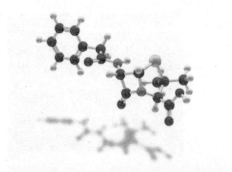

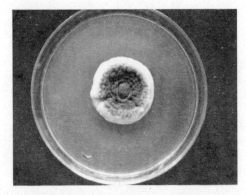

图 4-48　青霉素结构及结构模型

如图 4-48 所示。

伍德沃德（美，1917—1979 年）一生基本从事有机化合物研究，描述了分子结构与紫外光谱间的关系，较早认识了物理测定比化学反应更能阐明有机化合物分子结构特点，推测了许多复杂天然有机化合物结构。其主要成就：从 1944 年开始，合成奎宁 $C_{20}H_{24}N_2O_2$、胆固醇、皮质酮（可的松）、士的宁（马钱子碱）、利血平 $C_{33}H_{40}N_2O_9$、叶绿素（如 a 型叶绿素分子式为 $C_{53}H_{72}MgN_4O_5$）与维生素 B_{12} 等 20 多种有机化合物，将有机合成技巧提到前所未有水平，被誉为"现代有机合成之父"，获 1965 年诺贝尔化学奖。

20 世纪 40 年代开始，巴顿（英，1918—1998 年）研究甾族、萜类化合物结构（大多香味液体）。50 年代指出，甾族原子三维空间排列，会影响化学性质，建立构象分析，阐明分子特性与空间构型、构象关系，得到一些甾类化合物构象，开辟有机化学结构分析新领域，发展了立体化学理论。60 年代发明巴顿法，在合成甾醇类激素方面又取得重要成就，获 1969 年诺贝尔化学奖。

1959 年开始，梅里菲尔德（美，1921—2006 年）研究多肽合成，1962 年合成 2 肽，接着合成 4 肽，1963 年合成 9 个氨基酸残基缓舒激肽，1965 年研制成自动化合成仪，1969 年合成由 124 个氨基酸组成的核糖核酸酶 A，获 1984 年诺贝尔化学奖。

70 年代后，迪维尼奥的后继者，在研究脑化学中发现催产素、后叶增压素与其他一些多肽，均是一些化学信使，即神经传递素。

80 年代中，阿格雷（美）发现一种细胞膜蛋白，即寻找已久的水通道。1988 年麦金农用 X 射线晶体成像技术，获得世上第一张离子水通道高清晰照片，从原子层次揭示了离子通道工作原理，可让人观测到，离子进入通道前以及进入过程中与穿过后的状态。至 2000 年阿格雷公布世上第一张水通道高清晰立体照片，揭示此种蛋白的特殊结构，只允许水分子通过的原因。此成就开辟了新的研究领域，很快发现动植物与微生物中的水通道蛋白广泛存在，而且种类繁多，并特别重要。仅人体内就有 11 种之多，如在人的肾脏中就起着非常关键过滤作用，经肾小球蛋白过滤的水，绝大部分又被人吸收，循环利用，每日排出者仅约一升。两人一同获 2003 年诺贝尔化学奖。水通道蛋白如图 4-49 所示。

以上科学家的研究成果，主要对蛋白质的分离、组分、合成与作用作出了一些贡献，同时为生物工程也开辟了一些道路，并获得一些具体成果。

蛋白质主要由氨基酸组成，氨基酸以肽链相互连接，形成肽链，

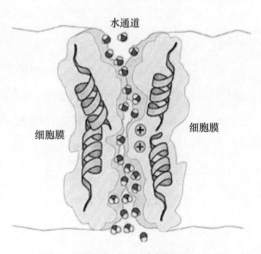

图 4-49　水通道蛋白

即氨基酸残基，其分子结构见图 4-50。

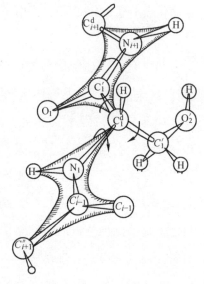

图 4-50　肽链分子结构

18 世纪前，世人认为，活细胞发生的反应是种特殊"生命过程"，不能用试验来研究。1828 年维勒（德）发表《论尿素人工制造》，首次用非生命物质产生有机物，证实有机物质并非完全是一种生命过程产物。1897 年布赫纳发现非细胞发酵，进一步否定这一长期占据统治地位的陈旧观点，开辟生物化学新领域。之后还不断发现，没有活细胞存在，生物体内许多化学反应有时也能进行，有些科学家推测，是些小量而不稳定且有活力的物质所引起，其中库恩（德）称之为**酶**。接着贝采里乌斯（瑞典）认为：与化学中的催化剂一样，是细胞形成的专一催化剂，酶反应与化学反应在本质上并无差别。

至 1924 年，维尔塔宁（芬兰，1895—1973 年）在研究乳酸与丙酮酸发酵过程中，发现辅酶活性机理，为酶的性质与在生物体内的重要作用提供了依据。1925 年阐述了豆科植物根瘤中含氮物质生成机制、生物体中固氮酶催化原因。紧接着提出可控安全酸度的维尔塔宁饲料保鲜法，即控制酶的催化速度。1931 年发现血红蛋白的红色素，是完成固氮反应不可或缺之物，获 1945 年诺贝尔化学奖。固氮酶作用原理如图 4-51 所示。固氮酶是一种能够将分子氮还原成氨的酶，它由铁蛋白和钼铁蛋白组成。在还原氨的过程中，固氮酶需要能量，其能源主要靠光合作用而来。图中，通过光合作用获得能量的固氮酶最终合成氨基酸。

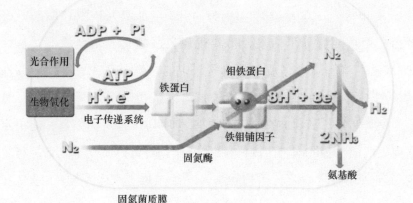

图 4-51　固氮酶作用原理

　　1926 年，萨姆纳（美，1887—1955 年）通过试验，第一次提取纯尿素酶，并证明是一种可结晶蛋白质，接着提取"三大工业要素"，即辅酶、腊氧化酶与蔗糖酶，所著《酶》一书，公认是现代化学酶的理论指导。1930 年诺思罗普（美，1891—1987 年）在萨姆纳从刀豆中分离出结晶蛋白 - 脲酶的鼓舞下，从胃蛋白酶商品制剂中分离出结晶蛋白质，经反复证实，是一种胃蛋白酶。之后分离出胰蛋白酶及前体、胰蛋白酶的多肽抑止剂、胰蛋白酶及抑止剂形成的络合物、胰凝乳蛋白酶原与三种形式的胰凝乳蛋白酶等。与合作者还分离结晶核糖核酸酶、己糖激酶、羧肽酶与胃蛋白酶原等。除分离及结晶之外，还用溶解度测定、超离心分析、电泳等方法鉴定其纯度，研究其活力与蛋白质关系。而且通过扩散鉴定、蛋白质变性及水解试验、由无活性酶前体形成有活性酶前体、将胃蛋白酶酰化后分离并检验其产物活力，证实酶的活力是蛋白质本体特性，并非什么杂质引起。萨姆纳与诺思罗普两人为现代酶学奠定基础，一同获 1946 年诺贝尔化学奖。

50 年代开始，安芬森（美，1916—1995 年）研究核糖核酸酶，用纸色谱分析出核糖核酸酶分子构象。80 年代研究酶纯化及重新激活特性，用尿素 2- 巯基乙醇溶解处理，破坏蛋白质链中的氢键与双硫键，使之变性，使核糖核酸酶不再具有活性，经透析法，除去最初加入的试剂之后，酶就恢复初始构象与活性，此种现象，说明氨基酸序列含有足够信息，能决定蛋白质三维构象形成。1960 年前斯坦与穆尔合作，对蛋白质化学光谱进行分析研究，1960 年成功测定牛胰核糖核酸酶 A 一级结构。三人一同获 1972 年诺贝尔化学奖。

50 年代，康福思（英）研究蛋白质与酶的空间结构、酶与底物复合体作用过程与反应机理，证明胆甾醇在醋酸、斯夸苷与羊毛甾醇进行生物合成时，其特有立体异构反应是靠酶来催化的，酶能取代有机反应物分子链或环上氢原子，可加快有机化合物反应，酶促反应是种特殊立体异构的生命现象，后对氢同位素进行研究时，发现基质与嘧啶核苷酸辅酶氢原子迁移，也是一种特殊立体异构现象，获 1975 年诺贝尔化学奖。

以上科学家的成就，主要对蛋白酶的分离与作用作出了一些贡献，也得到一些具体成果。

1869 年，米舍尔（瑞士）就从绷带上脓细胞核中提出一种含磷有机物，被称"核质"，实为核糖与蛋白质组成的核蛋白，当时已知含磷有机物只有卵磷脂一种，故引起科学家重视，但当时没有一个人能认识到与遗传有任何联系。1889 年阿尔特曼制得不含蛋白质的核酸，才首次提出核酸一词。

1909 年，列文发现核酸含有糖（即碳水化合物），20 年后又发现其他酸核中含有另一类糖，即脱氧核糖（脱氧核糖分子式为 $C_4H_9O_3CHO$，核糖分子式为 $C_4H_9O_4CHO$），从而确定有两种类型的核酸，即核糖核酸（RNA）与脱氧核糖核酸（DNA），由此开始探索其化学性质，但仍无一人认识到 DNA 会与遗传有何联系，因染色体中既有 DNA，也有蛋白质，而蛋白质显得更为复杂，故有人认为，蛋白质似乎应是携带遗传物质的最佳候选对象。

1944 年，埃弗里（英，1827—1955 年）从高温杀死的 Ⅲ 型肺炎菌中，分离出蛋白质、DNA 与黏多糖，分别同 Ⅱ 型菌混合培养，发现只有 DNA 能使活的 Ⅱ 型转化为 Ⅲ 型，证实格里菲思推测的转化因子是 DNA，而非蛋白质，这才解决此一难题。

1943 年，托德（英，1907—1997 年）开始研究核苷，其时已知核苷是构成核苷酸的基元。1944 年第一次完成天然嘌呤、嘧啶核苷酸结构测定及合成，这些化合物均是核酸降解产物。并发现核苷酸均含相同酸性基团与碱性基团，再经多次实验，终于发现，许多简单核苷酸连在一起，就形成核酸与聚核苷酸高分子，核酸主链由磷酸分子与糖分子相互交替连接而成，每个糖分子均带一个含氮基，含氮基排列次序不同，就造成核酸差异，揭示了核酸秘密，为探索生命与自然各种复杂过程开辟了一条新的途径。1949 年合成能量物质三磷腺苷，即 ATP。获 1957 年诺贝尔化学奖。

50 年代初，阿瑟（美）与奥乔亚合作，发现遗传信息如何从一个 DNA 传给另一个 DNA，进一步证实了 DNA 的遗传特性，两人一同获 1959 年诺贝尔医学奖。

1951 年，沃森（美）因对伦敦国王学院威尔金斯用 X 射线研究 DNA 感兴趣，也想探索这一神秘世界，就决定去伦敦学习，并听说鲍林提出蛋白质三维模型的一条螺旋，设法在剑桥大学卡文迪什实验室找到一个工作位置，在那里遇见了物理学家克里克，正在为佩鲁茨用 X 射线结晶法，测定血红蛋白结构，很快他俩就有了意想不到的一种默契，但不能公开研究 DNA 结构，那被看成是权威专家威尔金斯的领地，卡文迪什实验室并不想得罪于他，因此只能利用业余时间做些工作。此时只获得有关 DNA 少量知识，如从富兰克林的 X 射线晶体照片分析，DNA 仿佛也形成了与蛋白质一样的螺旋；从威尔金斯的工作证明，DNA 是由核苷酸长链组成，链条交替含有糖与磷酸基，碱基沿糖依次进行排列，整个分子在长度上是稳定的。在此基础上，他俩认为首先要搞清的组成分子的是什么原子？竟排列如此规则结构！使分子在化学上如此稳定！到底有几条螺旋？碱基怎样排列？螺旋是否靠向外突出的碱基来支持？

沃森带着满脑子问题，参加了富兰克林的一次报告会，报告中富兰克林以讨论方式，提出了一些主要数据，并猜测糖与磷酸基——螺旋骨架可能处于外侧，而碱基位于内侧。沃森带着头脑里记住的富兰克林演讲中的数据，回到剑桥，与克里克均很乐观，认为建成合理模型已经不远，很快两人就建立了一个糖与磷酸键位于内侧、碱基位于外侧的一个模型。第二天就邀请威尔金斯与富兰克林及其他几位同事，对其模型发表意见。富兰克林一针见血指出，引用了不正确数据，使其大为泄气，一时失去了信心，沮丧万分！

但是他们不论如何也无法放弃 DNA，又听到鲍林提出了三链螺旋模型，不过主要问题均仍未解决。一个分子里到底有几条螺旋缠绕在一起？碱基在内侧、还是在外侧？要弄清这些问题，需庞大且复杂的数学计算，于是就请来克里克的朋友、数学家格里菲斯，专研四种碱基相互吸引，究竟有多少方式？发现在既定受力之下，只有两种组合：腺嘌呤与胸腺嘧啶、胞嘧啶与鸟嘌呤。碱基对之谜的第二条线索，是他俩与生物化学家查伽夫的一次交往中偶然发现的，查伽夫提及，他三年前曾发表"1:1 定律"，是通过测试多种不同机体组织之后，才得到的结论，亦即胞嘧啶与鸟嘌呤总按等量比例出现。至此克里克很快就认识到，格里非斯的数学计算与查伽夫的 1:1 定律，给出了正确方向：DNA 里的碱基一定是以一种特殊方式相互配对，腺嘌呤配胸腺嘧啶、胞嘧啶配鸟嘌呤，但仍有不少问题没有得到合理解决。

　　沃森决定与威尔金斯再次会面，想找到一点灵感，在这次会面中威尔金斯告诉他，富兰克林最有用的突破之一，即发现 DNA 有两种类型，即 A 型与 B 型，并出示了清楚显示 B 型结构的一张照片，比以前得到的 A 型较简单明了，且螺旋结构呈现醒目交叉的黑色反射条纹，至此终于获得所需一切关键材料，决定重新考虑其结构。再经五星期反复试验，据 X 射线对 DNA 晶体的衍射结果，两条链的碱基及由 DNA 分子碱基组成的规律性并获得其他一些实验数据，至 1953 年4 月，正式提出双螺旋结构学说，认为 DNA 分子系由两条多核苷酸链相互绕在一起，构成的一个双螺旋，两链走向相反，均为右螺旋，由脱氧核糖与磷酸构成的骨架在外，碱基在内，腺嘌呤（A）总与胸腺嘧啶（T）配对、鸟嘌呤（G）总与胞嘧啶（C）配对；双螺旋均会分成为两股单链，每股单链均会合成另一条互补单链，通过碱基的不断配对，DNA 就得以精确地复制自身；在 B 型 DNA 中，碱基对平面垂直螺旋轴，两相邻碱基距离为 3.4 埃，每 10 对碱基构成一个完整螺旋，螺旋宽度为 20 埃。学说不仅阐明了 DNA 的基本结构，而且对 DNA 如何复制、如何传递遗传信息也提供了一些合理说明。沃森、克里克、威尔金斯三人一同获 1962 年诺贝尔生物学或医学奖。DNA 结构模型如图 4-52 所示，沃森见

图 4-53，DNA 螺旋结构见图 4-54。

  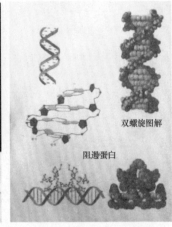

图 4-52　DNA 结构模型　　　　图 4-53　沃森　　　　图 4-54　DNA 的螺旋结构

　　其实富兰克林做出了许多关键性的研究工作，可惜他已先逝。按规定其奖不颁给死人。否则拿到第一个诺贝尔物理学奖者，绝不会是德国的伦琴，肯定应是英国的牛顿。当然更不会是中国的沈括，因为西方从未认识到，中国的中古科技对西欧近代科技所起的重要作用。

　　知道 DNA 结构之后，有人就提出一个新问题，DNA 怎样将其信息传给细胞中的哪个部位，使其能合成蛋白质？其中帕拉德利用电子显微镜对细胞质中的微粒进行研究，至 1956 年发现，RNA 在其中含量丰富，确认了其中一类，并取名核糖体核糖核酸（rRNA），核糖体是信息传递机制重要场所。1956 年贺兰德发现，在细胞质里有各种不同 RNA，并证明每种类别 RNA，可与一种特殊氨基酸相互结合，氨基酸排列在另一侧，RNA 就将两者配在一起，把信息在核糖体内传给氨基酸，并取名转运 RNA（tRNA）。紧接着巴黎巴斯德研究所莫诺与雅各布（法），对 tRNA 在核外的细胞质内，DNA 则在细胞核的内部深处，DNA 怎样将信息传至细胞质内，仔细进行观察及研究之后发现，DNA 将掌握信息转移给核内 RNA，此种 RNA 把信息带到细胞质中，并称其为信使 RNA（mRNA）。至此基本弄清了 RNA 信息传递系统，信息从 DNA 转移到 mRNA 上，然后 mRNA 转移到细胞质中核糖体，把信息交给 tRNA，最后信息传给氨基酸，使其合成蛋白质。

20 世纪 40 年代，米切尔（英，1920—1992 年）就着手开始研究生物能分子 ATP，人体从食物中摄取能量的大部分，储存在 ATP 中，其时科学界对磷酸化合物形成还处探索阶段，但大多数科学家认定存在一定中间物质。另一方面神经生理学界已发现细胞膜上有种钠泵机制，利用磷化合物变化时，产生的能量将细胞内的钠离子移出细胞外，将细胞外的钾离子转入细胞内，使细胞内始终保持离子平衡状态，他就认为食物营养被分解为水与二氧化碳时，水中氢离子被移到膜外，如钠泵能逆转，可以氢离子代替钠离子通过钠泵回到膜内，ATP 就能产生；中间物质并非化学性，而是电学性的，质子输送过细胞膜时，在膜上会产生质子梯度变化及电场，梯度即质子动力，质子动力除用作 ATP 酶合成之外，还可用作其他用途，如加强中性营养氨基酸与糖等在细胞内的聚积，创化学渗透理论。因其理论完全建立在一种假想之上，一时很少人接受。至 1962 年，日本生物学家从细胞膜突起表面提取 ATP 酶，并发现当氢离子通过时，可促成 ATP 合成，才使人信服，米切尔获 1978 年诺贝尔化学奖。

60 年代中，阿尔伯（瑞士）首次提出，从理论上细胞体内存在一种"限制性内切酶"的细菌酶，对 DNA 有切割降解作用，1968 年合成 Hind I 型酶。1970 年史密斯（美）在阿尔伯理论指导下，分离出具有更好识别能力及准确切割能力的 Hind Ⅱ，其同事用其实现了 DNA 切割，为 DNA 重组迈出了重要一步。同时伯格（美）也取得毫不逊色结果，可 1978 年诺贝尔生物学奖只授予阿尔伯等人。

1971 年，伯格发现被切 DNA 切断处产生了附着尾端，将不同尾端连在一起，可实现基因重组，并用"分子刀"将一种病毒的 DNA 打开，接到一个被切的 DNA 分子上，成功实现了世上第一个基因重组，获 1980 年诺贝尔化学奖。

60 年代后，桑格对 RNA 与 DNA 结构进行仔细研究，利用酶的生物活性及生物学处理方法，发明测定 RNA 碱基排列顺序的"酶切图谱法"、测定 DNA 碱基排列顺序的"直读法"，成功确定了 RNA 中每种碱基排列顺序、DNA 中核苷酸排列顺序。至 1977 年，测定出噬菌体 DNA 全部 5386 个核苷酸排列，此乃人类第一次完整弄清此种结构，使人工合成胰岛素成为可能，也获 1980 年诺贝尔化学奖。

70 年代末，奥尔特曼（美）与切赫合作，研究 RNA 催化功能时，发现原生动物四膜虫中存在一种较大 tRNA，在修改较短功能性 StRNA 过程中，并无蛋白质酶参与，而是自我准确切断了中间的一个 413 核苷，再由头尾两段合成终极 tRNA，判定发挥催化功能的就是 413 核苷"插入序列"，证明 tRNA 的成熟是自我催化，第一次发现 RNA 不仅是个携带遗传信息的分子，而且具有酶的功能，推翻了生物学界当时的这个主要信条，引起了巨大震撼，此一发现开创了核酸化学新领域，对地球上的生命起源与发展也具有深远影响，两人一同获 1989 年诺贝尔化学奖。

1985 年，穆利斯（美）在霍拉纳合成寡聚核苷酸，并开发出 DNA 扩增法基础上，发明聚合酶链式反应法，即基因放大法，称 PCR。首先将待扩 DNA 片段两端核苷酸序列，合成两个不同寡聚核苷酸，分别与 DNA 两条链互补，再将过量化学合成引物、四种脱氧核糖核酸（dNTP）、DNA 聚合酶与含有待扩增片段的 DNA 混同，经高温变性（ DNA 链解开）、低温退火（引物与模版附着）与中温延伸（合成新 DNA 片段）三个阶段，多次循环，因新合成 DNA 链也能作为模板，模板信息就以几何级数扩增，一般经 30 至 35 次循环（每次 3 至 10 分钟）之后，就可得到足够数目的 DNA 片段，反应 2 小时就能使 DNA 扩增到 10^6~10^7 倍，解决了霍拉纳法扩增速度慢，供不应求难题，对生物学发展作出了突出贡献。DNA 基因扩大，标志现代基因工程诞生，结合多肽合成，预示人类在实验室内有可能复制全新生命！获 1993 年诺贝尔化学奖。

　　20 世纪 50 年代后期，斯科（丹麦）研究蟹神经细胞膜时，发现钠钾 ATP 酶负责通过细胞膜运送分子，他就认为：束缚于细胞膜的 ATP 酶，被外部的钾与内部的钠启动，将钠泵出细胞之外、将钾泵入细胞以内，起着 Na 与 K 正离子交换泵作用，维持相对外部环境的细胞内的高钾低钠状态，高钾低钠有利细胞正常活动；离子传输酶广泛存在细胞里，只要有 Na 与 K 离子主动活动地方，就能探到此种酶存在；作为酶的运输能力具有专一性，不同 ATP 酶分别称对应的泵，如能运送 Na 与 K 正离子的，叫 Na 与 K 正离子泵或叫 Na 正离子泵，能运送 Ca 正离子的，叫 Ca 正离子泵；离子泵是活细胞的一种基本机制，ATP 能量的 1/3 就用于驱动离子泵，离子泵停止工作，细胞会膨胀，甚至破裂，人会失去一定知觉；80 年代初沃克（英）因 ATP 酶有助 ATP 合成，也研究其化学结构，独自确定蛋白质单元氨基酸序列，并用 X 射线描绘酶的三维立体结构。50 年代初博耶尔（美）也研究细胞如何形成 ATP，80 年代在沃克与斯科的鼓舞下，证明广泛存在于叶绿体膜、线粒体膜与细菌质膜中的 ATP 酶在膜两侧氢离子浓度差的驱

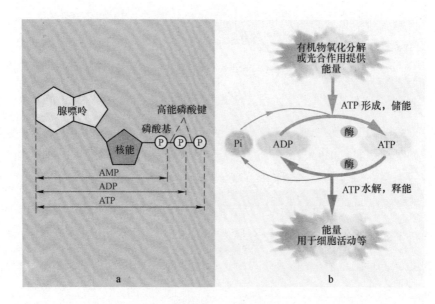

图 4-55　ATP 结构

a—ATP 的结构；b—ATP 与 ADP 的相互转换

动下，可合成 ATP，第一次从分子水平弄清了其合成机制。三人一同获 1997 年诺贝尔化学奖。ATP 结构如图 4-55 所示。

　　70~80 年代，切哈诺沃（以色列）、赫尔什科与罗斯（美）合作，发现细胞对无用蛋白质会作为一种"废物"，将其降解清除，揭示泛素（76 个氨基酸组成的多肽）降解蛋白质机理，即死亡机理。50 年代前已认识到氨基酸是构成蛋白质的基质，可完成使命后，如何降解众说纷纭，莫衷一是。至此他们认为：生物体内存在有两类蛋白质降解，在消化道中只需蛋白质酶参与，就能降解为氨基酸，可被人体吸收，不需特殊能量，但在细胞内降解则需能量，泛素就扮演了此种角色。死亡机理发现，使科学家在分子层面理解某些人体化学现象成为可能，

图 4-56　泛素

如对细胞循环、DNA 修复、基因转移与蛋白质数量控制等，三人一同获 2004 年诺贝尔化学奖。泛素如图 4-56 所示。

　　泛素以广泛存在于生物细胞中而得名，后在试验研究中发现：将其加热到 90℃，维持 1 小时之后，仍很稳定，能保持生命活性，而蛋白质通常在约 70℃，几分钟之后就会失去作用，因此有的生物学家认为，正是由于此一特点，才能使生物体在艰难条件下，可顽强适用环境，延绵不绝生存下去；在真核细胞中，泛素化修饰后的靶蛋白可能被降解，转移到细胞或细胞外的特定部位，也可能只导致靶蛋白功能发生变化，这主要取决靶蛋白所加泛素链的结构及长短，因此蛋白质泛素化，并不一定就是个死亡信号，故所谓死亡机理也不是绝对的。

　　20 世纪末，科恩伯格（美）探索出细胞如何从基因获取信息，然后生成蛋白质，第一次从分子角度，描绘出真核细胞的转录过程，真核细胞不同细菌，有完整细胞核，哺乳动物与普通酵母菌均属此类，故了解转录，在医学上有重大意义，如癌症、心脏病与各种炎症与转录紊乱有密切关系，获 2006 年诺贝尔化学奖。转录和转译如图 4-57 所示。

20 世纪与 21 世纪交替之际，拉马克里希南、施泰茨（美）与约纳特（以色

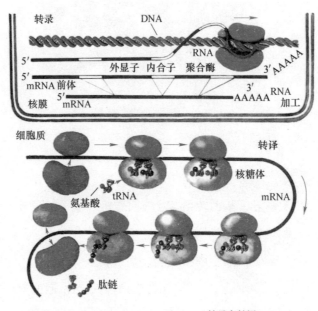

转录和转译

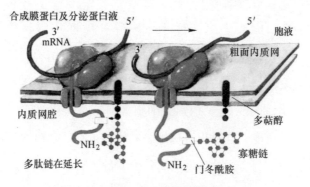

图 4-57　转录和转译

列）合作，利用 X 射线晶体学对核糖体结构进行精确分析，构建三维立体模型，显示不同抗生素如何与核糖体结合，由此就开发出一系列的新的抗生素，三人就一同获 2009 年诺贝尔化学奖。

以上科学家的研究，除主要充实双螺旋结构学说之外，同时为生命工程开辟了一些道路，也获得一些具体成果。

双螺旋结构学说的建立以及其后取得的一些成就，突破性地揭开了一些生命秘密，故应是自然科技发展史上的又一（第六）个伟大成就，也具划时代意义！

在着重对动物生命机制研究的同时，对植物生命的特殊机制也一直在进行探索。公元前 4 世纪古希腊哲学家亚里士多德曾认为，植物生长所需物质全来自于土中，后埃尔蒙（荷）做了盆栽柳树的称重实验，得出结论主要非来自于土壤，而是来自于水，也未认识到空气中的物质也参与其中。中国明末宋应星发表《论气》一文，述说："气从地下催腾一粒，种性小者为蓬，大者为蔽牛干霄之木，此一粒原本几何？其余皆气所化也"，模糊意识到植物生长与气和土有关。1771 年普里斯特利（英）发现，植物可恢复因蜡烛燃烧而变坏的空气，1773 年英恩豪斯（荷）用实验证明，只有绿色部分在阳光之下才可使空气变好。1804 年索绪尔（瑞士）第一次阐述绿色植物以阳光为能源、二氧化碳与水为原料，可形成有机物的光合作用。20 世纪 30 年代范尼尔发现，有些细菌利用光线也能进行光合作用（不放氧气）。20 世纪中期卡尔文（美，1911—1997 年）研究光合作用机理，阐明二氧化碳与叶绿体通过光转变为碳水化合物的作用过程，称卡尔文循环。1979 年米歇尔（德）对膜蛋白结晶进行挑战，采用简单紫色光合细菌作为反应中心，1981 年竟成功实现了光合反应中心复合体的结晶化。1982 年至 1985 年之间，胡贝尔、米歇尔、戴森霍弗合作，采用紫色光合细菌突变种作高纯度光合反应中心，得到该结晶体与一般亲水性蛋白质结晶体相同的衍射图像以及在分析中必不可少的两种重要化合物，从而获得将蛋白质分子与包围在外的水分子截然分开、效果极佳的电子密度图，显出光合作用反应中心的立体结构。反应中心是光合作用心脏，中心内物质既要与光作用，分离出电荷，又要将电子传至细胞内，促使进行化学合成，将能量储存。他们从研究合成色素构型出发，认为菌叶绿素二聚物受到光能作用之后，发生电荷分离，向脱镁叶绿素等传递电子，导致成分变化，从而阐明了飞秒级（10^{-15} s）、高效率光合电子传递全部排列，为光合机理作出了杰出贡献。实验的成功，不仅整合了近 20 年的研究成果，而且可扩展到整个植物界。从化学变化过程，彻底弄清了用光能将二氧化碳与水等无机物合成有机物，并放出氧气的此类特殊生命机制。该成就应是植物生命学的一大标志性成果，自此对植物的深入研究有了主要方向，三人一同获 1988 年诺贝尔化学奖。光合反应中心模拟图如图 4-58 所示。

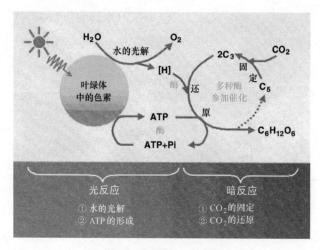

图 4-58　光合反应中心模拟图

时至今日，科学家以量子生物学为主要武器，对蛋白质与核酸等进行了广泛实验研究，已归纳出一些初步且有点系统性的认识。

蛋白质按 DNA 转录，得到信使核糖核酸 mRNA 上的遗传信息而后合成，其过程包括氨基酸活化与专一转移核糖核酸 tRNA 连接、肽链合成（起始、延伸、终止）、新生肽链加工为成熟蛋白质三步，中心环节是肽链合成，基本结构单元是氨基酸，均由一个氨基 NH_2、一个羧基 COOH、一个氢原子 H、一个侧链基团 R 连到同一碳原子 C 上而成，因 R 不同已发现 20 种氨基酸，以肽键相互连接而成肽链，有些蛋白质只含一条肽链，不少蛋白质由多条肽链通过二硫键连接而成，从化学结构而论，蛋白质与多肽实基本相同，无什么绝对界线，一般认为含氨基酸多于五六十个的时候，可能是蛋白质，究其是否是蛋白质，还要考虑构象等特性。据其形态可分球状与纤维等两类；据其溶解性可分水溶、盐溶、酸碱溶、醇溶、硬蛋白（即不溶）等五类；据其化学组成可分单一氨基酸与结合等两类，结合类又可分核蛋白（核精、核酸组）、磷蛋白（磷酸化）、糖蛋白（与糖结合）、脂蛋白与蛋白脂（与脂类结合）、金属蛋白（含各种金属离子）、血红素蛋白（含血红素）、色蛋白（含各种色素辅基）等七种；据其生物活性可分活性与非活性等两类；据其功能大致可分七类，即酶蛋白具催化功能、肌球与肌动蛋白具运动功能、血液中白蛋白具运送功能、骨骼中角蛋白具支持功能、毛发中弹性蛋白具弹性功能、抗体蛋白具免疫与防御功能、激素蛋白具调节功能……蛋白质具有十分复杂结构，1952 年林诺斯特伦·朗首次使用一、二、三级结构，以之粗略划分蛋白质分子的化学与空间结构，后在三级以上又发展了四级结构。一级结构属共价键结构，二级以上均属空间结构。一级结构是其他各级结构的基础，能决定高级结构特征，一级结构指组成蛋白质分子多肽链中

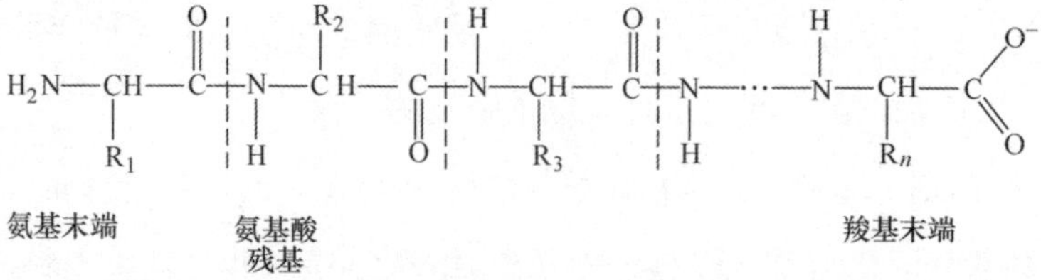

$$H_2N-CH-C-N-CH-C-N-CH-C-N\cdots N-CH-C$$

氨基末端　　　　　氨基酸　　　　　　　　　　　　羧基末端
　　　　　　　　　残基

图 4-59　蛋白质一级结构通式

氨基酸残基排列顺序；二级结构指肽链主链原子局部空间排布，不包括与其他肽链相互关系及侧链构象内容；三级结构指蛋白质分子或亚基内所有原子空间

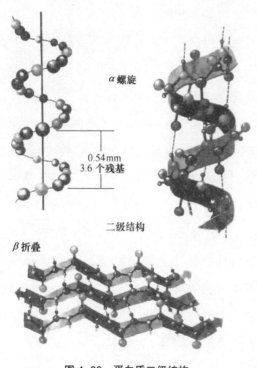

α 螺旋

0.54mm
3.6 个残基

二级结构

β 折叠

图 4-60　蛋白质二级结构

排布，不包括亚基间或分子间空间排布；四级结构指蛋白质亚基的立体排布、亚基间相互作用与接触部位的布局，不包括亚基内空间结构。蛋白质一级结构通式如图 4-59 所示，蛋白质二级结构见图 4-60。

蛋白质中的酶蛋白种类特多，如哺乳动物细胞内就有几千种，或溶解于细胞液中，或与各种膜结构结合在一起，或位于细胞特定位置，这些酶统称胞内酶。另外还有一些在细胞内合成后，分泌至细胞外，统称胞外酶。按其催化反应又可分为六种：（1）氧化还原反应的叫氧化还原酶；（2）催化基团（除氢）转移反应的叫转移酶；（3）催化底物特定部位水解反应的叫水解酶；（4）催化某些键裂解反应的叫裂解酶；（5）催化底物异构化反应的叫异构酶；（6）催化两个分子连接的同时伴有核苷三磷酸水解反应的叫连接酶。催化作用也特别重要，是细胞赖以生成的基础，细胞代谢所有化学反应，几乎均在酶的作用下才能完成，没有酶的参与，新陈代谢只能以缓慢速度进行，生命活动根本就无法维持。如食物必须在酶的作用下，降解成小分子，才能透过肠壁被组织吸收并利用。又如食物氧化是动物能量的来源，其氧化过程也是在其一系列催化下完成的。酶催化反应能力叫活力，能使生物适用外界条件变化，维持生命活动……

　　激素。激素是由生物某些特异细胞合成与分泌的有机物，能高效调节生理活动（代谢、生长、发育及繁殖），但不具体参与化学过程，只起调节功能，且须与一种相应受体结合，才可发挥作用。动物激素，可经血液循环或局部扩散，达到另类细胞，调节生理功能，或维持内部环境相对恒定；植物激素，主要指一些生长调节物质，就来源与传递方式而言，与动物激素有很大差别，合成与释放均非内分泌细胞，传递方式也只靠细胞间扩散。脊椎动物激素，可分两大类，一为含氮类，包括氨基酸衍生物、肽类与蛋白质三种，如甲状腺激素、肾上腺素与去甲状腺素均是酪氨酸的衍生物；肽类激素包括丘脑下部合成的释放激素与抑止激素，如促甲状腺释放激素（TRH）系由 3 个氨基酸组成的小肽，由下丘脑神经分泌细胞合成并从垂体后叶处分泌的加压素与催产素，均含 9 个氨基酸的肽类分子，此外许多胃肠胰岛激素与某些垂体激素也属此类；蛋白质激素分子量较大，如甲状旁腺激素系由 84 个氨基酸组成、人的生长素由 191 个氨基酸组成，有的分子量更大，且带有碳水化合物侧链，称糖蛋白激素，如垂体分泌的促甲状腺激素与两种促性腺激素，均含两条肽链的糖蛋白激素。二为类固醇类，结构似胆固醇甾体，有个环戊烷多氢菲核，主要由肾上腺皮质、睾丸、卵巢、胎盘分泌，均来源同一前身分子（27 个碳原子组成的胆固醇），经一系列酶促过程合成，合成过程相互关联，除能产生一种主要激素之外，还可产生其他种类，如肾上腺皮质主要合成与分泌肾上腺皮质激素，但也可合成少量雄激素；睾丸主要合成雄激素，但也可少量合成雌激素；卵巢主要合成雌激素，但也可少量合成雄激素，此外在血液与组织中还可能相互转换，如雄激素可转化为雌激素。节肢动物激素，

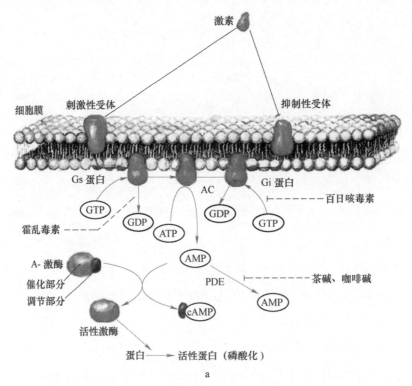

a

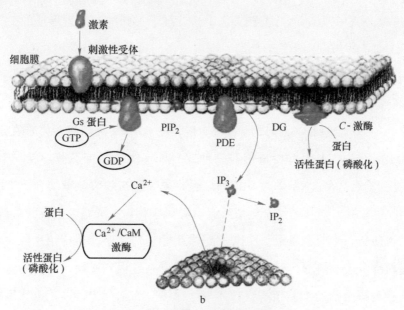

图 4-61 激素、受体及第二信使

a—抑制性受体及第二信使；b—刺激性受体及第二信使

GDP—鸟苷二磷酸；GTP—鸟苷三磷酸；ATP—腺苷三磷酸；cAMP—环腺苷一磷酸；IP_3—肌苷三磷酸；

AC—腺苷酸环化酶；PDE—磷酸二酯酶；PIP_2—磷脂酰肌醇二磷酸；DG—甘油二酯；CaM—钙调蛋白

有两种结构已完全确定，即蜕皮激素是一种甾体激素；保幼激素是一种类萜化合物。植物激素，主要是些促生长因子，其结构属甾体类化合物与些简单有机酸类。

激素一词 hormom 来自希腊语，音译荷尔蒙，有激发或兴奋之意，其实不能完全表示其真实含义，因其有兴奋作用之外，还有抑止作用。激素作用主要特点量微、寿命短、作用大。如血液中激素就含量极微，一般若干毫微克／毫升，甚至在微微克／毫升之内。从释放到消失有长也有短，一般采用半衰期作衡量更新速度，大多数很短，为多少分钟，少数较长，可达数天，也有极少者仅仅几秒……。激素、受体及第二信使见图 4-61。

核酸。核酸由数十，乃至数十亿个核苷酸通过磷酸二酯键形成的一类生物大分子，动植物与微生物均含核酸。据组成不同可分为脱氧核糖核酸 DNA 与核糖核酸 RNA。核苷酸均由碱基、戊糖与磷酸构成。碱基可分嘌呤碱与嘧啶碱，常见嘌呤碱为腺嘌呤（A），鸟嘌呤（G），DNA 与 RNA 均含两类嘌呤碱，嘧啶碱在 DNA 中为胞嘧啶（C）与胸腺嘧啶（T），在 RNA 中为胞嘧啶与尿嘧啶（U），之外在 DNA 与 RNA 中有少量带有一种或多种基团的修饰碱基。糖在 DNA 中为 D_2 脱氧核糖，在 RNA 中为 D 核糖。嘌呤或嘧啶与脱氧核糖结合，生成的化合物叫脱氧核苷，与核糖结合则成核苷。脱氧核苷与磷酸结合生成脱氧核苷酸，核苷与磷酸结合生成核苷酸。DNA 是绝多生物遗传物质，遗传信息传递与表达均通过核酸分子复制、转录与转译等一系列复杂过程来实现，是染色体主要成分，存在真核生物的细胞核、线粒体与叶绿体等细胞器中，以及原核生物的类核与质粒中。RNA 约 10% 存于核内，大部分在核内合成之后，作为信使核糖核酸 mRNA 与核糖体核糖核酸 rRNA 送到细胞质中，去合成蛋白质，病毒与噬菌体蛋白质外壳内只有一种核酸，或为 DNA、或为 RNA，类病毒全由 RNA 构成，没有外壳……

叶绿素。叶绿素是一种镁卟啉化合物，包括 a，b 与 c 叶绿素及光合细菌叶绿素。其结构差别很小，如叶绿素 a 与 b 仅在吡咯环 II 上的附加基团有差异，前者甲基、后者甲醛基；细菌叶绿素与叶绿素 a 不同之处，也只在卟啉环 I 上的乙烯基换成酮基、环 II 上的一对双键被氢化。叶绿体（含 DNA）是植物绿色细胞特有能量转换细胞器，高等植物细胞含 50 至 200 个、单细菌衣藻仅有一个大型叶绿体、而大型海藻刺松藻可含数百以至数千个叶绿体……

另据有关科学刊物与杂志等报道，在生命科学上又获得了一些新的具体成果。

蛋白质方面。2009年西班牙揭示"胱蛋白D"，在维生素D抗癌中可发挥重要作用，可能将用作抑制物使用。2010年韩国试成一种人工合成蜘蛛丝蛋白，可能用于制造超强合成纤维及防弹背心。2012年日本科学家查明，引起"神经功能障碍性"疼痛的是一种"IRF8"蛋白，可能对此症治疗指出方向；美国北卡罗莱纳大学试着用一种PAP酶，注射到老鼠膝盖的针灸穴位，将其炎症造成的疼痛缓解，最多可达6天之久，而针灸缓解疼痛一般只有1.5小时左右，说明酶的止痛效果非比一般，可能在医学临床上产生重要作用；塔夫茨大学拿出证据证明，构成细胞骨架的微管蛋白，能推动范围广泛物种在发育最初阶段出现的不对称结构，之前发现纤毛对决定器官最终位置有重要作用，了解此机制，为预防、诊断、医治因器官排列异常而导致的出生缺陷可能提供重要见解……

基因探索方面。1998年美国国家卫生所下属医学图书馆在因特网上发表人类基因图谱，标出大约一半人类基因在染色体中的位置（64位科学家的成果，一般认为人类染色体有6万至8万个）。2004年由英、中、法、德、日与美等16个研究机构联合承担的人类基因组工程，识出大约30亿对基因，基本完成基因排序，绘出95%遗传密码。2012年中、美、法与德等14国完成番茄基因测序；美国公布迄今最完整的人类癌症基因组数据；斯坦福大学绘制出由一个40岁男性捐出的、91个单独存在的、精子细胞的完整基因组序列，第一次绘出个体重组图谱，也第一次发现同一人体内有不同精子突变率；美国、英国、西班牙、瑞士、新加坡、日本等32个实验室的442名科学家共同揭开"垃圾DNA"之谜，之前认为DNA只有1%至2%含有基因，其余80%可能均是垃圾，但却发现其中却有 400 万个似基因的调光开关，能决定每个基因的活跃与不活跃程度。2013 年日本东京大学等发现能抑止骨髓性白血病的基因……

基因工程方面。20 世纪 70 年代开始，利用 DNA 重组技术，生产出蛋白质、激素、疫苗、干扰素、抗生素等；合成 tRNA、生长激素释放抑制因子、生长激素类胰岛素生长因子、胰岛素原、胰岛素 A 与 B 链、表皮生长因子、干扰素 α 与 γ、胸腺素 α，促胰激素、降钙素、内啡肽等。2009 年英国发现癌症均因 DNA 受损或突变造成，在肺癌病中受损几乎由吸烟引起、在皮肤癌与恶性黑素瘤中几乎由强阳光引起，可能找到以改基因手段来治疗癌症。2010 年荷兰科学家发现，DNA 中有 60 个位置包括导致耳聋缺陷基因，可能对耳聋患者提供有效治疗方案。2011 年美国通过基因手段成功修复小鼠胚胎上的唇裂症状，或许能指明人类预防或治疗类似疾病的道路；英美科学家利用新型病毒性"遗传媒介"，向 6 名严重乙型血友病患者肝脏细胞输送正常基因，患者体内产生的凝血因子Ⅸ，不到正常水平的 1%，治疗后其中 4 人未再出现自发性出血，另两人也大有好转，其中 1 人Ⅸ因子在两年多时间内一直保持在 2%，另两名接受最高剂量者Ⅸ因子已升到 2% 至 12%，可能给乙型血友病患者提供有效治疗方案。2012 年美国加利福尼亚大学对来自北美、欧洲与澳大利亚拥有欧洲血统的 2 万多人进行脑扫描，将结果与 DNA 样本进行对照研究分析时，发现被其命名为智力基因的 HMGA2 上有细微变异，DNA 由四个主要基本化合物组成，即腺嘌呤 A、胞嘧啶 C、胸腺嘧啶 T 与鸟嘌呤 G，在 HMGA2 的特定片段上，有两个 C，而没有 T 的人平均脑容量较大，智商较高，可以用于治疗晚年认知力下降；美国劳伦斯国家实验所发明一种无害病毒，能把机械能转化为电能的一种微小装置，用手指轻轻敲打一下邮票大小、涂有特殊工程病毒的电极，就可发电，研制出第一个生物材料压电器，可能为今后微电子发展开启另一扇窗门。2013 年英国埃克林大学对大肠杆菌进行改造，生产出柴油，可直接为发动机提供燃料，现已产出几滴，正在为生产一桶而努力；美国国家卫生研究院宣布，改变老鼠基因，将其寿命延长了 20%，其方法是降低参与能量与新陈代谢平衡的雷帕霉素靶蛋白基因的表现度；加利福尼亚大学伯克利分校宣布，最初认为 Crispr 技术，是细菌抵御入侵病毒时使用的一种自然免疫手段，却发现可定位基因组任何区域，且精确性极高，可能用于对人体 23 种染色体的 DNA 任一特定位置进行最精细更改，且不会引发任何意外变异，也不会造成缺陷，并认为不久就会用于对人体进行基因疗法试验，以治疗艾滋病等无法治愈的病毒或亨廷顿氏病等无法治疗的基因紊乱疾病……

改基因与杂交食品方面。自 1917 年琼斯（美）建立使玉米高产的双杂交育种法之后，已不断取得广泛成果，为人类解决食物起了重要作用。

克隆动物方面。自 1996 年克隆出多莉绵羊之后，继续不断克隆出鼠、猪、鹿、牛、狗、狼等众多动物。且于 2009 年一名意大利医生还声称：培育出三个婴儿，但世人对此基本持否定态度。

干细胞治疗方面。干细胞是一种前体细胞，即多样化状态的初级细胞，可经过不同培育过程，以培育所需要的各种身体器官。1999 年，俄塞里斯制药公司第一次从骨髓中提取干细胞，发展成一种人体结缔组织，开干细胞治疗先例。

2007 年，美国细胞技术研究所通过从口腔壁刮下一些细胞或采集一些皮肤细胞，培育出干细胞，开干细胞培育先例。

2009 年，英国科学家从 9 到 11 周大流产胎儿的正在发育的耳蜗中提取干细胞，经实验室中培育之后，再置一些混合特殊化学物质中，竟有56%细胞显出听觉毛细胞（大多耳聋患者是听觉毛细胞受损）电子与物理特性；英国伦敦大学用胚胎干细胞，培育出与眼部死亡细胞完全相同的一种新细胞；日本京都大学从实验鼠肚内抽取脂肪干细胞，植入脑中后，培育出一种神经细胞；美国迈阿密大学对心脏病患者进行干细胞静脉注射，修复受损组织，取得良好成果……

2010年，意大利对溅到腐蚀性化学品造成失明或视力严重受伤的病人，移植自己干细胞之后，已重获光明；英国医生在一名中风患者大脑中，植入数百万个神经干细胞之后，得到不错疗效；日本向人类皮肤细胞植入4个基因，形成诱导多功能干细胞，植入脊髓受伤9天的瘫猴，约6周之后就能行走；日本东京大学使用多功能干细胞，在白鼠体内培育出完整胰脏……

2011年，日本第一次把哺乳动物的干细胞培育成胚胎阶段的眼睛；美国通过将成体干细胞诱变成一种胚胎状态，得到人体干细胞，植入患有慢性肝损伤的白鼠体内，可使肝细胞再生；日本从老鼠臼齿中提取干细胞，然后在实验室中进行培养，为控制其大小与形状，放在一个模具中，竟长成整套牙齿，植入一个月大的老鼠下颌中，约40天之后，就与之融合，还在牙齿中探到神经纤维；日本通过取自成体细胞的干细胞，造出血小板细胞，然后将其植入存在免疫缺陷的老鼠体内，证明与植入人体血小板有着完全相同寿命，使此种脆弱血液成分有可能得到源源不断供应；法国居里大学从志愿者骨髓里提取造血干细胞，促使产生红血球，然后将100亿个细胞（相当2毫升血液）注入捐献者体内，26天后检查时，发现如正常细胞一样，发挥了作用，有可能实现无限量血液储备……

2012年，英国剑桥大学在实验室中，第一次通过给皮肤细胞重新编序，培育出脑干细胞；美国用一种经基因修改的干细胞注入老鼠体内，使其染上艾滋病，病毒虽仍在体内，但保持了正常免疫系统；日本发育生物学中心筱井吉树等，研究出人体干细胞可自发培育成眼睛部件；格登（英）与山中伸弥（日）先后发现成熟细胞可变为初级、多样化状态，即所谓的干细胞，过去认为不可能逆转，这就彻底改变了对细胞与有机体发育的认识，为干细胞治疗开辟了广阔道路（获 2012 年诺贝尔医学奖）……

2013 年，日本京都大学长船健领导的小组，利用人类诱导多功能干细胞，首次成功试制成肾脏组织的一部分；美国马萨诸塞州细胞高科技公司，使用胚胎干细胞等疗法，已治疗 22 名眼疾患者，其中一名因视网膜细胞变性而致盲，其视力现已恢复到驾驶标准程度；美国匹兹堡大学医学院用人类心脏前体细胞，替代遭移除的老鼠自身细胞之后，心脏得以重新恢复跳动……

人造生命方面。2008 年日本用 4 个全新人工"基"，研制出类似天然 DNA，有双螺旋结构，且异常稳定，可以用于基因疗法、纳米电脑、开发生物材料等；美国从生殖支原体微生物中，剥离出能支持生命的最基本遗传物质，然后在试验室利用化学物质，复制出部分 DNA 遗传密码，重新组装成一种合成原微生物的简装版本，向人造微生物迈出了关键一步，可能成为解决包括能源危机与气候变化在内的诸多问题；2009 年印度据蟑螂心脏原理，用钛与塑料研制成人造心脏，可能给人类心脏医学带来突破；2010 年美国研制出首个完全由人造基因控制的细胞，昵称"辛西娅"，现正探索如何利用其技术，造出用于生产疫苗的微生物、将二氧化碳转为碳氢生物燃料的藻类，可能为人类造出自然界不可能进化而成的、具有特定功能的有机体铺平了一点道路。2011 年日本从老鼠身上提取睾丸组织，在试管中培育出精子，通过体外技术，使卵子受精，诞生了 12 只小鼠，有可能实现没有生育能力的男子当上亲爸爸的殷切愿

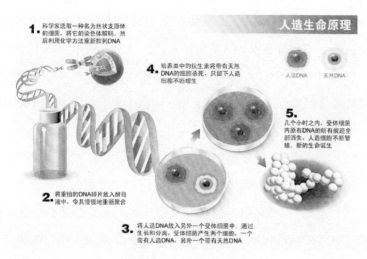

人造生命原理

1. 科学家选取一种名为丝状支原体的细菌，将它的染色体解码，然后利用化学方法重新排列DNA

4. 培养皿中的抗生素将带有天然DNA的细胞杀死，只留下人造细胞不断增生

人造DNA　天然DNA

5. 几个小时之内，受体细菌内原有DNA的所有痕迹全部消失，人造细胞不断繁殖，新的生命诞生

2. 将重组的DNA碎片放入酵母液中，令其慢慢地重新聚合

3. 将人造DNA放入另外一个受体细菌中，通过生长和分离，受体细菌产生两个细菌，一个带有人造DNA，另外一个带有天然DNA

图 4-62　"辛西娅"

望……。"辛西娅"见图 4-62。

光合作用方面。发现光合作用之后，一直有人想利用其原理为人类造福，有位意大利人曾预言，有朝一日定会揭开"植物保守的秘密"，后来不少学者按其预言进行了探索，时至今日，已看到一线曙光。

生命机制运行方面。早在 20 世纪 70 年代，卡普拉斯、莱维特与瓦谢尔（美）合作，利用计算机模型，描绘神秘的化学过程，并找到一种能发现蛋白质工作原理的方法，三人一同获 2013 年诺贝尔化学奖。2011 年美国加利福尼亚大学圣巴巴拉分校一个跨学科研究团队，发现乳光枪乌贼的体内有种神经递质，叫乙酰胆碱，会启动一系列过程，形成一些磷酸盐与一族独特蛋白质，最后会让蛋白质发生浓缩，从而使光枪乌贼变色，这一机制说明生物结构性颜色的形成，完全依赖材料的密度，而非化学性质。2012 年美国莱夫科维茨与科比尔卡描绘被称 "G蛋白偶联受体"的一些重要细胞成分，人体内约有 1000 种之多，均散布在细胞表面，能使肾上腺等各种化学信号作出反应，分布在鼻子、舌头、眼睛中的能使其具有嗅觉、味觉、视觉，而且约有一半药物，只有通过 G 蛋白才能发挥药效，两人一同获 2012 年诺贝尔化学奖。约 2012 年罗思曼、谢克曼（美）与祖德霍夫（德）发现激素及酶与其他关键物质在细胞内的运输方式，此种运输系统可防止细胞内部的活动陷入混乱，有助更好地了解，包括糖尿病、影响免疫系统疾病在内的一系列病症，三人一同获 2013 年诺贝尔生理学或医学奖……

我国 1965 年人工合成世上首例具有全部生物活力的结晶牛胰岛素，也是首个在实验室人工合成的蛋白质，对糖尿病治疗起了重要作用。1988 年首个试管婴儿郑萌珠出世，且一直在发展之中。2005 年已绘出水稻基因图谱，使水稻杂交获得丰硕成果。2007 年绘出中国人基因图谱，在治疗方面起了重要作用。2009 年用幼鼠或成年母鼠培育出新卵细胞，利用老鼠皮肤细胞培育出诱导性多功能干细胞，并克隆出老鼠，可能对再生医学与生殖医学产生影响。2010 年克隆种猪产下首窝后代，共 11 头，个体平均重 1.02 公斤，标志克隆技术在现代化养猪业中进入生产阶段。2011 年许多医院开始用干细胞治疗脑瘫与肌肉萎缩等疾病，已取得一定成绩；用一种细菌制造 HSH 基因，用到稻米中，经几代培育生产 HSH 可靠性相当高，每公斤糙米可得 2.75 毫克，与人体制造比照，氨基酸顺序与整体外观很一致，HSH 是人血白蛋白中一种特殊成分，可在血液流动中，有助运输荷尔蒙、类固醇、脂肪酸，在体内运输药物与氧气，并可治疗失血性休克与严重烧伤等疾病，用途广泛且重要，全世界每年需要量超过 500 吨，传统从人体内获取远远不够，有可能解决此难题。2012 年中国华大基因研究院研制出 DNA 快速测定法，仅耗时 5 小时，之前一般至少需要 5 天，对个性化治疗将会起重要作用，现居世界领先地位。虽获得不少成就，但就总体水平而言，与科技发达国家相比，也仍有一定差距！

虽对蛋白质、DNA 与 RNA 等已有一些了解，可未知者更多！

世上至少有三大最难解的课题，一是宇宙到底是个什么东西，究竟有多大？确太大太神太难！二是物质最小粒子到底是个什么东西，究竟有多小？确太小太神太难！三就是生物生命机制到底是个什么东西，究竟如何运行？也确太深太神太难。时至今日，科学家对其了解仍然十分肤浅，但双螺旋结构说等，为天然高分子化学及生命科学注入了前所未有的动力，致使其成了当今科学家竞相追逐的高峰，故也应是现代科学技术的重大成就之一！

4.6 合成高分子化学及工程材料

合成高分子化学，是在天然高分子化学取得了一些成就的基础上发展起来的。其组成也以碳 C 与氢 H 为主要成分，分子量也很庞大，但与蛋白质和核酸等生物有机体相比，结构还是较为简单，一般通过聚合制成，所以也叫聚合物，而用作原料的分子称单体。从 1920 年合成第一个石油化工产品异丙醇开始，发展非常迅速。如今，合成高分子化学在高分子化学领域已占居重要地位。

20 世纪 20 年代，施陶丁格尔（德，1881—1965 年）将天然橡胶氢化，得到与天然橡胶性质相似的氢化橡胶，证明天然橡胶非小分子次价键的缔合体，而是主价键连接的长链状高分子化合物，分子数可达数万乃至百万，正式提出高分子化合物概念。确定高聚物溶液黏度与分子量关系，即施陶丁格尔方程，为人造橡胶、纤维、塑料等高分子生产提供初步理论基础，获 1953 年诺贝尔化学奖。

1938 年，纳塔（意，1903—1979 年）以 1- 丁烯 $CH_3—CH_2—CH=CH_2$ 脱

氢，制得丁二烯 $CH_2\!=\!CH\!-\!CH\!=\!CH_2$，以此为单体合成橡胶。1953 年齐格勒（德）以三烷基铝与四氯化钛为催化剂，后称齐格勒 – 纳塔络合催化剂，能使乙烯 $CH_2\!=\!CH_2$ 在常温常压下，聚合成线型聚乙烯 $[\!-\!CH_2\!-\!CH_2\!-\!]_n$，所得产物，与普通法相比，韧性与熔点均高，从而提出定向聚合概念，即齐格勒 – 纳塔聚合。1954 年纳塔在齐格勒合成聚乙烯基础上，发现以三氯化钛与烷基铝为催化剂，丙烯 $CH_3\!-\!CH\!=\!CH_2$ 可在低压下，发生高效聚合，生成高度规则的立体定向聚合物聚丙烯 $[\!-\!CH_2\!-\!CH(CH_3)\!-\!]_n$，所得产物与普通法相比，强度与熔点均高。1957年以钒卤化物与烷基铝为催化剂，使乙烯与丙烯共聚，生成无规则结构乙丙橡胶。纳塔与齐格勒开创的配位催化聚合与立体定向聚合，开拓高分子科学及工艺的崭新领域，使树脂与塑料等合成有了有效途径，两人一同获 1963 年诺贝尔化学奖。

　　1964 年，E.O. 费歇尔（德，1918—）研究碳烯与碳炔络合物，试成首个碳烯烃与金属化合物，1973 年试成首个碳炔烃与过渡金属化合物，为汽油、石油防爆剂与抗辐射剂等合成奠定基础，获 1973 年诺贝尔化学奖。

　　1934 年，弗洛里（美，1910—1985 年）入杜邦公司，在卡罗瑟斯指导下，就开始研究高分子聚合物。1938 年提出网络高分子凝胶化理论。1941 年开始研究溶液热力学与橡胶弹性。1942 年提出用晶格模型表达高分子形态设想，接着与哈金斯同时，导出表示高分子溶液混合熵的弗洛里 – 哈金斯原理，即晶格理论。1949 年提出高分子稀溶液排斥体积理论，第一次计算出决定高分子特性的重要形态参数，全面奠定高分子化学理论基础。20 世纪 60 年代研究高聚物长链分子构象与性能关系，绘出大分子结构图，为研究新型聚合物开辟了道路。至70 年代研究橡胶弹性与网络性质关系，建立弗洛里 – 厄曼理论，给天然橡胶加入嵌合物，使分子重新整合，形成稳定的空间络合结构，提高了弹性与耐磨性。

对高分子化学贡献遍及各个方面，获 1974 年诺贝尔化学奖。

1956 年，欧拉（美）开始寻找碳正离子保持稳定之法，研究中发现，碳离子寿命非常短暂，只有 $10^{-6} \sim 10^{-10}$ 秒，无法直接用仪器观测。经 7 年探索，终于发现制备长寿高浓度碳正离子秘密，从而可用核磁共振谱仪进行观测，得到稳定活化的碳正离子结构详细知识。碳正离子是有机反应中常见的中间体，通过对碳正离子分析，发现了廉价制造化工产品的各种方法，因此推动了合成材料的迅速开发，获 1994 年诺贝尔化学奖。

1970 年，肖万（法）阐明烯烃（有碳双键的一种碳氢化合物）复分解反应的反应机制，解释此前烯烃复分解反应的各种问题，后格拉布与施罗克（美）在实验中为其机制提供有力证据，同时开发出一些实用有效的新型反应催化剂。烯烃复分解反应，是种换位反应，烯烃里碳碳双键被拆散，重新组织后形成新分子，效果是一方面提高了产量与效率，减少了副产品；另一方面副产品主要是乙烯，乙烯是种可再利用的重要材料，又推动了合成材料的迅速开发，三人一同获 2005 年诺贝尔化学奖。

以上科学家的研究，为合成高分子化学在理论及合成方法上一一打下基础。

探索理论同时及以后，也创出许多显著具体成果。1920 年标准油公司（美）从炼厂气中分离出丙烯 $CH_3—CH=CH_2$，以此合成首个石油化工产品异丙醇 $(CH_3)_2CHOH$，之后以石油与天然气等为主要原料，研制成以下各种高分子合成工程材料。

4.6.1 人造橡胶

早在 1910 年，德国就制成丁烯橡胶，可质差价高，难以推广。至 1931 年，杜邦公司（美）制成氯丁橡胶，并投入生产。1937 年布纳化工厂（德）制成丁苯橡胶，也随之投入运行。两者均质优价低，致使 1944 年世上各种人造橡胶总产量达到 80 余万吨，解决了当时双方的战争急需、天然橡胶的长期不足，此时合成橡胶的消耗量约占总消耗量的 2/3，丁苯橡胶结构式如图 4-63 所示。

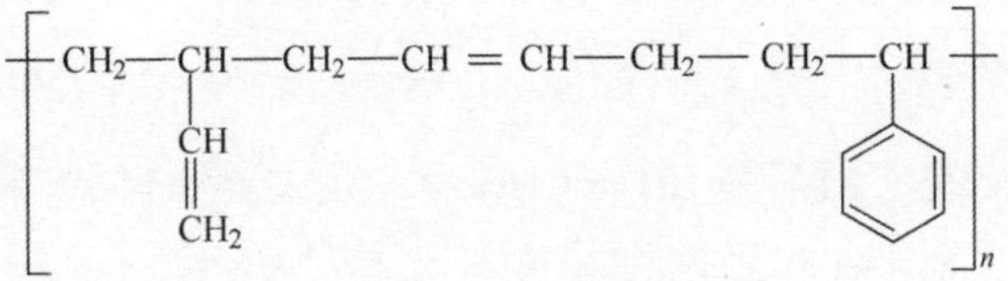

图 4-63　丁苯橡胶结构式

4.6.2　塑料

1920 年，联合碳化公司（美）库尔姆，以乙烷 CH_3—CH_3 与丙烷 CH_3—CH_2—CH_3 高温裂解，制出乙烯 CH_2＝CH_2，1923 年正式建厂投产。紧接着就用乙烯做原料，研制出聚氯乙烯 $[—CH_2—CHCl—]_n$、聚苯乙烯 $[—CH_2—CH(C_6H_5)—]_n$ 与聚乙烯 $[—CH_2—CH_2—]_n$，自此三者就成了塑料主导产品，发展十分迅速，1970 年世上塑料总产量达 30Mt。至 1983 年，达到 72Mt，占了三大合成材料总产量的 75%。

另据一家科学刊物报道，2012 年瑞士研制出一种能自我修复的聚合物塑料，此类材料过去也曾有过，可只能使用一次，该发明克服了这一缺陷，根据需要，可通过紫外线照射不断发挥自我修复作用，可能用作汽车、楼梯与家具等的油漆与玻璃窗户等，如有划伤，在半分至 1 分内就可得到修复，此发明，可能使装饰艺术出现意想不到的、焕然一新的局面。

4.6.3　合成纤维

1937 年，杜邦公司卡罗瑟斯在无意中发现聚合物能拉出长丝，很快就研制出尼龙丝，1939 年实现 66 聚酰胺（分子主链重复结构单元中，含有酰胺基—CONH—）纤维工业生产，开合成纤维先河。1941 年至 1946 年间，德国实现 6 聚酰胺纤维、聚氯乙烯纤维（即氯纶，以聚氯乙烯为原料）生产。50 年代后聚丙烯腈纤维（即腈纶，丙烯腈 $CH_2{=}CHC{\equiv}N$ 是主要原料）、聚酯纤维（以聚酯为原料）也相继实现工业化。1962 年世上合成纤维总产量就超过羊毛，至 70 年代初化学纤维总产量超过 10Mt，但人造纤维一直维持在 3Mt 左右。至 1978 年合成纤维总产量突破 10Mt，1984 年达到 11.9 Mt，占了化学纤维总产量 80%、纺织纤维总产量 36%。合成纤维主要用于纺织、特殊防护与增强材料、人工内脏与外科缝线及航天器、飞机、火箭绝缘材料等，用途广泛，尤其是给人类衣着独辟蹊径，翻开了新的一页。

4.6.4　复合材料

在合成高分子化学基础上，不断发展了非金属的轻质复合材料。20 世纪 40 年代以玻璃纤维增强塑料，人称玻璃钢，用以制造飞机雷达罩等。50 年代用玻璃纤维增强环氧树脂，用来制造固体火箭发动机壳体等。60 年代用硼或碳纤维增强环氧树脂，制造飞机舱门、口盖、水平安定面、垂直尾翼与减速板等。至 70 年代，用芳纶纤维代替玻璃纤维制造固体火箭发动机壳体等，结构重量比玻璃纤维轻 35%，此时美国用轻质复合材料制造小型飞机，比一般汽车还轻；先进卫星采用复合材料之后，结构重量还不到总重量 10%。非金属轻质复合材料的发明，不但推动了现代飞行器发展，而且使许多建筑物也锦上添花。

我国于 20 世纪 50 年代初开始研究合成橡胶，1958 年建成氯丁橡胶装置，接着建成万吨级丁苯橡胶厂。50 年代开始研究合成纤维，1959 年 6 聚酰胺纤维（尼龙）装置投入运行，1963 年建成年产万吨聚乙烯醇纤维厂，至 1985 年以合成纤维为主的化学纤维总产量达 94.5 万吨，对解决人口大国穿衣问题起了重要作用。1926 年生产酚醛树脂，1958 年试成首套聚氯乙烯装置并投产。1970 年塑料总产量达 17.6 万吨，至 1982 年生产合成树脂突破 100 万吨。时至今日，已建成配套齐全的现代化工系统，总产值已超美国，成了合成工程材料世界头号生产大国，故在合成工程材料的生产及应用上，可说与西方科技发达国家相比也已相去不远，但在研试方面仍有一定差距。

合成工程材料，自 20 世纪 20 年代末建厂以来，增长极快，如美国 1929 年生产 2 万吨，1980 年就生产 2000 多万吨，50 年增长约千倍。有人统计 20 世纪末世界总年产就超 1 亿吨，成为工程材料主体，故应是 20 世纪化工成就的代表，也应是现代科学技术的重大成就之一！

4.7　现代天文学

天文学是一门既古老，又无穷无尽的学科，任何时代总有新发展、新成就。但在牛顿之前，探索目的主要只是建立准确日历、有利农业生产、防止自然灾害，或出于某种好奇之心，且带有浓厚迷信色彩。在中国也曾有种星座说法，每个星星不是代表一个神仙，就是代表一个即将出世或已去世的伟人。在欧洲，那种上神造物说，更弥漫在各个领域，自然也包括天文学。至 1543 年 5 月 24 日，哥白尼发表《天地运行论》，提出太阳中心学说，才走向科学道路，不过仍是些表象论述。在牛顿之后，尤其是在建立相对论与量子力学等理论，发明射电望远镜、X射线探测器、天体之间新的距离计算法、现代飞行器等手段之后，才得到深度广度发展。

1905年至1915年，爱因斯坦建立相对论，并作了长度收缩、时间膨胀、质速关系、质能关系四个预言，对准确测定天体之间距离及其关系、天体演变及其安全保障等均起了重要作用。

1925年至1926年，海森伯与薛定谔等建立的量子力学，用射电望远镜与各种谱线探测器的配合，对研究天体起源及元素形成以及其演变、黑洞形成及其变化等均起了重要作用。

1932年，央斯基（美）发表1931年至1932年观测地球外射电波的报告，开启射电天文学历史，此后不断对其提高分辨率与灵敏度。当时央斯基采用的是长30.5米、高3.66米的旋转天线阵。后来一步一步发展，出现以德国100米为代表的大、中型厘米波、可跟踪抛物面射电望远镜、美国射电天文台为代表的毫米波射电望远镜、英国5公里阵为代表的综合孔径射电望远镜、苏联天体物理台为代表可调抛物带状射电望远镜。射电观测，可在很宽频率范围内进行探测，而且检测与信息处理的射电技术，又较光学波段灵活多样，故种类繁多，用途十分广泛。其一般基本组成，包括收集射电波的定向天线、放大射电信号的高灵敏度接收机、信息记录、处理与显示系统等。其经典基本原理，与光学反射望远镜十分相似，投射来的电磁波，被一精确镜面反射之后，聚到一个公共焦点，用旋转抛物面作镜面，易于实现同相聚焦，因此其天线大多采用抛物面。可用之观测与研究来自天体的射电波，主要测量表征射电基本特性的三个量，即强度、频谱及

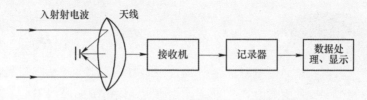

入射射电波　　天线

接收机 → 记录器 → 数据处理、显示

图 4-64　经典射电望远镜基本组成与原理图

偏振。经典射电望远镜基本组成与原理如图 4-64 所示，德国 100 米直径射电望远镜见图 4-65。

从地球向太空凝视，即使在僻静的、晴空万里的高山之巅的望远镜，因大气层的遮挡，总是模糊视觉，许多天体无法看清，处于可见光范围之外的辐射，则更无法看到。但从 1957 年太空火箭诞生之后，可从大气层外进行观测，就出现了各种新的观测办法。

1957 年 10 月 4 日，苏联发射世上第一颗人造地球卫星之后，接着各国发射了各种卫星，就可对地球大气、重力与磁场、太阳辐射与活动、宇宙射线与微流星、天体形状及其成分等进行测量。

图 4-65　德国 100 米
直径射电望远镜

1962 年 6 月，焦可尼（美）在探测火箭上搭载了一台 X 射线探测器，第一次发现了宇宙 X 射线源天蝎座 X-1，也表示发现了第一颗 X 射线源。携带 X 射线天文望远镜如图 4-66 所示。

1981 年，美国航天飞机发射成功，提供了一种将复杂天文学观测站送上天空轨道的途径，1990 年美国用航天飞机发射哈勃空间望远镜，能

图 4-66 携带 X 射线天文望远镜

探测可见光及近红外与紫外部分频谱，发回了惊人可视数据与信息丰富图像；1991 年发射康普顿 γ 射线观测站，γ 射线无法穿过地球大气层，故用以专职探测宇宙中的 γ 射线；1999 年发射钱德拉 X 射线观测站，X 射线在地球上也难探测到，故也用以专职探测了宇宙中的 X 射线。

1751 年至 1753 年间，拉卡伊与拉朗德（法）第一次用三角测量法，较精确测定了地月距离。之后除继续使用三角测量法测定太阳系内的天体之外，发展至今，还可用雷达测距法，向月球与大行星，如金星、火星、水星、木星等发射无线电脉冲，然后接收其表面反射的回波，将往返时间精确记下，就能算出距离，其法已成为测量太阳系内某些天体的基本方法。可用激光测距法，其原理与雷达近似，却比雷达精确，但目前只适用于很近地天体，如人造卫星与月球。可用三角视差法，对离太阳 100 秒差距范围内星星测定距离，但距离超过 50 秒差距天体，此法也不够准确，但目前仍是测定太阳系外天体距离的最基本方法，其他方法测得数值，还需用此法校正。此外还可用分光视差法、星际视差法、威尔逊－巴普法、力学视差法、星群视差法、统计视差法、自转视差法、造父变星法、天琴座 RR 型变星法、角直径法、主星序重叠法、新星和超新星法、亮星法、累积星法与谱线红移法等，来测量远距离天体及复杂天体之间的距离。总之发明各新测量法之后，不但进一步掌握了许多天体之间距离，而且也进一步了解了不少天体的运动规律。

在建立以上各种学说、发明各种测量方法及各种现代飞行器的基础上，现代天文学获得了多方面的重大成果。

4.7.1 发现天体起源及演变

1925 年，建立量子力学之后，至 30 年代末，核物理学家贝特（美）提出，太阳与恒星能源主要来自内部的氢，通过 P—P 链（质子—质子）燃烧转化为氦而得，考虑恒星各种模型之后，进一步指出 P—P 链与"碳循环"的一系列核反应，足以提供恒星辐射能量，不仅帮助天文学家弄清了令人长期困惑的恒星能源，而且将恒星能源与元素起源也可有机结合，现在人们相信此种化学过程发生在太阳内部，也发生在主要由氢组成的其他恒星之中，获 1967 年诺贝尔物理学奖。

P—P 链，即质子—质子链，两个氢核相碰撞，产生同位素氘，并放出一个正电子与一个中微子。氘再与一个氢核碰撞，生成氦同位素，并放出能量。两个氦同位素碰撞，生成氦核，并放出两个氢核，这一系列过程就称 P—P 链。

1942 年，阿尔文（瑞典，1908—1995 年）在太阳黑子研究中，发现太阳电离气体的磁流体波，即阿尔文波，也可存在晶体与地球大气层中，甚至到处可以发现，并认为观察到的磁场，只能是等离子本身电流所引起，磁场与电流必定产生力，从而会影响流体运动，反过来又感生电场，其磁流体动力学研究，后对受控热核反应与超音速飞行发展也起了重要作用。1943 年开始系统发表有关太阳系演化论文，对宇宙磁场起源、太阳系质量分布及其结构、地月系统起源及其变化、彗星性质与起源、小行星带演化等，均做出了重要贡献。至 1948 年，发

表《宇宙动力学》, 1954 年发表《太阳系起源》, 1963 年发表《宇宙电动力学》,
1976 年发表《太阳系进化》, 获 1970 年诺贝尔物理学奖。

等离子, 含有足够数量自由带电粒子、有较大电导率、运动主要受电磁力
支配的一种物质状态, 即由带正电离子与带负电电子、也可能还有一些中性原子
与分子所组成, 宏观而言一般是电中性的, 所含正电荷与负电荷几乎处处相等。
由于带电粒子之间的作用主要是长程库仑力, 每个粒子均同时与周围很多粒子发
生作用, 因此在其运动过程中表现明显集体行为, 其性质不同于固体、液体与气
体, 被称物质的第四态。闪电、极光等是地球上天然等离子体的辐射现象。电弧、
日光灯发光的电离气体与实验室中高温电离气体等, 是人造等离子体。天然等离
子体在地球上虽不多见, 但在地球以外, 占了宇宙物质总量的绝大部分, 如围绕
地球的电离层、太阳与其他恒星、太阳风以及很多种星际物质, 主要由等离子体
构成。

30 年代开始, 钱德拉塞卡 (美, 1910—1995 年) 就开始研究白矮星, 借助相
对论与量子力学为白矮星演变建立合理模型, 并提出几点预测: 白矮星质量越大
半径越小, 质量不会大于太阳的 1.44 倍; 质量大的恒星, 必通过某些形式的质量
变化, 也许要经过大爆炸, 才能归宿为白矮星, 获 1983 年诺贝尔物理学奖。至今
主流理论认为, 当宇宙膨胀到某点时, 发生了宇宙大爆炸, 然后形成各种星系。

1957 年, 否勒 (美, 1911—1995 年) 与 G·伯贝格、M·伯贝格、霍尔联名,
在《现代物理评论》上, 发表《星体元素合成法》, 全面阐述重元素可在恒星内
部的生成理论, 后以四人名字第一字母命名称 B2HF, 提出与恒星演化相应的 8
种合成过程, 计算恒星内部结构的客观基础, 阐明超新星爆炸与大质量恒星演化
的关系。1960 年与霍尔合作将其理论推广, 用到放射性物质丰度来鉴定化学元

素合成年代，并修正其创建的宇宙年表。1967 年将宇宙膨胀与核合成结合进行研究，发表一系列评论性论文，为恒星演化与核合成进一步提供理论基础，否勒也获 1983 年诺贝尔物理学奖。

1952 年，尤里（美）对地球、陨石、太阳等恒星元素与同位素进行研究之后，发表元素宇宙丰度数据，发展元素起源与宇宙理论，紧接着在《行星起源与演化》中，从化学角度出发，阐述太阳系演化、地球大气组成及变化，尤其是说明原始大气有产生蛋白质的可能。其学生米勒（美）据其理论，模拟原始地球大气成分与条件，设计了一套装置，先用简单分子 CH_4、NH_3、H_2O 与 H_2 合成了 11 种氨基酸，此即米勒 – 尤里实验，为研究生命起源开拓了新的途径。

以上科学家的研究，使世人更具体明白：天体是如何起源及演变，地球上的物化现象又是如何与其密切相联系的，揭示开发广阔宇宙空间，定有重大价值！

4.7.2　发现三大类天体

1960 年，马修斯与桑德奇合作，找到射电源 3C48 的光学对映体，照相底片上类似恒星的像，光谱中有许多宽而强的发射线。1963 年施米特（美）发现，射电源 3C273 光谱与 3C48 类似，并成功认证其谱线似地球上熟知的一些元素产生的发射线，但红移很大，达 0.158。后来 3C48 谱线也得到认证，红移更大，达 0.367。随后陆续不断发现了性质类似 3C48 与 3C273 的射电源，在照相底片上的谱线均呈类似恒星的像，故称类星射电源。同时还发现一些光学性质虽类似 3C48 与 3C273 的天体，但无射电辐射，此类天体后称蓝星体，射电源与蓝星体统称类星体。至 1979 年，发现类星体共有 1000 多个，其中射电源 300 个左右，至于之后不断发现的类星体就难以计数。

1967 年，休伊什（英）制成高分辨率射电望远镜，对银河系 1000 个以上射电源进行探测，有一次一位研究生注意到，一个弱射电源明显在 3.7m 记录上发出很强闪光，对其进行深入研究之后，发现此讯号系重复脉冲，确认乃振动中子星与超新星爆炸的产物，后称脉冲星，获 1974 年诺贝尔物理学奖。

1974 年，泰勒（美）与赫尔斯（美）合作，利用西印度群岛波多黎各 300m 射电望远镜，又发现新型脉冲星，新颖之处，从信号可推知还有一颗质量与之相近的同伴，相距仅地 – 月几倍，此现象与利用牛顿定律计算结果偏离甚远，检验爱因斯坦广义相对论又找到一个崭新"空间实验室"，到此为止，其理论均以高唱凯歌通过检验。此发现引起天文学界振动，半径仅 10km 小的天体，质量却相当太阳，两人一同获 1993 年诺贝尔物理学奖。

至 1978 年，发现脉冲星共 300 多个，而且以后也不断发现了难以计数的脉冲星。

人类对行星研究，可追溯到远古时代，中国甲骨文就有关于木星的记载，战国时期有"五星"说法，即后来命名的水星、金星、火星、木星、土星。而太阳系的另外三颗行星，天王星、海王星、冥王星，是在发明望远镜和建立开普勒定律与牛顿万有引力定律之后，才被发现。对太阳系外的行星发现就更晚了。至 1995 年利用多普勒光谱学，才发现一颗叫人马座的恒星周围有一颗系外行星在旋转，据统计，至 2003 年 9 月为止，也只发现了 110 多个。另据有关科学刊物与杂志等报道，2007 年发现 GLIESE581D 行星，可能孕育与地球类似的生命，距地球约 20 光年，英国科学家说："其质量至少是地球 7 倍、大小约地球 2 倍"，法国科学家说："其拥有浓厚二氧化碳的大气层，温暖程度足以形成海洋、云团与降雨，基本确认是第一颗宜居系外星"。同时美国科学家发现开普勒 22B 也适宜居住，该行星距地球约 600 光年，大小约地球 2.4 倍。至如今，大多数科学家认为，在太阳系内除地球之外，一时难以再出现宜居天地。但惊奇的可喜的是，据 1912 年 11 月报道，一组科学家得出结论：仅银河系中就约有 200 亿个相似地球这样存有液态水的天体，其中约有 100 个位于太阳附近，距地球约 30 光年以内。

三大类天体的发现，使世人更加具体明白，宇宙天体确难以计数！可能开发的宇宙空间确无穷之大！可利用的天体确无穷之多！

4.7.3　对黑洞有了较深了解

黑洞，是广义相对论所预言的一种特殊天体，其基本特征具有一个封闭视界，视界就是黑洞边界，外来物质与射线可进入视界以内，而视界以内的任何物质不能跑出外面。

早在牛顿发表万有引力之后，就有人讨论引力对包括射线在内的影响，尤其是对光线议论较多。牛顿等认为光是一种微粒流，而惠更斯等认为是一种波动形式。波动学者无法解释引力对光的影响，而微粒流者则认为，光如同炮弹、火箭一样能受到引力影响，当时以为光粒子是以无限快速运动，引力也不可能使之缓慢。可后来罗默发现是以有限速度行进，才认为引力对光可有重要效应。至 1783 年，米歇尔（英）在此假定基础上，在《伦敦皇家学会哲学报》上发表一篇文章指出：一个能量足够大并足够致密的恒星，会有强大引力，甚至连光线也不能逃逸；任何从恒星发出的光线，还没达到远处之前，就会被其引力吸引回来，但我们仍可感到引力吸引，实际这就是现在称之的黑洞。1798 年拉普拉斯也提出与米歇尔类似观点，并将其纳入其《世界系统》第一版与第二版中，十分奇怪，在以后的版本中却无踪无影了？！

光速是固定的，在牛顿引力论中，将光看成是一种类似炮弹的东西。从地面向上发射炮弹，会被引力渐渐减速，至停止上升，然后折回地面。而光子以不变速度继续上升，实如风马牛不相及，无任何可比之处，显而易见，牛顿这一比拟十分错误。

至 1905 年，爱因斯坦提出狭义相对论，认为按时间平均值光表现为波动、按瞬时值光则表现为微粒，此即二相统一说，才为波动学与微粒学争论做了个结论。至 1915 年，继之提出广义相对论，才得到引力如何影响光的合理的、协调的理论，之后人们利用其理论，才理解了大质量恒星的一些演变。

为理解黑洞如何形成，首先需要理解恒星生命周期，起初大量气体（绝大部为氢）受自身引力吸引，开始自身坍缩而形成恒星。当其收缩时，气体原子越来越频繁地以越来越大的速度相互碰撞，使气体温度升高，气体升到很热时，碰撞原子不再弹开，而聚合形成氦，如同一个受控氢弹爆炸，释放出大量热能，使恒星发光，并使气体压力升高，直到能平衡引力吸引，气体就停止收缩，此种平衡能维持很长很长时间，但到底有多长，当时无法给出任何答案。

但恒星质量越大，就必须越热才足以抵抗其引力，要其越热，燃料就被耗得越多，据估算，太阳大概足够再燃烧约 50 亿年。但质量更大恒星，可在 1 亿年左右内就能耗尽其燃料，故其可燃烧时间与其质量成反比，此种现象有点与一般想象正好相反！当恒星燃料耗尽，会开始变冷并收缩，到底怎么收缩，当时也无法给出任何答案。

至 1928 年，钱德拉塞卡估算出耗尽所有燃料之后，多大恒星仍可对抗自己引力，维持大小不变，其意思是说，当恒星变小时，粒子相互靠得非常接近，按泡利不相容原理，会使其相互散开，企图使恒星膨胀，因此一颗恒星可因引力吸引与不相容原理引起的排斥会达到平衡，保持半径不变，也如其生命早期，引力被热平衡一样。相对论把恒星中粒子最大速度限制为光速，钱德拉塞卡意识到，不相容原理所能提供的排斥力，定会有个极限，当恒星变得足够密集之时，不相容原理引起的排斥力会比引力作用小，他估算出一个质量比太阳大约一倍半还大的、冷的恒星，不能维持本身以抵抗自己的引力，此估算的质量，即著名的钱德拉塞卡极限。此极限对大质量恒星的最终归属具有重大意义，如一颗恒星质量比其极限小，最后会停止收缩，可能会变成如1995第一次发现那样的"白矮星"，白矮星半径为几千英里、密度为每立方英寸几百吨。据报道至2003年9月，又发现好几十个白矮星，这才给恒星收缩得到第一个答案。

根据钱德拉塞卡极限论，最大的恒星，到底会坍缩成怎么样，一直争论不休。有些科学家认为到时会发生爆炸，抛出足够质量，使之减小到极限之下，此论很难令人相信。而爱丁顿与爱因斯坦等认为，无论如何也不会坍缩成一个点，若是那样，能想象其密度有多大！？故此论能得到大多数科学家的认同，但当时也无人能提出一个像样的具体理论。

至20世纪30年代初，中子发现后不久，朗道（苏联）就指出恒星还存在另一种可能终态，其极限质量大约为太阳质量一倍至二倍，体积甚至比白矮星还小，是由中子与质子之间，而非电子之间的不相容原理排斥力支持，叫中子星。其半径仅10英里左右、密度为每立方英寸达几亿吨。当时仅是种预言，对恒星收缩还不能算个什么答案。

至30年代末，奥本海默（美）等利用广义相对论，讨论了形成稳定中子星的质量上限，并计算出其临界半径 r_g 约为 $2gm/c^2$，其中 g 为万有引力常数；c 为光速；m 为球体总质量。推算出中子星的质量上限约为太阳的2至3倍，此即奥本海默极限。若超过此上限，认为恒星引力场会改变光线在时空中的路径，随其收缩，表面引力会不断增大，使光线从恒星逃逸更为困难，收缩到一个临界半径时，光线也无法逃逸，根据相对论没有东西能比光行进得更快，连光都逃逸不了，何况其他什么东西？这样形成的一个时空区域，也是现在称之的黑洞，所有东西均将会被引力场拉回，至此才初步解决了爱丁顿等留下的难题。这一结论，才给恒星收缩得到第二个答案。但受到包括爱因斯坦在内的许多物理学家的怀疑，一直到 1967 年休伊什发现脉冲星，并被认定是中子星之后，奥本海默的工作才受到他人重视，并推动了强引力场与引力坍缩的深入研究。按理奥本海默应获得诺贝尔物理学奖，可能是因为他曾一直错误认为，超过其上限，会不断收缩，一直成为一个点为止之故。

至 1969 年，惠勒（美）思考有关恒星演变过程时，形象描述以上关于恒星变化可能形成的某种黑体，才正式命之为黑洞，且一直沿用至今。

60 年代末至 70 年代初，以著名宇宙学家霍金为首的一批科学家，证明了黑洞经典理论的五个重要定理：一是坍缩形成的黑洞稳态仅同质量 m、角动量 J、电荷 q 有关，而同坍缩核原来的其他性质无关；二是黑洞视界面积 A 永不随时间流逝而减小；三是稳定黑洞视界上的加速度处处相等；四是不能通过有限步骤将加速度降至为零；五是黑洞质量 m 的变化，总伴随面积 A、角动量 J 及电磁能量的变化。第一定理即有名的"黑洞无毛发定理"，后四个定理同热力学定律非常相似，可看成是黑洞的热力学四条定律。

然而黑洞既然是有限的非零温度的热体，根据热力学的一般原理，就应向外辐射能量，但经典意义下的黑洞不能向外发射任何东西，从热力学来描述黑洞，显然就出现原则上的困难。至 1974 年，霍金引入黑洞引力场中的量子效应，认为黑洞完全可像一个黑体一样，能发射粒子辐射，才解决这一难题，此应是对恒星收缩给出的第三个答案，也是至目前为止的一个较好答案。

考虑量子效应之后，经典黑洞的一些性质就应有相应地改变，如由于有热辐射，视界面积就会减小，即经典第二定理就不再成立；又如既然有极少量辐射，黑洞也并非以前所想象那样完全是黑的，也可以说，宇宙中就根本不存在经典意义上的什么黑洞。典型恒星诞生及演变如图 4-67 所示。

由于对黑洞有了较深了解，将对遥远距离的飞行器射程设计可免误入黑洞，不致粉身碎骨；若有天人类能实现游到黑洞附近，也可免如一些天文学家形容的

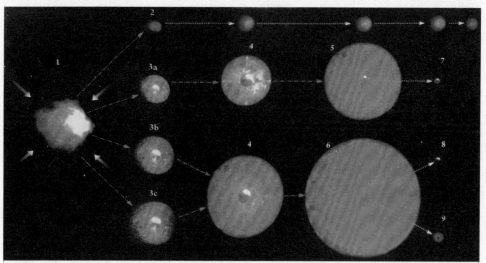

1. 尘埃和气体的原始恒星云在引力吸引下坍缩并形成一个恒星。	2. 最低质量恒星（褐矮星）出现并且直到其燃烧尽之前保持不变。	3. 主序星在其核中燃烧氢元素。3a. 一个太阳质量；3b. 十个至30个太阳质量；3c. 三十个太阳质量以上。	4. 当氢燃料被耗尽氦核形成。一个气体的外层开始膨胀。	5. 具有一个太阳质量的红巨星有一个碳核，碳核被一个燃烧氢的壳和气体外层所包裹。	6. 一个超巨星。这是质量从10个直到超过30个太阳质量的大质量恒星。	7. 具有一个太阳质量的恒星坍缩形成一个白矮星。	8. 具有10个太阳质量的恒星的引力坍缩形成一个中子星。	9. 具有30个太阳质量的恒星的引力坍缩形成一个黑洞。

图 4-67　典型恒星诞生及演变

那样会拉成意大利面条。

4.7.4 发现天体有用矿物

以美国与苏联为首，用各种现代飞行器对金星、火星、木星、土星、月球等天体已进行许多探测，发现有许多有用矿物，有人估计，仅在月球上就有地球上缺乏的热核燃料氦-3，超过100万吨，大约40吨氦-3就可供美国目前一年的用电量，对地球人类来说无疑是件天大好事，可能是解决能源的有效途径之一。发现地球以外天体的有用矿物，对开发宇宙广阔空间，更增添了巨大动力。

4.7.5 发现宇宙射线

1896年，贝克勒尔发现神奇的辐射之后，很多人认为值得研究，至1910年，伍尔夫（荷兰）就到德国、奥地利与瑞士的阿尔卑斯高地等许多地方，用高灵敏度静电计进行测试，发现残余放电到处出现，在高1000英尺的埃菲尔铁塔进行测量，同样也是如此，铁塔上应能消除来自地球放射性影响，由此得出结论：一定是大气上方有另一些辐射源或空气对辐射吸收比假设的要弱得多。大约与此同时，赫斯（奥地利）也加入到其研究及争论之中，1911年至1912年间用气球将高压电离室带到5000m上空，发现离地面700m处电离度有些下降，推测可能是地面放射性所引起，可随气球上升，电离则持续增加，白天与黑夜所测结果完全相同，判定此现象与太阳照射无关，判定是由宇宙空间某种射线所致，当时称赫斯辐射，因来源于宇宙，后改称宇宙射线。

电离室，电离室是一种用来测量电磁辐射、粒子流强度或带电粒子能量的一种装置，由室壁导电的充气容器与其中心电极组成，荷电粒子或电磁辐射进入电离室后，便在气体中引起电离，在外壳与中心电极之间加有适当电压，以用来收集所产生的离子或电子，此电压不能太高，以免电场或碰撞电离等引起电荷倍增，对收集到的离子或电子进行分析，就可确定进入电离室内的辐射或粒子特性。

　　紧接着再探讨其是微粒辐射还是伽马辐射。1932 年安德森（美，1905—1991 年）采用一个由强磁铁装备的威尔孙云雾室，对其进行研究，拟让宇宙射线通过强磁场，快速拍下粒子径迹，企图据其长度、方向、曲率半径等资料，推断其性质，后在照片上发现一条不能作正确解释的径迹，与负电子有相同的偏转度，可方向相反，1930 年狄拉克预言的正电子，就如此被安德森无意中发现，获 1936 年诺贝尔物理学奖。

　　1933 年，布雷赫特（英，1897—1974 年）改进云雾室，使其更容易捕到宇宙射线，有次拍到射线径迹中有正负电子成对出现，首次证实物质有正、反粒子同时存在，获 1948 年诺贝尔物理学奖。

　　1964 年，彭齐亚斯与威尔孙（美）合作，偶然发现一个来自各个方向的宇宙背景微弱无线电噪声，经深入研究，发现此噪声比天空中已知的、任何一种噪声源的总和还大，逐一排除各种可能之后，断定是一种还不了解的辐射，后从皮尔布斯"大爆炸宇宙起源时，会留下射电噪声残留物"预言中获得启示，才得出结论，所发现噪声正是此宇宙微波背景辐射，获 1978 年诺贝尔物理学奖。

　　20 世纪 50 年代，戴维斯（美）就发明一种全新探测器，主体是个埋在矿井中、注满 615 吨四氯乙烯的巨桶，在 30 年时间内，成功捕到约 2000 个来自太阳的中微子，证实太阳确靠核聚变提供燃料；与此同时，小柴昌俊（日）研制成另一种类似探测器，即放在矿井中的神冈中微子试验装置，由一个装满水的大罐构成，中微子穿过时会与水原子核作用，导致释放电子，产生微弱闪光，至 1987 年，布置在四周的光电倍增管，成功捕到一个遥远超新星爆炸释放的中微子。二者根本差别在于，后者能记录反应发生时间，且能识别方向。两人一同获 2002 年诺贝尔物理学奖。

70 年代，贾科尼（意）研制成世上第一个宇宙 X 射线探测器，第一次发现太阳系外的 X 射线源，也获 2002 年诺贝尔物理学奖。

后来马瑟与斯穆特（美）合作，借助美国航天局 COBE 卫星获得的信息，发现一种"黑体辐射"，认为也是由大爆炸产生的射线，两人一同获 2006 年诺贝尔物理学奖。

时至今日，用地面与用飞行器携带的各种仪器，发现的宇宙射线（来自地球以外）主要是质子（氢原子核）、α 粒子（氦原子核），少量其他原子核，如正电子、中微子与高能光子（X 射线、γ 射线）等，其中有的可能是"宇宙大爆炸"所遗留下的、布满整个宇宙空间的热辐射；有的可能是宇宙天体新产生的射线。宇宙射线的发现，使世人更具体明白，宇宙天体不但无穷，而且还大多无时无刻不在继续进行演变，从而对人类活动影响，也会不断有所变化，开发宇宙广阔空间也必须加以注意！并应采取必要相应保障防护措施。

4.7.6　发现臭氧层漏洞

地球同温层中有一层臭氧层，能保障生命不会受到太阳发射紫外线照射的影响。但在 20 世纪 70~80 年代间，气象卫星相继发现其南极与北极均出现漏洞，经反复研究，是从地球发散出的氟利昂等造成的。受大量紫外线照射，对包括人类在内的生物有致命危险，由此促使世界各国已采取防范措施，以免来日灾难来临。

我国在天文学上古代曾十分发达，宋朝发现超新星时曾达鼎盛时期，可至清朝已衰落不堪。新中国成立之后，经几十年艰苦努力，从无到有已建立射电天文学、理论天体物理学、高能天体物理学、空间天文学等；填补了年历编算、天文仪器制造等空白；组织起自己的时间服务、纬度与极移服务系统；并在世界时间测定、人造卫星轨道计算、天文学史研究、恒星及太阳理论等方面也取得一些成果。但与西方科技发达国家相比，仍相去甚远。

现代天文学的重大发现及其研究成果，为地球人类探索宇宙奥秘及开发广阔空间（包括围绕地球的空间），有了更多具体目标及方法。尤其是为人类开采新的矿产，有了不少新的希望；寻找新的宜居天体，也找到了一些线索；避免自然灾害，也发现了更多源头及对策，故也应是现代科学技术的重大成就之一。

4.8 航空及航天开发

要深入研究宇宙奥秘及开发广阔空间，仅凭肉眼与地面望远镜与光谱仪等进行观测，或从理论上进行推论，只能发现一些可能之事，无法完全肯定，更无法进行具体开发。从今日天文学获得的成就，即可清楚看出，必须具有相应飞行器进行实地考察，并开展实际工作，才有可能，故自古就有人一直在不停地进行认真探索。

前140年至前120年之间，中国《淮南万毕书》中，曾阐述热气球升空原理。907—960年间，中国莘七娘以松脂灯升空，用作军事信号，是人类利用热气球的开始。1783年法国蒙哥尔费兄弟第一次研制成载人气球，并进行表演，至

图 4-68 蒙哥尔费热气球

1785 年，布朗夏尔等乘坐氢气球从英国多佛越过英吉利海峡，到达法国，实现了人类第一次跨海飞行。但气球随风飘荡，无法控制，成了致命缺点，限制了其发展。蒙哥尔费热气球如图 4-68 所示。

1852 年，法国吉法尔研制成蒸汽艇，下悬吊舱，上装蒸汽机，带动螺旋桨，并设方向舵。1900 年因铝问世，旅法巴西人桑托研制成硬式飞艇，用 30 分钟绕埃菲尔铁塔飞了一圈。第一次世界大战后，德国齐伯林公司研制成当时最大巨型飞艇兴登堡号，容积 200000 立方米，速度 130 公里 / 时，可载 75 人，1937 年从德国飞往美国时，垂直尾翼起火，36 人全部遇难，从此就结束了商业营运。

可飞艇终究具有许多优点，如造价低、运行成本少、无需机场，可飞到交通困难处所。故美国还正研制现代"塘鹅"超级飞艇，采用涡轮螺旋桨发动机进行驱动、压缩氮气产生浮力，主要骨架由铝合金与碳纤维复合材料构成，长约 70 米，重仅 16 吨，载重却可达 66 吨，运载能力竟可与美军 C-17 主力战略运输机基本相当，且运输成本低得可与海运比拟、速度远远超过货船，可能成美军以后主力运输工具之一。在一定情况下，也可能成最便宜的民用运输手段。"塘鹅"飞艇如图 4-69 所示。

利用轻于空气的航空器飞行成功的同时，许多先驱者对重于空气的航空器飞机也在进行探索。19世纪初英国凯利首次设想，利用固定机翼产生升力、不同翼面控制和推动飞机的概念，1809年写道："全部问题是如何应用动力，使翼面支持一定重量"，提出了飞行的基本原理。至1853年，研制成第二架滑翔机，飞了几百米。1902年美国莱特兄弟吸取凯利等经验，试制

图 4-69　"塘鹅"飞艇

成新式滑翔机，进行近千次飞行，至1903年，利用8.8千瓦内燃机带动螺旋桨，试成飞行者一号，自驾飞了4次，第4次飞得最远，约260米，留空59秒，实现了人类最早持续动力飞行。

　　至20世纪30年代，最快内燃机活塞歼击机，时速最高达750公里/时，因音障之故已达顶峰。之后在天文学成就的基础上，加上空气动力学、电子科学、燃料科学、材料科学（尤其轻金属合金、高强轻质高分子复合材料）等成就，为其不断打下坚实物质基础，战争乌云的一直存在，又为其不断增加巨大动力，以美苏两霸为核心，又开辟了另一竞争战场，使其得到迅速发展，实现了现代化。其内容很广阔，大致可分为三大类，即航空器、航天器、火箭及导弹。大气层内飞行的称航空器，如气球、飞艇、飞机等。太空中飞行的称航天器，如人造地球卫星、空间探测器、载人飞船、航天飞机及航天站等，以下仅就能代表现代航空技术的喷气运输机、喷气歼击机、火箭及导弹、人造卫星、深空探测与载人航天器等进行分述。

4.8.1　喷气运输机

　　1956 年苏联图 104、1958 年美国波音 707 相继面世，时速均达 900~1000 公里。此后，至 1970 年美国研制成波音 747，总重约 373000 公斤，最大载容量超500 人，苏联也相继研制成载容量更大的安 124、欧洲空客也研制 A380。使世界交通史发生了前所未有的变化，尤其在长途客运中起主导作用。现在美国开航的梦想客机 787，更预示新时代到来，据报道其最大特点有三，一是制造材料 50％是塑料与碳纤维等复合材料，预示莱特兄弟制造飞机以来，铝镁合金唱主角的时代行将结束；二是航程可达一万英里，速度是音速的 1.6 倍，且噪声小，克服了协和飞机的一切缺点；三是每个座位配有安卓触摸屏，提供了前所未有的高科技娱乐享受。此机将与快交付使用的空客 A350 展开竞争。苏联继承者俄罗斯在伊尔 –76 MD–90A 的基础上，也正在研制伊尔－476，拟将航程、可靠性、经济性、载重量等均大大得到提升。波音 747 见图 4–70，波音 747 结构如图 4–71 所示。

图 4–70　波音 747

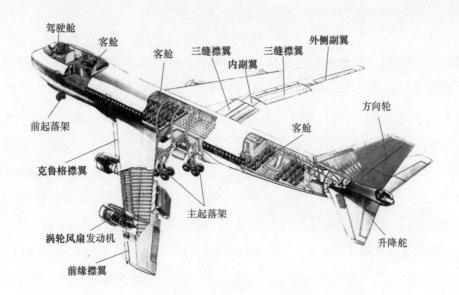

图 4-71　波音 747 结构图

　　现代化的运输机，对开发地球低层空间已起重要作用。试想若无此种快速空中交通工具，仅靠火车、汽车等地面交通运输，也已不堪设想！

4.8.2　喷气歼击机

　　1939 年 8 月，世上首架轴流涡轮喷气歼击机 HE-178 号在德国试飞成功，1941 年英国成功试飞离心涡轮喷气歼击机。二次世界大战中最早使用的喷气歼击机是德国 ME-262 号与英国流星号，速度分别为 871 公里 / 时与 794 公里 / 时。战后则以美国和苏联为代表竞相研制，很快取代活塞战斗机。50 年代初涡轮发动机推力增大，加上采用后掠机翼，速度提到 1000 公里 / 时，具有代表性的是美国 F-86、苏联米格 15，称第一代战机，并开始采用带加力燃烧室的发动机、符合面积律要求的整体外形，克服了音障，可超过音速。60 年代初多数歼击机最高速度为音速两倍，实用升限约 20000 米，具有代表性的是美国 F-104、苏联米格 23，被称第二代战机。60 年代中以美国 YF-12、苏联米格 25 为代表的战机，音速超过三倍，作战高度达 23000 米，被称第三代战机。70 年代以高机动性能为主要特点竞相研制，具有代表性的是美国 F-16、苏联米格 29，作战半径约 750 公里。至今，研制的第五代歼击机，拟采用有效隐形与主动控制技术、短距起落等性能为特点，美国已走在前面，F-22 隐形机已经服役，但有不足之处，如维修费用高、飞行员不舒适等，因此又在研制 F-35。另据报道，美国从 2007 年开始，研究攻击型无人机 X-47B，2012 年 12 月已展示在航母上，外形像蝙蝠，大小与现代有人驾驶战机相差无几，飞行距离超过 3890 公里、可在空停留 12 小时，预计可大大提高航母作战功能；在研的 6 马赫 SR-72 超高速飞机，可集侦察与攻击两种性能于一身。与之相对苏联继承者——俄罗斯也正研制隐形机 T-50 以及类似 X-47B 的 Skat 无人攻击机。F-16 见图 4-72，F-22 见图 4-73，F-35 见图 4-74，X-47B 无人机见图 4-75，SR-72 见图 4-76，T-50 如图 4-77 所示。

现在研制的各种多功能战斗机，对战争起了质的变化，扮演了极其重要角色。其技术对未来开发深层空间也定有重要用途。

4.8.3　火箭及导弹

13 至 14 世纪，中国就使用火箭，算是开山祖师。第二次世界大战中德国用液氧与酒精作推进剂、用发动机 A4 作动力，研制成 V-2 火箭，为现代火箭奠定了基础。装有制导系统的火箭就成导弹。战后美国与苏联在德国已有的基础上，也竞相进行研制。

图 4-72　F-16

图 4-73　F-22

图 4-74　F-35

图 4-75　X-47B 无人机

图 4-76　SR-72

图 4-77　T-50

　　美国，1957 年在苏联用导弹成功发射世上首颗人造卫星之后，促使其加强航天工程。1958 年 1 月用丘诺 1 号火箭发射了人造卫星探险者 1 号，探测放射性辐射，1969 年 7 月用土星 5 号火箭，运载阿波罗 11 号飞船升空，将两名宇航员送上太空，并登上月球。1958 年至 1984 年之间，相继用大力神、先锋、丘诺、宇宙神、雷神、侦察兵、红石与土星等火箭，发射航天器 1019 个，居世界第二位。其陆基战略弹道导弹具有代表性的，如大力神Ⅱ（威力 1000 万吨、射程 15000 公里、精度 0.92~1.3 公里）、民兵Ⅲ（威力 3×34 万吨、射程 13000 公里、精度 0.185~0.22 公里）。其潜地战略弹道导弹具有代表性的，如海神（威力 10×5 万吨、射程 4600 公里、精度 0.56 公里）、三叉戟Ⅰ（威力 8×10 万吨、射程 7400 公里、精度 0.46 公里）。在停顿一段时间之后，2004 年启动 X-51A 超高速导弹项目，音速 5 倍以上，声称主要目的是在一小时之内，打击世上任何地方的恐怖分子与无赖国家，当然醉翁之意不在酒，实则另有所谋，至 2012 年 8 月已经 4 次试验，虽有一些成功，但可能未获完满结果，仍在大力研制其反导系统；实施耗资 350 亿美元的新火箭研制计划，开始用退役航天飞机固体火箭助推器技术，计划 2017 年实现首次无人试飞，将 70 吨重物送入近地轨道，最后拟将一个正在研制的、重约 130 吨的 6 人舱发射到地球轨道之外。土星 5 号运载火箭见图 4-78，水下发射运载火箭见图 4-79，X-51 高超音速飞行器见图 4-80，弹道导弹防御系

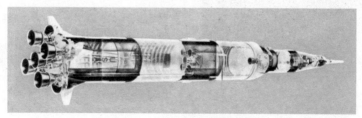

图 4-78　土星 5 号运载火箭

统如图 4-81 所示。

图 4-79 水下发射运载火箭

图 4-80 X-51 高超音速飞行器

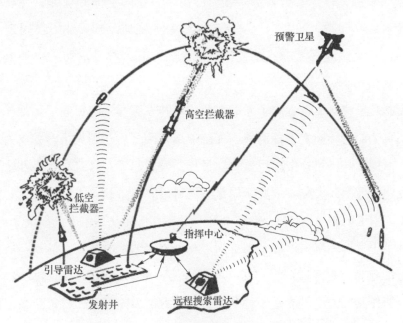

图 4-81 弹道导弹防御系统示意图

苏联 1957 年开始先于美国成功发射世上第一颗人造地球卫星、第一个月球探测器、第一艘载人飞船、第一个火星探测器。运载火箭有卫星、东方、闪电、联盟、宇宙、质子号等。1957 年至 1984 年间，共发射航天器 2011 个，居世界首位。其陆基战略弹道导弹具有代表性的，如 SS-18-3（威力 2000 万吨、射程 16000 公里、精度 0.35 公里）、SS-17-1（威力 4×75 万吨、射程 10000 公里、精度 0.44 公里）。其潜地战略弹道导弹具有代表性的，如 SS-N-18-3（威力 7×20 万吨、射程 6500 公里、精度 0.56 公里）、SS-N-20（威力 12×20 万吨、射程 8300 公里、精度 0.35 公里）。在停顿一段时间之后，其后继者——俄罗斯先于美国成功试飞高超音速飞行器，但进展不快，4.5 马赫者还只能短暂飞行。但已装备第五代白扬－M 型陆基洲际导弹，并在开发布拉瓦潜射洲际导弹，两者均可携带数个超音速变轨分导弹头，美国现有防御系统估计还无法对其实施有效拦截，故两者在其科技及战斗力水平上，基本算是旗鼓相当。

火箭及导弹对战争也起了质的变化，对开发深层空间更起了关键作用，如印度用较低能量导弹发射探测器，先绕地球多圈之后达到火星，并成为火星的卫星，以探测其奥秘；中国用较大能量导弹发射嫦娥三号，直奔绕月轨道并着陆，也用以探测其奥秘。俄罗斯用更大能量导弹，将载人飞船抄近道对接空间站。美国用更大能量导弹，发射携带哈勃望远镜等重型探测器的航天飞机升空，然后从空中发射，对更遥远宇宙空间进行深层探测。故发展高能量、能长期持续飞行的导弹，是开发深层空间必不可少的一种手段，从目前科技水平来看，选用核能作其推力，可能是一种办法，相信有能力的国家，一定会在不遗余力地进行研究。

4.8.4　人造卫星

1958 年至 1984 年间，美国共发射人造卫星 923 颗，含科学卫星、技术试验卫星与应用卫星三种。科学卫星有探险者号、先锋号、轨道地球物理台、轨道太阳观测台、高能天文台等 20 多种，主要用于研究地球大气、重力与磁场、探测太阳辐射与活动、测量宇宙射线与微流星等有关情况，为研制应用卫星、载人飞船与导弹等提供科学依据。技术试验卫星有应用技术卫星、生物卫星等，应用卫星占 80% 左右，直接为军事与国民经济服务。20 世纪 60 年代初及以后相继发射侦察卫星、气象卫星与测地卫星。1964 年 8 月发射世上第一颗地球静止轨道试验通信卫星。70 年代起预警卫星与地球资源卫星投入使用。80 年代发射广播卫星、跟踪与数据中继卫星。1978 年至 1980 年发射 6 颗导航卫星，继而现已建成由 30 多个卫星组成的全球定位系统 GPS，定位精度小于 6 米。各国开发军用卫星同时，也重视反卫星武器研制，60~70 年代主要研试反卫星导弹，70 年代中开始研究反卫星激光与粒子束武器，其应用卫星寿命长，分辨率高，如返回型照相侦察卫星寿命达几个月、地面分辨率 0.3 米；传输型照相侦察卫星寿命可达 3 年、地面分辨率 3 米；通信卫星寿命更久，可长达 7 年至 10 年。

苏联 1958 年至 1984 年间，共发射卫星 1891 颗，应用卫星也占约 80%。科学卫星有电子、质子、预报、宇宙及国际宇宙号等。应用卫星发射也始于 60 年代初，大部分包括在宇宙号内。1962 年发射第一颗照相侦察卫星，1963 年发射一颗气象卫星，随后相继发射通信、侦察、预警、测地、地球资源、海监、太阳同步、反卫星卫星。1974 年开始发射地球静止轨道卫星，1983 年发射的宇宙 1383 号，是颗搜索营救系统卫星。也建成格洛纳斯全球导航系统，定位精度也达 6 米。其应用卫星相对数量多、但寿命短，照相侦察卫星寿命仅为 2 周至 2 个月；通信与导航卫星也只能使用约 2 年，故在卫星方面，苏联发射的数量虽多，但在总体水平上一直逊于美国。

人造地球卫星 1 号见图 4–82，卫星及其天线见图 4–83，卫星通信原理如图 4–84 所示，地球静止卫星配置如图 4–85 所示。

图 4–82　人造地球卫星 1 号

图 4–83　卫星及其天线

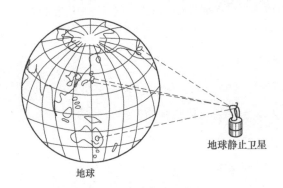

图 4–84　卫星通信原理

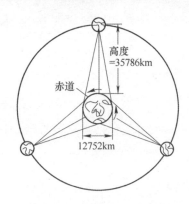

图 4–85　地球静止卫星配置

自苏联 1957 年发射首颗地球人造卫星以来，地球一直处于无数通信、观测、勘探、监视等人造卫星包围之中，这些卫星以不同轨道围绕地球运行。对战争也起了质的变化，但更多是民用，如发现地球范艾伦辐射带、追踪海洋里的鱼群运动、揭示沙漠中失踪的古代道路与城市、显示植被生长与污染分布；气象卫星带来准确天气预报、大气状态信息，其中包括发现臭氧层正在增长的漏洞；资源卫星追踪世界森林与谷物变化、确定地球矿藏分布；通信卫星其通信范围早已遍及全球；定位卫星可即时发现地表上发生的一切状况。总之这些卫星帮助人类了解了在地球上无法弄清的许多重大问题以及无法实现的重大功能，方便采取各种有效措施进行即时防范或进行有利开发，对人类保护及开发自己地球及周围空间正在发挥重大作用。

4.8.5 深空探测

美国，重点对月球、火星，其次对金星、木星、土星进行了探测。1958 年至 1968 年间，用先驱者、徘徊者、勘测者与月球轨道环行器等探测器，考察月球，包括拍摄月球照片与分析月球土壤，为实现载人登月提供科学数据。1962 年发射水手 2 号、1967 年发射水手 5 号，先后离金星 35000 公里与 7600 公里处掠过，测量大气密度与表面温度。1971 年发射水手 9 号，进入火星轨道，探测大气压力、温度与磁场等情况，并拍摄表面照片。1972 年 3 月与 1973 年 4 月发射先驱者 10 号与 11 号，分别于 1973 年 12 月与 1974 年 12 月掠过木星，探测其辐射带与大气层等情况，并拍摄了极区照片，先驱者 10 号于 1986 年 10 月穿过冥王星平均轨道，已成飞离太阳系的第一个人造航天器，可用以研究牛顿万有引力定律。1975 年 8 月与 9 月发射海盗 1 号与 2 号，于 1976 年 7 月与 9 月在火星软着陆，对土壤进行了分析，未发现有生命迹象存在。1977 年发射旅行者 1 号、2 号，1979 年飞临木星，第一次近距离观测木星环、大红斑与三颗卫星，1980 年与 1981 年先后飞近土星，拍摄照片，提供土星环结构新数据，并发现新卫星。旅行者 1 号于 2012 年 6 月达"太阳系边缘"，至 2013 年 9 月已飞离太阳系外的保护气层。1997 年发射的卡西尼号宇宙飞船（现代九大物理实验"怪物"之一）是之前飞船中的最好最大者，高 6.7 米、宽 4 米、重约 5.7 吨，经金星地球与木星已达土星，已环其运行多年，用以研究其大气与磁场及著名光环与卫星，2005 年 1 月向最大卫星土卫六释放了惠更斯号探测器，并将所得部分探测资料已传回卡西尼号，现仍正在考察之中。2004 年 1 月机遇号登上火星，已传回一幅显示遍布小型鳍状岩石的照片，甚似地球上的一片热带草原，并第一次确认火星上存在黏土，由此可证明有液态水。2005 年发射信使号，2011 年 3 月成为第一个绕水星飞行的探测器，先期传回的信息，第一次看到其全貌，并用 X 射线光谱仪，探到表面存在含量高得令人意外的硫，有助理解水星起源及火山活动。2007 年 8 月发射的凤凰号，主要企图寻找人类宜居地带。2011 年 5 月，以丁肇中为首的中国科学家参加的阿尔法磁谱仪送到国际空间站，主要目的，期望揭示神秘暗物质背后的粒子。2011 年中期发射朱诺号，拟于 2016 年 7 月抵达木星轨道，主要检测木星上有多少水、其中心是否有重物质核或者全都是水。2011 年 11 月 26 日发射好奇号火星车，大小如一辆小型汽车，重达一吨，是个可迅速移动的核动力试验舱，载有 10 件先进科学仪器，仪器中有钻孔机与激光碎石机等，能提取土壤与岩石，并可现场进行分析，还有气象站提供气温、风力与湿度等，至 2012 年 8 月 6 日经长达 3.52 亿英里行程，登上火星，主要目的，想探索此寒冷干燥与贫瘠之星，是否曾有微生物存在迹象，或现在是否还有生命生存的环境。至 2013 年 2

月，用钻头在一块岩石上打了一个直径6.1厘米、深6.4厘米的洞，以便进行其组成分析。至目前为止，已有五大重要发现，一是其辐射探测器接收到高能宇宙射线；二是使用悬浮天空起重系统，使探测器着陆，证明是最好的一种方法；三是曾有汹涌河水流过远古河床的痕迹；四是曾有弱酸、微咸的水和矿物；五是二氧化碳是其大气的压倒性成分。这些发现对以后探测火星有重要作用，现还正在进行预定考察之中。2013年11月18日发射Maven探测器，携带8种仪器，拟对火星上层大气进行整整一个地球年的探测，了解火星大气，有助引导人类更安全地抵达该星球表面。火星比太阳系里其他行星更像地球，早于20世纪90年代人类就对许多火星陨石进行过精心分析，发现可能曾有生命存在迹象，对其进行了30多次探索，只有不到半数成功完成了使命。2013年6月发射界面区域成像光谱仪IRIS卫星，携带一架紫外线射电望远镜，可每隔数秒进行高分辨率照片拍摄，以便对太阳表面与日冕之间一个很少被研究区域进行观测。"旅行者"探测器见图4-86，"旅行者"飞出太阳系见图4-87，"好奇"号在火星工作如图4-88所示。

图4-86 "旅行者"探测器

图4-87 "旅行者"飞出太阳系

图4-88 "好奇"号在火星工作

苏联主要对月球、金星、火星、行星际空间进行探测。探测器有月球号、探测器号、金星号、火星号与金星－哈雷号等。1959年至1976年共发射月球号探测器32个，主要环其飞行，并着陆带回土壤0.12公斤。1961年至1983年共发射金星号探测器16个，考察表面与大气层，1972年3月金星8号软着陆，考察了土壤。1962年至1973年共发射火星号探测器7个，有的围绕其飞行，有的实现着陆。1984年12月15日与27日发射两颗"金星－哈雷"号探测器，探测金星与哈雷彗星。停顿一段时间之后，2011年11月初，其后继者——俄罗斯发射一个火星探测器，但已宣告失败。苏联在深空探测方面虽也想与美国比高低，但更显得力不从心！

经过深空探测，获得宇宙天体，尤其是太阳系大量图像，因此对其各大行星有了深一层次的了解。

水星，最接近太阳的一颗行星，与太阳这一火炉的平均距离仅5800万英里，成了地球上最难观测的一颗行星，即使望远镜的发明，也没有将其更好带入镜头，难以从地面对其进行了解。1974年3月水手10号到达水星，它装备有避免太阳辐射的特殊防护，飞到距水星表面仅437英里处，用携带的5英尺望远镜电视摄像机、X频带射电传输器、红外辐射计及紫外实验设备，才向地球发回约2500张图片。绕过太阳之后，又两次回到水星附近，1974年9月与1975年3月又发回大量照片。当首批照片返回地球时，科学家对其与月亮酷似，就留下深刻印象，从被烤焦表面坑坑洼洼可得出结论，地质学历史在许多方面早已一成不变。约35亿年前曾有无数陨星对其进行狂轰滥炸，从照片上的地壳破裂及其他证据可以判断，撞击之前曾经明显收缩，也许是由铁核冷却或自转减慢造成，此后就稳定下来，显然是在39亿年前的那次毁坏月球的大撞击的同一时期"死亡"的。水星表面的原始状态，将我们拉回到过去时期，得以实际窥见太阳系起源及演变的过去的细节。它与金星一样，是太阳系中没有天然卫星的大行星。

金星，地球最近的行星邻居，其直径、大小、密度与地球相差无几，半径为地球赤道半径95％，约6500公里；质量为地球81.5％，相当$4.87×10^{27}$克；平均密度为地球95％。有人曾将金星看成是地球孪生兄弟，两者相距仅2600万英里，其周围也有厚厚的一层云雾，推测云雾意味着有水蒸气，云雾之下是个多雨炎热的行星。从1961年至1989年间，美国与苏联向金星发射了20多次太空飞船，大多数是成功的，探测了其大气上层、中层与底层，分析了其化学特性、云层运动、压力与温度等。可从探测器已发回的信息来分析，金星与想象的充满生机的行星截然不同，透过表面一层厚厚致命的硫酸云，这里的温度竟高达900℉，在上层大气中风速竟达217公里／时，此速度比其反常的逆向自转还要快60倍，正如美国水手5号科学小组的技术备忘录所记："金星似乎在提供发烫的热量，窒息的大气、沉沉的压力、雾蒙蒙的天空，也许还要加上可怕的气候与恶劣的地形。"

火星，比地球要小，赤道半径3395公里左右，为地球53％，体积为地球15％，质量为地球10.8％。自从有了望远镜，是唯一可看见其表面的一个行星，故天文学家一直对其最感兴趣。至19世纪90年代，根据天文学家洛厄尔观测有人推测：火星平原上有人工开凿的纵横交错的运河，标志曾有文明存在；火星北极冰盖周期性的收缩及成长的季节性变化，更激起了一种幻想，火星可能与地球非常相似，或许也有生机勃勃的春天与荒凉寒冷的冬季。但自从美国1971年11月13日发射水手9号开始，美国与苏联用各种探测器对其进行了几十次考察，有的环其飞行、有的着陆探测，虽找到一些有生命存在迹象，但从未发现曾有什么文明存在！

木星，太阳系中的一颗最大行星，其质量除太阳本身质量之外，占太阳系内其他天体质量 71%。其赤道半径约 71400 公里，是地球 11.2 倍；体积是地球 1316 倍；质量是 $1.9×10^{30}$ 克，相当地球 300 多倍。原以为它只有 28 颗卫星，据有关报道，至现在为止已发现 63 个，甚比一个更复杂小小太阳系，因此也甚受科学家关注。20 世纪 40~50 年代，基于采用较先进地面射电望远镜等探测装备，发现主要由简单气体组成，才开始对这一巨型天体形成现代看法。最引人注目的事实，更像太阳，而非地球。太阳系内行星，均是固态小天体，如有卫星，也只有少数几个，而远离太阳行星，除对冥王星知之甚少之外，其他均是气态巨星，主要由最简单元素氢与氦组成，且大多有数量庞大卫星，在其周围还均有围绕行星旋转的光环。外行星（即木星、土星、天王星、海王星、冥王星）与内行星（即水星、金星、地球、火星）为什么有如此巨大差别？木星作为一个行星，其历史与地球为什么有如此巨大的不同？现代科学家才开始理解。第一颗达到木星的太空船，是 1972 年发射升空的先驱者 10 号，第二年孪生兄弟 11 号也发射升空，送回了最好数据与照片，至 1977 年又发射两艘旅行者号，以精彩特写镜头，拍摄外层行星的各卫星系统、光环与其行星本身，从所拍图片就改变了对四大气态行星的认识：先驱者与旅行者第一次让科学家对木星大红斑等作了详细观察，并有机会观察到那里发生的强烈大气运动，令人意外发现木星也有一个光环系统，只是比土星薄得多，约 0.6 英里厚。又惊人发现木星的伽利略卫星（17 世纪伽利略发现）存在各种不同环境，于是美国就发射伽利略太空船，1996 年 6 月抵达木卫三，7 年之内多次近距离掠过木星、木卫一、木卫二、木卫三与木卫四，发现木卫一有强烈且频繁的火山活动、木卫二与木卫三在冰面之下有可能存在液体海洋、木卫四其冰状外壳可能厚达 150 英里之多。最惊人之处，据英国《独立报》网站 2013 年 12 月 12 日报道，通过对哈勃望远镜的数据分析，发现木卫二上有喷发的、两处巨大的羽状水柱，高达 200 千米；且冰冻表面有似矿物质散落泥土，说明不但可能有丰富矿物质，而且可能是太阳系内的第二个宜居之地，真是如此，应值得人类高兴！

土星，因有很多光环，即使采用最强大的天文望远镜，也无法解开其复杂结构。至 1979 年从先驱者号才知道，它非常寒冷，冷到 –279°F，在光环处甚至冷到 –329°F，这一现象，支持了土星光环基本由冰组成的理论。旅行者号第一次近距离看到土星的大气带及其中湍流，风速竟达 1118 英里 / 时，比木星上的还快四倍。从先驱者与旅行者的探测，可看出其光环隐藏着大量让人吃惊的事情，这些旋转的固态冰状物质，比原来想象的还要复杂，那里并不仅是天文学家从地面上看到的三个环，而是一个复杂且经常变化的系统，由成千上万的小环组成，光环系统直径约 249000 英里。另在 9 个已知的卫星中，最为特别的是土卫六，从地球上观察其冰状世界具有一个由甲烷组成的大气，也许还存在一定的碳氢化合物，但从旅行者发回的信息，土卫六大气比地球要稠密一倍半，大多数是氮，而非甲烷，这就引起了许多科学家的特别重视，如美国就发射惠更斯号专对其进行探测。

天王星，1781 年赫歇尔第一次观察到天王星，那也是模模糊糊，但之前更是毫无所知。1977 年美国用一个机载观测站发现天王星也有环，于是旅行者 2 号对其光环进行贴近观察，结果发现最内侧的环距其云顶之上约 10000 英里，11 个环中的 6 个只有 3~6 英里跨度，三个最宽的也只有 10~30 英里。令人吃惊的是，这些环似乎主要由大块炭黑状物质组成。旅行者 2 号还给科学家带来另一个不可思议的奥秘，太阳系其他行星磁场大多与其旋转轴几乎平行，而天王星磁场与其旋转轴竟有 55 度的偏移。

海王星，从太阳向外数是第八颗行星，比天王星离太阳更远10亿英里，因距地球较远过去了解不多，但采用现代飞行器发现，与其邻居在许多方面仍然极为类似。早在1989年旅行者2号接近海王星时，发现在其大气里有一个巨大风暴系统，即大暗斑，其面积几乎与地球一样大，处于与木星大红斑同样纬度，相对行星大小也与木星大红斑相似，速度450英里/时的狂风使大暗斑绕行星旋转，这不过是几个风暴系统之一，在其顶端还有快速移动云团，让科学家至今迷惑不解的是，海王星如此远离太阳，其所得能量如何能掀起如此狂烈风暴。旅行者2号的第一个贡献，弄清了地球上难以看清的光环，尽管光环非常昏暗，还是完整地环绕行星，形成了光环系统。旅行者2号的最大贡献，发现最大卫星海卫一温度大约为 –400°F，可能是太阳系最寒冷之地，看来还有冰火山，甚至也许依然处于活跃期，可将15英里大的冷冻氮晶体，喷射到稀薄的大气之中。太阳与行星大小比较示意见图4–89。

月亮，是地球卫星，距地球最近的较大天体，故自古以来人类就对其特感兴趣，并有各种神话传说，长期总将其描绘得完美无缺。至1609年，伽利略虽用望远镜已发现其表面坑坑洼洼，但也只看到点点皮毛现象。当美国与苏联拥有摆脱地球引力能力时，月

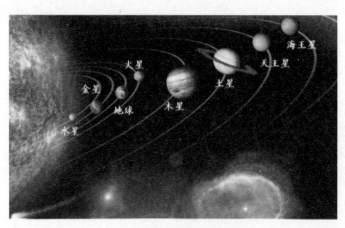

图4–89　太阳与行星大小比较

球自然成了首选理想探索之地。1958年至1976年两国向月球进行了80次行动，尽管只有49次按计划完成了任务，有些还永无结果。但是这些飞行任务（含轨道飞行器、软着陆、照片探测器、两次载人飞行与六次宇航员着陆）带回或送回了大量信息，接着1994年美国发射克莱芒蒂娜号，送回150万张照片，测绘出99.9%月球表面，采用激光技术还使克莱芒蒂娜制作出一幅详细月球地形图。在这些过程中有太空船在月球两极曾遭一次反射，表明可能存在冰水，若月球真的有水，就为移民提供支持，也令人振奋过，因此曾引起许多国家的强大兴趣，争相设法奔赴月球。但经对其深入探索之后，已知月球许多状况：年龄与地球几乎相同，大约45亿年；氧的同位素相对丰度与比例显示，与地球形成时曾相互靠得很近，不过形成过程细节还是各有各说；当宇航员踏上月球零距离进行审视时，看到的只是一片荒凉世界，质量不足以拉住大气，可说与地球完全不同，是个发育不良世界，可能只有过去，没有发展；此世界如此安静，以致宇航员在其尘埃表面留下的脚印，可能有的会保留100万年之久。

从深空探测更可明显看出，要深层次了解宇宙天体，开发广阔空间，必须要有强大的、性能良好的探测器与宇宙飞船才有可能，仅凭地面观察，使用最先进仪器也只能看到一些十分肤浅的皮毛。另一重大收获，可借鉴各种天体如今存在的问题，避免在地球上也将出现，如怎么防止金星那样的硫酸云及900°F高温、月球那样厚厚的尘埃等，以便使太阳系现存唯一绿洲能更加美丽可爱。

4.8.6　载人航天器

载人航天器含载人飞船、航天飞机、航天站。美国自20世纪60年代开展水星计划、双子星计划，以解决人类上天与返回、飞船机动、交会、对接与航天员出舱活动等技术难题，为实现阿波罗工程等奠定基础。1961 年至 1984 年之间，实现了五项载人航天计划，完成了 46 次载人航天活动：1961 年 5 月第一名宇航员谢波德乘坐水星号完成轨道飞行；1969 年 7 月至 1972 年 12 月先后有六艘阿波罗号飞船完成月球航行，12 名航天员在月上进行过科学考察，带回土壤与岩石标本 368 公斤；70 年代用土星 5 号火箭壳体改造成试验性航天站"天空实验室"，1973 年至 1974 年有三批航天员乘坐阿波罗号飞船上去工作，开展生物学、天文学、地球资源勘探与生产工艺等实验研究；1975 年 7 月与苏联合作，进行阿波罗 - 联盟号对接飞行；1972 年开始研制航天飞机，1981 年 4 月首次试飞，1982 年 11 月正式投入使用，现已结束历史使命。2010 年 4 月发射空天飞机 X-37A，在轨时间已超 225 天，2011 年 3 月又发射 X-37B，长约 29 英尺、宽约 15 英尺、重 2 吨，电力来自一块可展开的太阳能板，非低温燃料电池，看似一架旧式航天飞机，但体积只有航天飞机的四分之一，在轨寿命可比之更长，航天飞机只能执行约两周半的任务，X-37B 一直以时速 17000 英里，在 210 英里上空飞行了 469 天。2012 年 7 月 2 日美国航天局又展

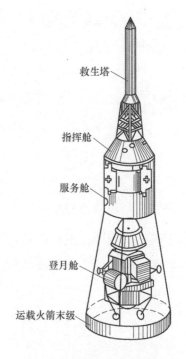

救生塔

指挥舱

服务舱

登月舱

运载火箭末级

图 4-90　"阿波罗"飞船结构

图 4-91　人类首次登上月球情景

图 4-92　航天员与月球车工作情景

图 4-93　"天空实验室"

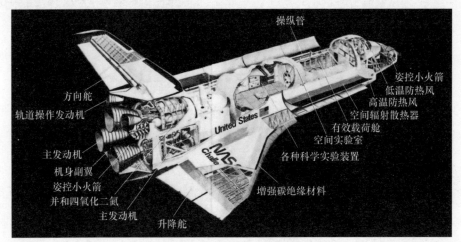

图 4-94　航天飞机结构图

示造价 5 亿美元的航天器猎户座，于 2014 年进行了首次试飞，最终将宇航员送上火星。"阿波罗"飞船结构见图 4-90，人类首次登上月球情景见图 4-91，航天员与月球车工作情景见图 4-92，"天空实验室"见图 4-93，航天飞机结构图见图 4-94，X-37B 如图 4-95 所示。

图 4-95　X-37B

苏联在载人航天方面倒不曾逊色于美国，20 世纪 60 年代也为掌握载人航天技术，发射了 6 艘东方号飞船、2 艘上升号飞船、8 艘联盟号飞船。1961 年 4 月 12 日世上首名宇航员加加林比美国早约一月，驾驶东方 1 号飞船绕地球飞了一圈，实现了人类太空首次航行。70 年代载人航天也进入实用阶段，安排了大量国民经济与科学研究及军事项目，1961 年至 1984 年之间，共发射 7 个礼炮号航天站，完成 56 次载人飞行：1971 年 4 月发射第一艘试验性航天站礼炮号，作太空基地，之后用联盟号载人飞船与进步号货运飞船作运输工具，为航天站轮换航天员与补充燃料、设备、消耗品等，对地球进行侦察测量、开展天文观测、空间加工、生物医学研究与技术试验等，并保证人在失重中能长期生活与有效工作，也积累了经验；1984 年 2 月 8 日乘坐联盟 T10 号进入太空的航天员基济姆、索洛维约夫与阿季科夫，创造了连续航天时间 236 天 22 小时 50 分的世界纪录。但在人类登月竞争中，显得底气不足，明显受阻。

苏联 1961 年 4 月 12 日发射首艘载人飞船以来，已研制出三种载人航天器，即载人飞船、航天飞机、空间站。有人统计，至 2005 年 10 月为止，利用这三种、

9 个型号的航天器共进行了 246 次载人太空飞行，共有 34 个国家的 446 人参加，航天员在太空进行了大量科学实验与应用研究，包括空间生命科学，微重力材料科学、燃烧科学、微重力流体力学与基础物理学等。

从实践证明，载人航天器更是探测及开发宇宙必不可少的运输工具，美国人到了月球并带回土壤与岩石样品之后，才对月球有了较深入了解。否则怎么知道与地球大不相同！怎么知道是个发育不良且毫无生气的世界！怎么知道有多少矿藏存在！如要开采其他天体的有用矿物，进而开发使之能适宜人类居住，那就需要更大更多、能持续长期飞行的载人航天器作运输工具，才有可能。

要研制出理想载人航天器，据现有科技水平，可在三方面进行深入探索。一是用原子能作动力；二是用太阳能电池板作动力；三是用人造光合作用作动力。用原子能作动力，难点有两个，一是如何缩小体积；二是如何保障安全。用太阳能电池板作动力，主要难点如何提高效率。用人造光合作用作动力，虽难点最多，但也是最理想的方法，利用太阳能把水分解成氢气与氧气，然后将分解的氢气与氧气燃烧，产生动力，水可循环使用，既轻巧，也安全，又能持续，故应是预期最佳的一种选择方案。

图 4-96 运 -20

我国在飞行器方面，新中国成立前可说一片空白，新中国成立后经过发奋图强，分秒必争，可说已得到不错发展。

运输机方面，现正研制 168 个座位 C919 客机，可与 A320 和 B737 展开竞争。2013 年试飞成功运 -20 战略运输机，载荷可达 60 吨，大小可居 C-17 与 A400M 运输机之间。运 -20 见图 4-96。

　　喷气歼击机方面，1956 年研制成第一代战机歼 -5，1959 年研制成第二代战机歼 -6，2003 年研制成第四代战机 J-10，其性能基本与 F16 相当，最大作战半径 1100 公里，有其优越之处。也正在研制第五代隐形战机 J-20、J-31，类似 X-47B 无人机利剑。J-10 见图 4-97，J-20 见图 4-98，J-31 见图 4-99，利剑如图 4-100 所示。

图 4-97　J-10

图 4-98　J-20

图 4-99　J-31

图 4-100　利剑

　　火箭及导弹方面，1970 年研制成第一枚三级运载火箭长征 1 号，成功发射首颗人造卫星。1981 年 9 月用一枚长征 2 号火箭，成功发射三颗空间物理探测卫星。1984 年 4 月用长征 3 号火箭，成功发射首颗地球静止轨道试验通信卫星，重 1450 公斤，运载能力在美苏法之后，居世界第四位，1988 年 9 月用潜艇水下发射火箭获得成功，继美苏英法之后成为第四个拥有第二次核打击能力的国家。2006 年展示机动固体燃料弹道导弹东风 –31，2007 年装备射程更远东风 –31A，射程达 12000 公里。1912 年 7 月成功试射东风 –41，射程 14000 公里，8 月成功试射水下巨浪 2 型弹道，射程 8000 公里，可携带多枚弹头。同年 11 月珠海航展上展示 5 倍音速超高速导弹，2013 年底又试射 10 倍音速超高速导弹。时至今日已拥有一定数量、各种射程、防范用的巡航导弹与战略弹道导弹。长征 3 号火箭运载能力为近地轨道 5000 公斤、地球静止卫星过渡轨道 1300 公斤（大力神低地轨道约 13400 公斤、地球静止轨道约 1600 公斤）。为探测月球与建立太空站，正在研制更大推力的火箭发动机，运载能力拟定将 25000 公斤卫星送到近地轨道。中国超高音速导弹见图 4–101，长征号运载火箭如图 4–102 所示。

图 4–101　中国超高音速导弹　　　　　图 4–102　长征号运载火箭

人造卫星方面，1971 年 3 月成功试射首颗科学探测技术试验卫星实践 1 号，在太空运行了 8 年，远远超出原定 1 年寿命。1975 年 11 月发射返回式卫星，继美苏之后，第三个能掌握卫星返回技术的国家。1986 年 2 月发射通讯地球同步卫星。1987 年 9 月发射 FSW1 摄影测绘返回式卫星。1988 年 8 月发射东方红 2A

通信卫星，9 月发射极地轨道气象卫星风云 1 号。1994 年 2 月将 SJ4 送入地球同步轨道，探测空间辐射及其效应。1999 年 10 月发射中巴地球资源卫星。2003 年 12 月与 2004 年 7 月分别发射探测双星 1 号和 2 号。2004 年 9 月发射探测空间辐射及空间试验实践 6A6B。2007 年 4 月 1 日发射北斗导航系统第一颗卫星开始，2011 年 4 月成都天奥电子公司通过接收自主研发导航卫星信号，推出世上首只指针式卫星授时手表，时间与标准时间保持精确同步，精度在 0.1 秒以内，时至今日，已发射 16 颗，能覆盖包括东亚与澳大利亚大块地区，定位精度已达到 10 米，并拟于 2020 年建成由 35 个卫星组成的全球定位系统，其总体性能将与 GPS 相当，将摆脱美国五角大楼常随意关闭 GPS 信号的控制。"东方红" 1 号卫星见图 4-103，北斗卫星导航系统如图 4-104 所示。

图 4-103　"东方红" 1 号卫星　　　　图 4-104　北斗卫星导航系统

深空探测方面，2008 年发射嫦娥一号绕月卫星，获一些形状等资料。嫦娥三号直奔月球之后，2013 年 12 月 14 日成功着陆在月球虹湾地区，除着陆器在着陆点进行原地探测之外，所带月球车玉兔还对月球进行进一步科学考察。成功着陆月球标志我国航天领域的七大创新，即首次实现航天器在地外天体软着陆、首次实现航天器在地外天体巡视勘察、首次实现对月面探测器进行遥控操作、首次研制大型深空站并初步建成深空测空通信网、首次在月面开展多种形式的科学探测、首次实现探测器在极端温度等环境下生存、研制成一系列高水平特种试验设备及创新一系列先进试验方法。并拟于 2020 年之后实现无人登月探索。嫦娥1 号如图 4-105 所示，玉兔见图 4-106。

图 4-105　嫦娥 1 号

图 4-106　玉兔

载人航天器方面，1999 年 11 月发射神舟一号无人试验飞船。2001 年 1 月10 日与 2002 年 3 月 25 日相继发射神舟二号和神舟三号无人飞船，顺利完成预定试验之后，在预定区域均准确返回并安全着陆。2002 年 12 月 30 日发射神舟四号无人飞船，绕地球飞了 1700 圈，轨道舱在太空运行了 100 天。2003 年 10月 15 日发射神舟五号载人飞船，杨利伟成了第一位飞上太空的中国人。2008 年9 月发射神舟七号双人飞船，实现航天员太空行走，并进行了简易操作。2011 年9 月 29 日发射天宫一号目标飞行器。2011 年 11 月发射神舟八号无人飞船，与天宫一号实行两次成功对接，继美俄之后，中国成为第三个能掌握完整太空对接的国家。2012 年 6 月 16 日发射三人神舟九号载人飞船，其中刘洋成为中国首名女宇航员，18 日与天宫一号自动进行对接，分开之后，又进行手动对接，在太空

图 4-107　神舟飞船

进行多项人体医学实验之后，28 日再次离开天宫一号，至 29 日顺利降落。2013年 6 月 11 日又发射三人神舟十号载人飞船，与天宫一号组合飞行 12 天，并作了一些实际操作及实验。拟至 2020 年建成空间站。神舟飞船如图 4-107 所示。

在飞行器上虽取得不错成绩，但就整体水平而言，与西方科技发达国家相比，也仍有一定差距。

时至今日，虽仍未研制出开发更深层宇宙空间的有效交通工具，但已获得许多具体重大成果：如在交通方面，改变了海陆地表运输的单一格调，如美国至 1982 年公共交通距离 800 公里以上客流量 93%、全国城市间客流量 80% 均由飞机来承担，且安全早已超汽车，扩展了人类活动空间，太空旅行也开始排上日程，为宇宙开发提供了一点条件；在信息方面，包括电报、广播、电话、电视、互联网等均能即时将各种信息传到世界各地，就此点而言地球确已变平；在气象预报方面，能及时了解世界各地气象、并能预报几十年后的变化，有利农业生产与各种有计划的行动，并可及早防止自然灾害；在资源探测方面，可广度深度勘探地球与其他天体的有用矿物，地球已显不堪重负，其他天体已证明资源用之不竭；在侦察方面，全球定位系统能及时全面了解地表上发生的活动景象，侦察误差仅为 6 米，空载雷达更易更精确及时捕到空中与地面上的物体状况，均可用之及时伸出援救之手或清除有害之物；在测量方面，可对地球与其他天体进行广度精确测量；在战争方面，如今不再主要靠陆地武装力量，主要靠的是卫星提供的信息与空间武器，能及时获取信息，并掌握制空权并获得主动，陆军最后决定胜负的时代基本一去不返。但最重要者，在寻找宇宙中宜居天体、验证引力场与相对论、探索恒星核聚变与暗物质、暗能量等方面也均得到一些线索，并已成为当今科学家竞相攻克的重大课题。故在空间开发上实已取得不错成绩，也应是现代科学技术的重大成就之一。

4.9 "巴基球"及纳米科学

1985 年，克罗托（英）用微波光谱测量大气层时，偶然发现长形链状碳，为找到其形成途径，与斯莫利、柯尔（美）合作，利用斯莫利设计的激光超声速束光仪（可气化已知所有物质），在氦气中将石墨气化，产生了碳原子束，获得 40~100 个以上偶数碳原子相应的、未知形式的碳谱线，分子由 60 个碳原子组成，有 60 个顶点、32 个面，12 个面是五角形、20 个面是六角形，结成一个高度匀称、类似球状的中空结构，与建筑师富勒设计的多面体穹顶相似，故称"富勒烯"，60 个碳原子构成，又称碳 60，形状甚似足球，也称足球烯、富勒球、巴基球，直径仅 0.71 纳米，堪称世上最小足球。实无"烯"的结构，故称"富勒碳"更为妥当，如今习惯称"巴基球"。其有无数优异特性，本身是半导体，掺杂后可变成临界温度很高的超导体，尤其是衍生出的碳微管，比相同直径的金属强度还高出约 100 倍，由此标志纳米时代的早日到来，三人一同获 1996 年诺贝尔化学奖。富勒烯模拟图如图 4-108 所示，碳纳米管与富勒球见图 4-109。

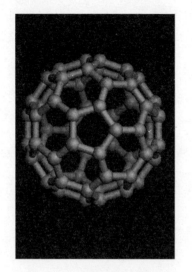

图 4-108 "巴基球"模拟图

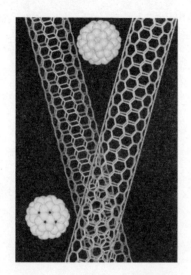

图 4-109 碳纳米管与富勒球

1986 年，未来学家德雷克斯（美）在《造物引擎》中首次提出"纳米技术"概念，并描述了纳米尺度机器人能自我进行复制，自此纳米技术就成了一门新兴向荣学科。

1988 年，费尔（法）与格林贝格（德）先后独自发现"巨磁电阻"，即磁力发生微弱改变，电阻就产生巨大影响，如今从 MP3 到数码相机，再到笔记本计算机等，存储与日常生活密切相关的各种数据功能大幅提高，均得益于此硬盘技术突破，此乃纳米技术最早实现重大应用中的一个实例，因此两人一同获 2007年诺贝尔物理学奖。

另据有关科技刊物与杂志等报道：2000 年，美国密歇根大学研制成一种纳米炸弹，可炸毁危害人类等的细菌及病毒；康奈尔大学研制成一种分子马达，即T型发动机。

2004 年，英国曼彻斯特大学安德烈·海姆（俄）研制成石墨烯，只有一个原子厚，是目前为止发现的最薄材料，由碳原子紧密排列在蜂巢状晶格中所形成的薄片，具有超强传热与传电性能（优于铜），且比金刚石更坚固，可能用作制造比当今硅晶体管传输速度更快的石墨烯晶体管、几万公里长的太空电梯缆线等，获 2010 年诺贝尔物理学奖。

2005 年，美国南加州克莱姆森大学，研制成使细菌结块的一种纳米管，随后将其滤出而消灭，可能用作水处理厂的过滤器，甚至可将细菌从患者血液中滤出；美国圣迭戈加州大学，研制成一种纳米开关，即 Y 形纳米管，可能代替传统晶体管；韩国浦项科技大学，研制成 0.4 纳米最细碳纳米管，可用作制造微电子与精密机械；赖斯大学，研制成用分子组成的最小汽车，可用作装载原子与分子等。

2007 年，IBM 宣布，已掌握控制单个原子技术，可能使其成为微型储存器；泰国研制成纳米眼镜，可使法医迅速鉴别犯罪痕迹。

2008 年，美国研制成使放射线直接转为电能的碳纳米材料，其法是用碳纳米管与黄金一起被氢化锂包裹，当放射线猛烈撞入黄金时，会撞出大量高能电子，通过碳纳米管进入氢化锂，形成电极，使电流通过，效率比衰变材料制成的"核电池"高出 19 倍，可为宇宙飞船、飞机，甚至地面交通工具等提供足够动力。西班牙研制成酶分子刀，可能对癌症等治疗具有重大意义；瑞典等科学家研制成用纤维素制造的纳米纸，张力可与结构钢比美；德国维尔茨堡大学研制成最细纳米线，直径仅有头发丝的百万分之一，可能使微电子学微型化程度推向极致；美国佐治亚理工学院，研制成一种能发电的纳米纤维织物，纤维外面包着成对氧化锌纳米管，受到摩擦之后，会产生微小电流，可能用作随身携带电能装置；美国康奈尔大学，研制成一种纳米纤维，可用来变换温度、预防感冒、免受细菌侵袭与环境污染等，用作一般服装，可能控制流汗，用做病号服装，可能消除葡萄球菌等；日本信州大学研制成一种碳纳米管，可使钻井工具承受260℃高温、每平方厘米2.4吨压力，可能用作开采更深藏的石油，使油井产量提高35%至70%。

2009年，美国研制成纳米晶体管，体积之小，现有高级晶体管也无法相比；研制成具有超强数据存储能力的纳米薄膜，能将250张DVD光盘数据储存在硬币大小的表面，为制造更小更快更强大电子产品铺平了道路；美国霍普金斯大学研制成纳米镊子，可达至难到部位锁定及清除有害细胞，医用潜力非常巨大；美国哈佛大学研制成纳米精子，可向人体内输送自重1000倍的药物；德国奥格斯堡大学研制成量子发动机；美国加州大学研制成纳米武器，可清除人体内的胆固醇。

2010年，韩国用纳米金丝研制成多重病原体探测器，其法将检测DNA片段固定在丝上，并用许多根丝制成列阵，能同时探测多种细菌。传统探测器准确率有时不到50%，且费时要3~7日，有时来不及使用正确抗体，患者就一命呜呼。而新法准确率能达99%，费时一般也只有数小时，最多一天就能完成必要血液筛查；美国加州理工学院，利用纳米技术研制成微型聚合物机器人，能找到多种肿瘤受体与分子入口，一入就释放"干扰RNA"，抑制肿瘤基因，使肿瘤生长蛋白质核苷酸还原酶无法合成；美国惠普研制成一种纳米忆阻器，在一层二氧化钛薄膜上，利用电流移动原子，原子只移动一纳米，电阻也会发生变化，即使关闭电流，电阻仍处改变后状态，可能用作制造超低耗能装置，目前用最先进技术可制成 30~40 纳米晶体管，而正研制的 3 纳米忆阻器所需开关时间仅十亿分之一秒，一平方厘米面积就可储存 20GB，可能取代现有计算机闪存。

2011 年，日本、德国与法国的一个联合研究小组，利用墨水等颜料与染料的酞花莆，代替飞涨稀土，研制成大小仅 1 纳米磁性传感器，体积仅现有产品的百分之一，感应度则可达现有产品的 10 倍，可能用其读取硬盘数据，制造更加便宜且节能的电脑；英国曼彻斯特大学与新加坡国立大学合作，研制成一种超强光学纳米显微镜，其原理先获取不发生光衍射的光学近场虚像，然后用纳米透镜使之放大，再用普通光学显微镜进一步传递并放大，在普通照明下，能观察到原来 1/20 的物体，即 50 纳米，超过光学显微技术理论极限，目前光学显微镜可通过染色，间接观察细胞内部，但染色剂无法进入病毒，此法可直接对活细胞与活病毒均可进行探测，可能对深入研究细胞带来革命性变化；美国劳伦斯国家实验所，研制成由薄薄一层氧化铟锡纳米晶体构成的涂层，可能用来制造控制进入屋内热量的智能窗户，能阻止近红外光进入，在寒冷天气通过调节电压，能使可见光与近红外光均能通过，此技术可减少窗户带来的巨额能耗；美国俄勒冈大学，在研制成磁性铁纳米颗粒基础上，设计出一套现代化学检测系统，能即时测得对人体健康有害的化学与生物成分，几乎可用来检测空气与水中任何物质，可能用来取代现有生化老式检测方法，对生物恐怖主义、医学诊断、药品试验与环境监测，甚至水样处理与食品安全等方面，均将发挥重要作用；荷兰格罗宁根大学研制成最小纳米汽车，主体是个细长分子，每个角上装有桨轮，加上一个电脉冲可朝任一方向转动，之前曾有纳米汽车，但只能原地踏步，可其能直线前进，加上 10 次脉冲能前进 6 纳米，主要作用会有助揭开自然界微型"汽车"能效高之谜，可能引导提高现有大型汽车效率；美国加利福尼亚大学，研制成世上最轻固体材料，由微小中空金属管构成，管壁仅头发千分之一，99.99％是空气，密度为 0.9 毫克 / 立方厘米，比已知最轻固体材料二氧化硅气凝胶（1 毫克 / 立方厘米）还轻，强度则要高得很多，可能用作隔热、电池电极、隔音与减震产品等；美国密歇根大学，研制成一种黑碳纳米管，能将紫外至红外区域内的光线吸收 99.99％，使立体物质看似仅像个影子，能知那里有些东西，却不知到底是什么？可能用作隐形材料与制造太阳能电池等；美国圣母大学，研制成可将光转为电的一种纳米涂料，其法用二氧化钛纳米微粒涂上硫化镉或硒化镉，放入酒精与水的混合物中然后形成该材料，涂到透明导电物体上就可将光转变为电，无需特殊工具，可大量廉价使用，可至今转换率仅约 1％，比硅太阳能电池的 10％至 15 ％显得有点微不足道，可太阳能电池造价昂贵、制造复杂，待效率提高之后，可能扮演重要角色；美国西北大学，研制成碳纳米管与聚合物制成的高效纤维，同时具有极佳强度、耐磨性、延展性，比现有凯夫拉纤维更为结实，可能用作制造降落伞、防弹背心与汽车、飞机、卫星等零部件。

2012 年，埃及用激光将黄金纳米粒子送入肿瘤位置，成功遏制了癌细胞生长，黄金粒子靠萎缩肿瘤血管，起抑止作用，且对健康细胞无任何损坏作用，目前正进行动物临床试验；澳大利亚科学家试制出一种纳米导线，仅 1.5 ~11 纳米，与铜有相同电容量，是量子计算机研究取得的一种新进展；德国研制成纳米耳，主体是个金纳米粒子听音器，能测到低至 −60 分贝振动，比人的听阈低 6 个数量级，可辨出细菌声音，意味着可用来识别微生物学或显微级别过程，还可用来检测微型机电系统等；荷兰通过纳米技术，将一般植物转成普通塑料，使石油不再是唯一原料，其法以纳米粒子作催化剂，成功产出乙烯与丙烯，现在有用玉米与糖类等食用作物生产石油替代品，因与人类食用发生冲突，生产塑料有限，此法得到的产品与来自石油的一模一样，可能具有广泛用途；西班牙加泰罗尼亚纳米技术研究所，利用一个短纳米管作传感器，将一颗氙原子质量精度测到幼克程度（$1/10^{24}$ 克），首次研制成能测量一个单独质子质量的天平，质子 1.7 幼克，以前用纳米管只能量 100 幼克以上重量；法国国家研究中心，研制成只有几纳米厚的高导可塑纤维，在光的触发下会"自组装"，且与碳米管相比，造价很低，并易控制，结合了当前金属与可塑有机聚合物导电材料优点，能像塑料一样轻软，输送电流密度却可与铜接近，可能用来制造柔软屏幕、太阳能电池、晶体管与印刷纳米电路等微型电子设备；美国麻省理工学院，用类似纳米锥的表面结构，研制成一种反光自洁玻璃，能消除光线反射，水滴落在表面，会像"小皮球"弹离地面一样出现抛射，也能防止起雾，还能防止花粉等固体物质黏附，可用作相机、智能手机、电视机可视面板、太阳能电池板（电池板能源效率污染 6 个月之后，有的可能损失 40%）、汽车风挡与建筑物窗子等；阿根廷用直径不到一纳米碳管为核心，研制成一种纳米传感器，以之监测肌酸酐（分析尿液）与凝血酶（监测血液及其他生物分子），棉质衣物染上此种传感器，就具有导电功能，再覆盖一层聚合物（化学接收器涂料），就能监测汗液或尿液中的物质，一旦锁定某种特定物质，衣物将会发出电子信号，送到接收终端，令人采取必要措施，可能用于制造智能服装，监测人体健康；韩国三星公司研制成纳米级移动存储器，可能用作制造大容量、高性能手机等；美国得克萨斯大学研制成一种纳米激光器，由氮化镓纳米棒构成，可能用作制造超高速计算机芯片、高灵敏度生物传感器等；韩国蔚山科技学院，研制成一种新型纳米粒子，以代替现有锂电池中的传统粒子，其法先在含有石墨的溶液中分解，形成一个遍布电池电极的紧密导体网络，使所有能蓄积能量的粒子，均可同时充电，传统电池只能从外到内依次进行，新电池充电时间已降到原来 1/30 至 1/120，并正研究可在一分钟之内，就能完成充电的一种新型电动车电池；华盛顿大学研制成一种电纺纳米纤维，可在人体内进行溶解，并释放一种预防性药物，既能为女性预防性病，又能避孕。

2013 年，美国密歇根大学一位研究人员宣布，研发出一种至少包含 95% 空气的纳米涂料，经测试 100 多种液体发现，只有冰箱与空调上使用的氯氟烃类物质可以穿过，其他液体均被阻挡，并将液滴弹离抛出，用其处理的表面，可用做超级防护服装，保护军人与科学家不受化学物质毒害，还是制造高级防水油漆的最好材料，可大大减少船只在水中受到阻力，此材料是聚二甲基硅氧烷的弹性颗粒与防液体纳米立方体的混合物；俄罗斯新西伯利亚联盟电真空厂宣布，研制出一种以硼化物纳米粉末为基础的轻型陶瓷板，至 2015 年可能用于制造防弹背心及各种军用防护装备，使装甲重量降到原来的四分之一，且其防护性能超出现有产品的 4~5 倍，成本却要低 15%~25%；苹果公司将石墨烯用作移动设备散热器，萨博公司用石墨烯作供热电路为机翼除冰，洛克希德–马丁

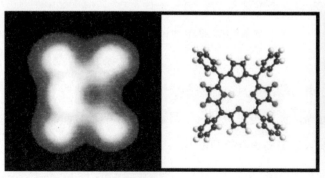

图 4-110　纳米管开关

图 4-111　最轻固体纳米材料

公司用石墨烯薄膜过滤海水等均已申请专利；澳大利亚斯文本理工大学研究人员吃惊地发现，蝉翼可有效去除铜绿的单胞菌，其上"纳米柱体"能将停留在其上的细菌切成碎片，大小约 240 纳米，略小于黑硅上的尖刺，可用于医院病房、门把手、厨房工作台面，使其能经常处无菌状态，无需用任何消毒剂、沸水或微波设备杀死细菌……

纳米管开关见图 4–110，最轻固体纳米材料见图 4–111，纳米高效纤维如图 4–112 所示。

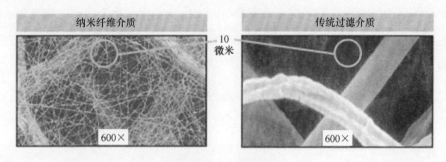

图 4–112　纳米纤维

我国已研制成 3 毫米纳米管，韧性很高，兼具金属与半导体特性，强度比钢高出约百倍，密度仅为钢的 1/6，是未来的一种超级纤维；研制成纳米"超级开关"，将对计算机微型化起一定作用；研制成纳米骨，经大量临床实验，已获国家食品药品监管局试生产注册证，是中国第一个可在市场上公开销售与应用的纳米医药产品；研制成以二氧化钛与氮为主的纳米粒子混合物，可能用于制造自洁式棉织品，如能大规模生产，将会引起衣着革命；浙江大学研究出世上最轻固体材料，即"全碳气凝胶"，其密度仅为每立方厘米 0.16325 毫克，可放在纤小的樱花瓣上，比 2011 年美国研制成的最轻固体材料，每立方厘米 0.9 毫克，又推进了一大步；香港中文大学宣布，研制出一种微型机器人，体积比人体细胞更小，不仅比以往机器人能装载更多药物，还可用于治疗与大脑、眼睛有关疾病，不必再接受高风险手术，目前正在用兔子、老鼠做测试，要用于人体还需一段时间。我国虽取得一定成绩，但就总体水平而言，与西方科技发达国家相比，也仍有一定差距。

纳米科学从整体而言，至今虽只能算个开始，但大多属开拓性的创新，美国氢弹之父特勒曾预言："谁能更早掌握纳米技术，谁将占据技术制高点"，故科学家对各个领域的纳米技术均正在竞相研究之中，定将会不断出现一些意想不到的重大成果，故也应是现代科学技术的重大成就之一。

现代科技突飞猛进，发展了光学，试制出激光器；深入揭开了原子秘密，开发出原子能；发明了晶体管，研制出各种电脑及互联网，实现信息现代化；揭示了细胞秘密，兴起生命科学；实现了高分子合成，得到重要工程材料；发展了天文学，获得开发空间许多成果；发现了"巴基球"，促使纳米科学及早到来。这些成就，主要在西欧19世纪初至20年代中期，建立相对论、量子力学与细胞遗传学的基础上取得的。在实践中确证实了各种学说基本正确，但也应看到并非足够完善，无可挑剔。如狭义相对论，其著名四大预言至今还只能说定性是正确的，仍无严格实验作证说定量也完全正确，且光子不具质量、具有绝快速度，也还有人不时提出疑问；广义相对论，其主要等效原理及引力场，并非在任何时空里均能适用；量子力学，其不确定原理时不时也有人提出异议；细胞遗传学，先多数人认为遗传因子是蛋白质，确定是DNA之后，发现RNA有时也取遗传作用，甚至还有人从实验中已发现其他遗传物质。故在今后的研究中，也必须注意，不少综合性宏观理论，任何时候，绝不要当做绝对真理来看待。

4.10　现代科技对美国社会发展影响

对人类历史进程影响深远的这些现代科技成果，虽是各国共同奋斗结果，西欧、日本、苏联等国也作出一些贡献，但美籍科学家起了主导作用，整体而言，20世纪中至21世纪初，应说是美国科技世纪。从1941年至2000年之间的诺贝尔物理奖与化学奖得主更可具体看出问题，获奖者有208人，其中美国就有110人之多，超过了其余所有国家的总和。

但是，当美国科学达到鼎盛之时，却吹来了两股违反科学的逆流，一股是所谓的"后现代主义"、一股是所谓的"新世纪"。后现代主义者认为：占星术与天文学一样均是合理的科学；美国土著原始传说，与现代"西方科学"所提供的解释一样有效；与鬼神谈话与电话里的一样真实，真是一股邪气！新世纪追随者坚持说，有一个普遍真理，但不能被理性思维发现，通向真理的唯一途径，就是放弃真理，而应采用灵性，当然也是一股十足邪气！

据1990年盖洛普民意测验：49%的美国人相信超感官知觉、21%相信有来生、17%相信他们曾与死者接触过、25%相信有鬼神、14%相信闹鬼、55%相信魔鬼存在、14%最近咨询过算命先生、25%相信占星术、46%相信巫医或精神治疗。2001年做的更近的民意测验表明：美国人相信超自然力量的人数增加了，特别在精神治疗方面增加到54%、与死者通信增加到28%、相信闹鬼增加到42%。这两次调查呈现美国人有浓厚迷信观念，而且在继续增浓之中，此与上述两股邪气实密切相关，故不足为奇。

为什么如此科学高度发达的社会，迷信会如此浓厚？！且越来越浓！值得世人深入研究。

　　美国独立之后，建立起较为先进的资本主义，开始发展科学，经百多年的奋斗，使科学走到了如此顶峰！却又落到迷信如此浓厚！此种现象是否也是一种兴衰交替表现，那么如无特殊强力措施，也定会落到另一种落后局面。

　　可是无论如何，美国在发展现代科技的基础上，发展了资本主义，各方面取得了重大成果，却也似乎已进入帝国主义阶段：在经济方面基本由金融寡头掌控；在政治方面动辄实行暴力；在军事方面爱好穷兵黩武。如今以美国为首的少数帝国主义当权者，可说在意识形态上最反对共产主义，可在行动上也不得不实行各种福利制度，将财富不断增加其分量分给广大基层群众（实为社会主义播种基因，为各取所需），以缓和其固有矛盾，但无法做到其宣扬的真正平等，最终也是徒劳，其固有矛盾还是始终存在，而且有越演越烈之势。1995 年英国上议院议员、经济学教授斯基德尔斯基曾著《共产主义消亡后的世界》，肯定共产主义已被灭亡，可于前两年又著文数落资本主义的各种道德罪恶，希望有个资本主义消亡后的世界出现，竟提出社会主义可能是种合适选择。其意识形态有如此剧变，实代表着一些实事求是的资本主义学者，已在实际生活中体验到社会主义可能来临的各种迹象。从以往历史经历观察，奴隶主也最反对封建社会，但实际无意中培育了封建社会基因；封建地主也最反对资本主义，但实际也无意中培育了资本主义基因；帝国主义者的所作所为，自然也绝不会是个例外，社会发展只能按历史规律运行，从来就不以某些个人意志为准绳，这是一种铁律，变更与否，仅时间长短而已！

第❺章

综合分析

本章主要据以上自然科技及社会发展进程，再结合各国特殊等情况，进行综合分析。

5.1 纵观科技发展进程

纵观科技发展可清楚看出，每当科技有了突破，生产力即出现一个飞跃，随后就影响社会的深刻变化。新石器与铜金属工具等的出现，历史上即得到生产力的第一次飞跃，随之就产生奴隶社会；铁金属工具等的出现，历史上即得到生产力的第二次飞跃，随之就产生封建社会；航海及大工业的出现，致使近代科技逐渐兴起，历史上即得到生产力的第三次飞跃，随之就产生资本主义社会；以瓦特蒸汽机等为中心的近代科技的发展，历史上即得到生产力的第四次飞跃，随之就开始第一次工业革命；以电机与内燃机等为中心的近代科技进一步发展，历史上即得到生产力的第五次飞跃，随之就开始第二次工业革命；以计算机为基础，及生产自动化与信息化为中心等现代科技兴起，历史上即得到生产力的第六次飞跃，随之就开始第三次工业革命，出现社会主义社会，并引起了个人生活与社会的深刻变化。故自然科技是决定生产力及上层建筑的核心动力，推动社会发展前进的主要源泉，起决定性作用！

美国耶鲁大学陈志武教授认为，经济发展有四个重要基本要素：一是制度体系，即法制、民主、管理制度体系；二是自然资源；三是劳动力资本；四是土地资源。其论述应基本正确，由此分析纵观发展进程可深一步了解其根本原因。古埃及大力宣扬太阳教，容易实行中央集权，当时四个要素基本具备，长期发展了经济，发展了远古科技。中国大力宣扬儒学，当时四个要素也基本具备，长期发展了经济，发展了中古科技。欧洲大力宣扬文艺复兴，当时第一个要素特别突出，一时发展了经济，发展了近代科技。美国南北战争结束时，四个要素也基本具备，发展了经济，发展了现代科技。经济发展之后，科技定会随之兴起，反之亦然，两者总相辅相成，从来就一同兴旺发达。

5.2　横观科技发展进程

横观科技发展也可清楚看出，至今为止，科技发展主要在北半球，由北纬20~50度此一横向地带的国家引领。地处北纬约30度的西亚两河流域、尼罗河流域首先出现奴隶社会，接着北纬约38度的黄河流域首先出现封建社会，奴隶与封建社会的根本特征是农本经济，农作物生长必具两个前提条件，即合适温度与充分淡水。据统计：北纬 20~40 度与 40~60 度之间的人口，分别占了世界人口的 50% 与 30%，就是实证。而南半球不但陆地面积极少，只占全球的 1/5，且澳洲荒漠浩瀚，人烟稀少，南极洲冰封万里更无人烟，相比无法或不适于生物生长。故在温度适中与淡水充足的亚非大陆的古埃及与中国，优先发展农本经济的奴隶社会与封建社会，实有其地域特点的必然性。

地处北纬 45 度左右的意英法德等欧洲国家，一因通过地中海与西亚两河和尼罗河流域接壤，通过丝绸之路与中国相通（成吉思汗西征输出科技，十字军东征吸收科技），吸取了古代科技成就精髓；二因为沿海国家，远航业发达，为资本主义发展也创造了条件，也实有其地域特点的必然性。

资本主义出现并且交通发达之后，科技发展起决定作用者应是人与资本，主要靠人的创造及制定的政策，地处北纬 38 度左右的美国，之所以发展了现代科技，根本原因是其人民主要由欧洲等发达国家移民而来，整体素质较高，且有吸引国际人才的有力政策，也起了独特作用，1941 年至 1986 年之间美国获诺贝尔物理学奖者共 28 次，其中 5 次是外裔人、9 次是以外裔人为主，就是说其功劳有近一半主要靠外裔人来实现，若计其影响，肯定更大，因此有人说，美国的现代科技主要由外裔人的辛勤劳动做支柱，这也正说明美国不分国籍，尽其所能发挥了人的创造性，值得他国学习，若深一步分析，美国与欧洲仅一峡之隔，也实有地域特点的必然性。

所有领头带动科技发展的国家，从古埃及至美国无一不毗邻大海，均属沿海国家。古代科技通过地中海传至欧洲，近代科技通过大西洋传至美国，其转移也均由东向西义无反顾地通过大海来实现，大海交通便利，独得天然之厚。此种趋势有延续之势，美国现代科技已初显主要通过太平洋传至中国。此种现象可能是人的一种满足及惰性，造成的三十年河西、三十年河东之故。故当今世界的主要科技现状，可以太阳出没这种自然现象，形象地进行描绘：欧洲甚似落山的太阳，虽仍有一些光芒，可失去了往日灿烂辉煌；美国犹如中午的太阳，正光芒四射，自然已开始偏西，将渐显失色；中国已初显曙光，有可能势不可当！

中国有三个有利条件可重现昔日科技发达局面，一有悠久历史，文化底蕴深厚；二有人民勤劳勇敢，敢于抗争；三有饱尝科技落后之苦。当然更要靠当今中华儿女振作精神，争分夺秒，以便早日实现多代人的梦想。否则照样不会有天上馅饼正好掉进你的口中，永远也只能是一种梦想而已！故中国能否继美国之后实现繁荣，还得靠自身。至此有两点必须特别指出，第一美国虽已开始今不如昔，但还是当今世上最强盛国家，绝不能说马上就会沦为二等国家之列，中国在科技及经济水平上尚与之相差甚远；第二当然总有一天美国也会被他国超过，这是肯定的，前面已提及只是时间长短而已，但也不一定就是中国能取而代之。

5.3　从科技发展突破点观察

从科技发展突破点来观察也可清楚看出，古代科技成就大都由感性积累而取得，如中国四大发明，就是在感性认识基础上，一步一步逐渐完善而取得的。近代科技成就则大都在感性基础上进行推理而取得，如牛顿力学定律，就是在古代大量具体成果及伽利略实验等基础上，进行分析而取得的。而现代科技则不少由实践中抽象一种理论，然后进行大量试验而取得，如海森伯建立的量子力学，当时并未被多数人接受，可说怀疑者居多，后在实验中不断获得许多证据，并在各方面取得重要成就，才得到广泛支持。由此可看出，任何事物发展，在一般规律中总有特殊性。科学发展至今，光凭以往艰苦奋斗精神，如无昂贵试验设备作基础，要取得突破性进展，定很困难，甚至根本不可能。中国人不乏勤劳勇敢而且智慧超群者，在国外因有了较好试验基础，一般能取得不俗成就。中国人也十分爱国，不少人留学后愿暂留国外，绝大多数并非原意，只因国内尚不具备相应条件所致，不可只看一点，不及其余，只见树木，不见森林。如有重大科技成果，大多定会想到祖国的未来，设法报国。可以预见，21 世纪的国内外华人，对科技贡献会有上佳表现。中国复兴绝非遥遥无期，只要艰苦奋斗，定指日可待！

5.4 从科学家个人成就观察

从科学家个人成就来观察也可清楚看出，到底谁做了划时代贡献，起了扭转乾坤作用，改变了历史进程，是绝世超伦之辈！当然是那些为自然科技做出伟大贡献的科学家。以历史顺序来进行举例，其一应是中国四大发明的一批科学家，其成就不但构成中古科技主要内容，且为近代科学奠定主要基础，其中沈括最为突出，其《梦溪笔谈》就有 200 多条论述自然科学，涉及数学、天文、地理、地质、物理、化学、生物、医学、气象及工程技术等各个方面，是世人公认的多科科学家，对自然科学贡献虽不绝后，确也空前；其二应是建立经典力学的一批科学家，其中牛顿最为突出，其成就指导经典物理学与天文学发展，促使第一次工业革命出现；其三应是建立电磁学的一批科学家，其中麦克斯韦最为突出，其成就指导经典电磁学发展，促使第二次工业革命出现；其四应是爱因斯坦建立的相对论，其成就指导宏观科技发展，促使一些现代科技不断涌现；其五应是建立量子力学的一批科学家，其中海森伯与薛定谔最为突出，其成就为激光器、原子能、晶体管奠定基础，促使第三次工业革命出现；其六应是建立双螺旋结构学说的一批科学家，其中沃森与克里克最为突出，其成就开始真正揭开生命秘密，为21世纪生命科学发展奠定基础。若还要列出什么科学巨匠，应是前3世纪古希腊的阿基米德，其杠杆定律、阿基米德原理与穷竭法等，为后来近代静力学、水力学与微积分学奠定了一定基础，古代就有如此多而重要科学成就，实在难能可贵，称其为巨匠，确也相称！由此也可看出，任何事物如有杰出伟人率领，其发展定会取得突破性进展。

有人说中国有很多国学大师，却没有科学大师。这种说法并不全面，如沈括上知天文，下知地理，涉及数理化等各门学科均有一定造诣，而且还是一位出色的工程师，应是一位科学大师，英国学者李约瑟称沈括是"中国科学史上最卓越的人物"，其《梦溪笔谈》是"中国科学史的里程碑"。当然这是在古代，现代确实没有出现，如能持续艰苦奋斗，相信总有一天会呈现往日辉煌。

5.5 全观科技发展进程

全观科技发展更可清楚看出，至今为止，任一国家从未永世不衰，古埃及、中国、意大利、英国、法国与德国均是如此，总兴盛一时，就被他国超过，如日中天的今日美国，也绝不会是个例外，此乃事物发展不可逾越的一条铁律。至于兴盛有长有短，原因虽十分复杂，千差万别，各有不同，但显而易见，均是内因起决定作用。故一个国家的指导思想等应与时俱进，随时修正其与社会发展的不相适应，就显得十分重要，格物致知，究其主者，也可找出一般规律，以便前车之辙为后车之鉴，使今后在一定国度或地域范围之内，其兴盛有个较长延续周期。

5.5.1 指导思想是根本

每种具有唯心观点的思想体系或者哲学，如古埃及的太阳教、中国的儒学、欧洲的文艺复兴与启蒙运动，对发展奴隶社会、封建社会与资本主义社会，均曾起过积极作用，可随科技及社会发展未及时修正其自我缺陷，又均曾抑止人民去冲破旧有制度。只有以唯物论为基础的思想体系，在自身不断完善下，才可无止境地推动科技不断向前，但必须不断自我完善，否则就不是真正唯物主义者！

如中国的儒学，除将女子与小人视等同难养，长期压制妇女半边天，始终起着消极作用之外，其他实际均起过很多重要积极作用，奠定华夏文化基础，丰功伟绩，无可估量；奴隶与封建社会系农本经济，提倡农桑为本，人以食为天，天经地义；提出敬鬼神而远之，因而使无神论流行，也功不可没；人类文明开启之初，提倡一些仁义礼学说，规范些人际关系，也完全必要，至今很多成分仍不可或缺。问题是，历代统治者不随社会发展进行合理修正，反取其过时而有利于己者加以引申扩大。至南宋御用学者朱熹将儒学强化成三纲五常，以之进行奴化教育，禁锢人们思想，实变成了一种儒教。至明代按其所扭曲的儒学，实行文化专制，文官必出自科举，考生必出自学校，考题必出自《四书》、《五经》，《四书》注释必依朱熹，《五经》注释必依宋儒，文体还必符八股。至清代"文字狱"更是变本加厉，"科场案"就不断出现。一个国家文化如此被毁，灵魂受创，何谈兴旺发达！孔子曰："天下有道，庶人不议"；孟子曰："民为贵，社稷次之，君为轻"，儒学一直主张仁民，反对压迫人民的一切暴政、苛政、愚政。很明显元明清等统治阶级借儒学来压制人民，实行专制统治，实完全违反了孔孟本意。如能以其本意为基础，与时俱进，从农桑为本能及时演变成以生产力为本、三纲五常也能及时演变成以民为纲，那么有可能在 13 世纪，使用水车同时带动几十个纺锭旋转的基础上，会率先实现机械化及大规模生产（工业化），至今中国可能仍独强独大。中国曾是强盛最长之国，此种推测当然有勉强之处。

又如苏联，建国初期应算基本信奉唯物主义，后长期为一个小的既得利益集团把持，实行集权政治与僵化政策，很少考虑人民福祉，且将所有其他人均当做"潜在敌人"，因而党内也出现"工人反对派"，又从不自我完善，并非真正信奉唯物主义，实是一些教条，再加点修正主义而已。

任何意识形态，从来就不是悬空掉下的学说，而是实践的上层建筑，万物总在不断发展中前进，实践中抽象出的学说定会落后于实际，不可能彻底唯物，无懈可击，若缺乏前瞻思想及自我批判勇气，正确一时的观点定有天会失去影响，有的还会成为发展障碍，因此一个国家长期死守一种观点，故步自封，定将造成严重恶果。古埃及、旧中国与苏联已明显得到如此下场，西欧也显此种迹象，美国能否再有段时间继领风骚，续执牛耳，那就要看其是否能继续具有自我不断改造能力。一般来说，故步自封，踏步不前，定由一个既得利益集团维持。在奴隶社会内，以皇帝为首的王爷、侯爷、贵族与奴隶主等，就是从上到下的一个既得利益集团，在资本主义社会里以垄断资本家为核心的集团本质也基本相同，苏联统治集团一直任人唯亲，将许多有识之士排除在外（中国也曾有此倾向），缺乏进取精神，也有类似性质。就是如今的中国，也存在不少既得利益者，如有一定权利的铁饭碗式官员与一些暴发户阶层，常设法阻止有关制度及政策等的适时改进，时有发生。总而言之，任何国家、任何时候均会有既得利益者存在，他们定会想尽一切办法，巩固其过时的社会制度与政策及措施，以图继续维持其阻碍发展的既得利益，因此一个国家防止既得利益者抱成一个全国性的没落阶层，任何时候均显得至关重要，绝不可掉以轻心！

5.5.2　重视科技是前提

　　意、英、法等欧洲国家，是在掀起文艺复兴及启蒙运动之后，在反对神权、提倡科学前提下，才发展起近代科学的。美国是在基金会大力支持教育及重奖科技成果前提下，才发展起现代科学的。中国在文化大革命中，斯文扫地，批判"反动学术权威"，压制"臭老九"，与元代九儒十丐之论完全相似，几乎停顿一切科技活动，实乃十足无知鲁莽之举。如此举措，怎能人才辈出，科技兴旺。自然科技成果是劳动人民实践与科学家艰苦钻研获得的，是劳动结晶，科技人员绝非"臭老九"。尤其是那些精心钻研的科学家费尽精力，更值得人们尊敬，也绝非"反动学术权威"。当然所有科学家均离不开志同道合者的支持、拥护与协助，俗语说："牡丹虽好，终须绿叶扶持"。实际什么家也只能从人民中产生、成长、壮大，故提高一个国家人民综合文化水平，倡导科学进取精神，才是基础中的基础！

5.5.3　迷信又不思改进的宗教遗患无穷

　　世上主要有三大宗教，佛教产生于公元前五六世纪古印度，基督教产生公元前后罗马帝国，伊斯兰教产生七世纪阿拉伯帝国，均是文化产物，在一定时间内起过积极作用。但一切主要宗教，是在自然科学尚不发达的情况下，以膜拜并迷信一个不存在的天仙、或被神化的圣人而创立的，当其教义与科学发展冲突又不作相应修正时，自然就起阻碍作用。如古埃及太阳教，断送了科技继续向前；意大利基督教曾企图阻止天文学走向科学道路；中国儒学发展到后期，已带浓厚迷信色彩，实被统治者变成了一种儒教，自然也阻止了中国实现工业化。欧洲之所以后来能继续发展近代科技，是由文艺复兴与启蒙运动及自然科学本身发展，给经院哲学以致命打击之后，才得以实现的。自然界许多问题未揭秘之前，易受迷信影响，其实很自然。如伟大自然科学家牛顿，就曾将天体运动推动力归于"上帝"，晚年还将主要精力研究基督教《圣经》，编写神学，手稿竟达 150 万字之多，亦未免俗，但也必须指出，从此他在科学上也就再无任何建树。现代科学泰斗爱因斯坦，却未受到大的影响，此乃自然科学发展到一定水平所致。如今著名宇宙学家霍金，则认为宇宙诞生没上帝啥事，更不应信神。因此要破除迷信，根本办法要从普及自然科学入手，才是根本之道。据有关报道，全球无神论者在增加、笃信宗教者在减少，此与自然科学不断发展相应，值得庆幸！

5.5.4 稳定环境是条件

古埃及稳定的奴隶社会，有利远古科技发展。中国稳定的封建社会，有利中古科技发展。英国避开欧洲战乱，有利近代科技发展。美国东有大西洋、西有太平洋，避免了两次世界大战在本土大陆进行，有利现代科技发展。环境稳定，对科技发展确实很重要。但在和平时期，保持稳定同时，也必须不断大力推动必要社会改革，一般两者会有一定矛盾，妥善之法应找好时期、找好理由不断进行，使其不会出现破坏性动乱。为政者也必须随时头脑清醒，稳定虽很必要，但唯有不断改进与革新的社会，才可真正长治久安！

5.5.5 尽力避免战争

战争有两重性，古埃及经长期混战建立奴隶社会；中国经长期混战建立封建社会；俾斯麦经三次战争统一德意志联邦，发展资本主义；美国经独立战争与南北战争, 一步建立共和国, 进一步发展资本主义, 均符合历史潮流, 是正义的, 必要的, 因而保障并促进了科技发展。但所有战争总要伤害人类, 并毁灭人类赖以生存的物质, 故只能在反动势力阻碍社会发展或国家受到侵略, 以和平方式无法解决之时, 才可动用战争机器。如对于法国拿破仑对邻国进行侵略, 尤其是法西斯德国与军国主义日本联手发动的第二次世界大战, 企图侵占他国领土, 扩展自己所谓生存空间, 使数千万人丧生、亿万物财被毁, 犯下了滔天罪行, 明显乃不义之举, 国际精英必须共同采取有力措施, 杜绝今后有类似恶行再度出现。可今日美国, 借"与时俱进"、"人权高于主权"、"反恐"、"美国特殊论"等为由, 自 1989 年开始出兵巴拿马、1991 年出兵海湾、1993 年出兵索马里、1994 年出兵海地, 1995 年出兵波斯尼亚、1999 年出兵科索沃、2001 年出兵阿富汗、2003 年出兵伊拉克, 2004 年又出兵海地, 后又煽动并支持法国等出兵利比亚等, 理由越来越多, 范围越来越大, 已到穷兵黩武地步, 正如一位美国学者担心那样, 美国可能将永久处战争状态。实际发动战争的理由无不牵强附会, 有的明显就是谬论, 如借萨达姆侵犯人权, 出兵伊拉克, 致使众多无辜老百姓丧生, 如此人权又何在? 实为获取石油利益, 虽一时得逞, 后果定将得不偿失! 历史已屡屡证明: 只有正义战争, 才能得到拥护, 可取得胜利; 非正义战争, 最终定将以失败而告终!

5.5.6　善于学习最重要

　　学习宜包容并蓄, 去粗取精, 择善而从。意大利学习中国和古希腊等, 发展远航业与工业, 兴起近代科技。英国牛顿学习意大利伽利略等, 建立经典力学体系。德国学习英法两国, 造出汽油机。美国学习欧洲近代科学, 引领现代科技发展。善于学习，是发展科技不可或缺的快捷方式。尤其是现代科技的成果，均积累无数科学家的劳动结晶，一切从头做起，是不现实的。中国曾是独强，后因夜郎自大，自命天朝，唯我独尊，视他国为番邦小国，满足一时的朝拜及进贡，闭关自守，致使别国蒸蒸日上，自己则踏步不前，实乃十足自愚政策，大大影响自然科技发展，是几百年来落后的主要原因之一。现在的开放，向各先进国家学习，才是求得迅速发展的最佳途径。

5.5.7　教育是关键

他山之石，虽可为错，一味长期步人后尘，也无法青出于蓝胜于蓝。根本措施要重视教育，披榛采兰，广泛造就栋梁之材，才可执科学牛耳。意大利 11 世纪初就有大学，影响较大的有萨莱诺大学、博洛尼亚大学。英国 1168 年建牛津大学，1209 年建剑桥大学。法国巴黎大学始建 12 世纪末，大革命后建多种工艺学院。德国 14 世纪建海德堡大学。美国由于大学水平较低，工业产值虽早居世界首位，但科技水平 30 年代仍落后欧洲，后重视教育，才得以腾飞。无论意英法德，还是美国，科技活动主要围绕高等学府进行，经济发展靠科技，科技发达靠人才，人才摇篮就是教育，教育对国家发展至关重要，是关键的关键。中国文化大革命中曾一度停顿一切科学技术教育活动，实乃拔本塞源之举，致使人才断代，青黄不接，危害十分严重。至如今各高等学府实行特聘教师制度，重金向国内外招聘高科技带头人才，率马以骥，才是真正明智之举，定将促进科技春天的早日到来！

以上一些问题，若能及时处理得当，可使其发展延续一个较长时间。但人的进取精神总是有限，容易满足与惰性总难长期避免，故任一国度里要做到科技的永世不衰，也似不可能！

第❻章

预见未来

　　人类一切活动，归根结底全为自身，为自身幸福着想，企图残害自身的狂徒或疯子，只是点点瑕疵，绝非主流。科技活动当然也不例外，成熟的科技成果，在日常生活中会随时随处均可得到体验：没有化学纤维的不断成就，哪有今日靓男靓女的群芳斗艳；没有生物技术的不断进步，哪有今日丰富多彩的美味佳肴；没有新兴建材的不断涌现，哪有今日壮丽辉煌的高楼大厦；没有交通工具的不断改进，哪有今日的天涯若比邻；没有电子技术的不断更新，哪有今日广袤快捷的通讯装置、五彩缤纷的娱乐设施。试想这些现代设施的或缺，均会感到生活不便！若全无定不堪设想！因此可预见 21 世纪的自然科技，定会根据人类需要与当前基础在几个方面发展并取得成就。

6.1 生命科学

有人说："20 世纪，实是物理世纪，21 世纪应让位于生物技术"，这一说法确有一定道理，生物技术会向深度广度发展，如在基因工程方面，会进一步揭开 DNA 之谜，基本实现任何动物可克隆、杂交食品将充分发展、基因食品可随心所欲，进一步改善口福；采用基因疗法对各种特种难治疾病，如癌症、艾滋病、疯牛病、血友病、心脏病等进行有效医治；研制人造生命，先进程度甚至可超自然。在干细胞治疗方面，会培育出各种器官，使移植术焕然一新。在生命机制方面，会在深入研究蛋白质与核酸等的基础上，对生命到底如何起源，是否仍在继续进化，形体、外貌等如何遗传，视觉、听觉、嗅觉、味觉、触觉等各系统运行机制如何形成，各种神经细胞对信息如何编码、存储、读取，意思如何产生，大脑为何有聪明、愚笨之别，各生命系统如何相互配合，如何处理各种复杂智能等问题……，定将获得一定解答。

6.2 信息科学

目前对电子计算机的研究，主要集中在缩小体积、提高速度、实现智能、彻底改变诺伊曼整体结构。

据有关科学刊物等报道，麻省理工学院盖尔森与 IBM 公司伊萨克合作，利用原子可实现多状态下存在，正在研制量子计算机；美籍华人崔琦、斯特默、劳克林（美）合作，发现电子分数量子霍尔电阻效应（即 h/e^2 除以不同分数，h 是普朗克常数，e 是电子电荷，获 1998 年诺贝尔物理学奖）；澳大利亚比耶尔库克等利用铍离子组成微小晶体，研制量子处理器，初步证明能使运行速度超越目前电脑的 80 个数量级；阿罗什（法）与瓦恩兰（美）对量子纠缠不解之谜在进行研究，发现两粒子相互作用便纠缠一起，分开很久仍持续存在，纠缠中粒子进入叠加状态，目前数据存储数位，是 0 或 1，在叠加状态下，一个量子位可同时是 0 或 1、叠加的 0 或 1（获 2012 年诺贝尔物理学奖）。这些研究或会推动量子计算机的早日出现，可能将电脑带入一种全新境界。

惠普公司已制成纳米忆阻器，取代晶体管与存储器，并集中精力研制开关所需时间仅十亿分之一秒的 3 纳米器件，正在研制纳米计算机；IBM 声称掌握能控制单个原子使成储存器方法、发现利用分子实现开关转换诀窍；澳大利亚南威尔士大学已研制出一种超细电线，仅有一个原子高、四个原子宽，粗细只有头发丝的万分之一，却与铜有相同电容量，可制成 1.5~11 纳米导线。或会推动纳米计算机的早日出现，可能将电脑带入另一种全新境界。

量子力学光导发光组件公司，用不同光线并行处理，正在研究光子计算机；美国珀杜大学在研制由两个硅质环状物组成的无源光学二极管，直径仅约 10 微米，与现在的二极管不同，无须任何外部能源，就能传播信号，且易集成。或会推动光子计算机的早日出现，可能将电脑带入又一种全新境界。

美国阿利维萨托斯、俄罗斯米尔扎别科利用 DNA 特性正在研制生物计算机，据推测 DNA 储存量极大，几克就能储存世上已知的所有信息；欧洲在研发 "化学计算机"，像神经元一样 "细胞" 构成运算网络；瑞士马克兰姆率领一些科学家在研发 "蓝色大脑"，先研究构成细胞的蛋白质，再是传输信号的神经元；美国西北大学利用脱氧核糖核酸在研发一种三维纳米晶体结构，可能用于制造超精密元件，或会推动生物计算机的早日出现，可能将电脑带入又一种全新境界。

剑桥大学史蒂夫，正在研制能准确无误理解语言的语言计算机，可能对各类电脑均能添色加彩。

另据英国《新科学家》网站 2013 年 4 月 26 日报道，美国密歇根大学正在研制一种智能微尘计算机。其工作原理与其身材大的"同类"很相似，装有微型 CPU，可接用同等大小的内存与闪存，电源取用自带微型电池板，体积仅 1 立方毫米，但可监测温度、活动等情况，还能通过无线电波发送数据。可能将置之建筑物或其他物体之中，持续提供其周围信息，如用于监测大型桥梁与摩天大楼的细微活动；报告智能住宅光线、温度、一氧化碳水平等数据以及人体内的病症等等，其用途也定将广泛且重要。

以上正在进行的研究，一定会使计算机进一步微型化、高速化、智慧化，尤其会将量子、纳米、光子、生物、语言等技术与原有结构合理结合，将在许多方面呈现焕然一新的局面。如使第一、第二产业生产高度自动化，不但能使智能机器人做精确、笨重、危险、琐碎，如喷油漆、电焊、炼钢、搬运、高空作业、缝纫等的劳动，而且还会出现单凭人力无法实现的复杂智能操作。

会使第三产业服务高度智能化，不仅使以计算机为基础的智能装置广泛应用，而且也会实现单凭人力无法快速及无法实现的智能举措。

会使互联网普遍化，购物、订票、娱乐、看病、博彩、获取各种知识等，会越来越多地在网上进行；工厂、商店与运输公司营销战略，会彻底改头换面。图书馆、杂志、商店等中间环节，也会大量减少。最应使人注意的，据美国《财富》周刊网站 2013 年 5 月 7 日报道，洛斯阿拉莫斯国家实验所公布了一种已运行两年、与众不同的量子互联网，其法是围绕一个中枢核心，创建一套辐射状量子网络，任一信息的传输均必经中枢，留下痕迹，然后立即转变为传统比特，再通往目的地，这样就能实现网络通信的安全。

会使微型机器人做特种外科手术，可减少时间，免除病人痛苦，并可使其远程化。

会使战争信息化，决定战争胜负主要视能否比对方更加知己知彼。面对面进行大规模的肉搏时代，可能也一去不返。

个人日常生活也会实现数字化，有朝一日有可能出现如此局面：右手握着家用控制器，可操纵机器人去作各种智能动作与笨重劳动等；左手拿着电子身份证，可任意开闭自家保险柜与防盗门等；头上戴着耳塞式电话，可随时与任一世人互通讯息；随身携带柔软型电视，可随时与世人面对面进行交谈。试想如此的生活，何等惬意！

6.3　激光科学

激光是种内聚光束，其频率、极化、相位、方向均同，可将巨大能量集中在很小面积，发射到很远地方，而不改变方向。利用其特性在工业中可实现光学催化、聚合、合成、提纯、分离以及太空太阳能发电站电能传输等；在农业方面可辐照选择与培育优良品种等；在大型装备制造与建筑施工中可制造精确激光指向仪、铅直仪、水平仪与经纬仪等；在医疗中可作光刀切割、针灸、辐照、烧灼与焊接等；可以产生超高能、超高温、超高压、超高速、超高场强、超高密度与超高真空等极端物理条件，能有助科学家去发现新问题新现象，有可能对一些已有结论的重大理论进行新的试验及论证，例如可用于研究超高速运动及光子静止质量，从而对狭义相对论进行深入研究；也有可能创造条件，进行与广义相对论有关的重大原理性实验；还有可能用来探讨有关宇宙模型及星系结构这一范围更为广泛、意义更为深远的重大科学难题，从而可能发现一些意想不到的成果。为此很多国家除大力研制激光武器之外，也在作为一种战略领域在竞相广泛研究之中。

6.4　纳米科学

近年兴起的纳米科学，是研究千万分之一至十亿分之一米内的原子及分子的学问以及在此尺度内进行操纵及加工的技术。至今为止，仅从一些具体成果来分析，其作用似乎真是有点无所不能。如用于生物领域，可进行 DNA 分析、将生物转变成普通塑料等；用于信息领域，可制造纳米晶体管、储存器与电路，将计算机功能提高数千倍等；用于光学领域，可制造纳米显微镜直接观测病毒、造核电池与光电池将射线与光线均直接转变为电等；用于医学领域，可对癌症等恶疾早期进行检测及治疗、微型机器人可做外科手术或捕捉致命细菌等；用于军事领域，可干扰敌方无线电信号、作武器装备隐形材料、研制自我修复机器人作战场工具使用等；用于服饰领域，织物涂上纳米材料有的可产生微小电流、有的可检测生物分子，为制造各种特殊衣着创造条件等；用于微型传感器领域，有的可作微量天平、有的可监测生物分子等；用于制造领域，可提供特种轻质高强热稳等优质材料，促使进一步发展宇航与潜海技术，星际与洋底旅行的梦想也将会较易实现。因此一些国家早就将其列入重点开发领域。如英国 20 世纪 90 年代初实施三项纳米技术计划，约 1000 家公司、30 所大学与 7 个研究中心参与；日本

1998 年提出《纳米结构研究》与《微型机械研究》两项计划，实行产官学联合攻关；德国 19 家研究机构在卡尔斯鲁厄研究中心已签署合作协议，建立全德研究网络；美国 2000 年 1 月 21 日更以总统克林顿身份发表《国家纳米技术倡议》，宣布成立纳米研究机构，企图领导下次工业革命。这些举措虽已获得一些成果，但主要任务还正在进行之中，定会不断取得重大成果。

6.5　超导科学

1911 年，昂内斯（荷，1853—1926 年）发现，水银在低温 4.22~4.27K 状态下电阻消失。接着发现其他金属有些也具同样现象，并称超导电性。1933 年迈斯纳与奥克森菲尔德合作，发现超导体具有完全抗磁性，体内磁场恒等于零，称"迈斯纳效应"，即理想抗磁性。

20 世纪 50 年代初，库珀（美）研究超导体电性时，发现"电子对"，接着与巴丁、施里弗合作，试图将"电子对"推广到晶体与晶格相互作用的、所有电子组成的多体系统中，从中找到许多物理图像，并进行了分析，施里弗从中得到一个容易处理的波函数，终于证明其理论确能解释已知所有超导现象，至 1957 年 3 月，库珀代表三人在美国物理学会上作了报告，同年 11 月在《物理评论》上发表论文，即以三人姓氏第一字母表示的 BCS 理论，为超导体奠定理论基础，三人一同获 1972 年诺贝尔物理学奖。

1962 年 7 月，约瑟夫森（英）在《物理快报》上发表论文预言，超导"库珀电子对"存在隧道内，有时会穿过薄绝缘层，从一个超导体转到另一个超导体，并做了有关计算，除正常者外，还有束缚的、超导库珀电子对产生的电流，电压为零时，超导电流幅值相当大，电压不为零时，存在交变超导电流，振荡频率与电压成正比，不久安德森与罗威尔也发现零电压超导电流（即直流）、沙比罗也观察到振荡超导电流（即交流），后来将所有现象均称"约瑟夫森效应"。利用其特性，试成了高精度约瑟夫森电压基准、比最灵敏磁强计还灵敏万倍的超导磁力仪、检测来自星球的极微弱电磁波信号的约瑟夫森探测器等，约瑟夫森获1973 年诺贝尔物理学奖。

1957 年，江崎玲于奈（日）就发现高掺杂、窄 PN 结存在异常负阻；1960 年加埃沃（美）发现隧道效应概率与超导体密度成正比，两人也获 1973 年诺贝尔物理学奖。

1950 年，京茨堡（苏联）就提出另一种描述超导现象的公式，1957 年阿布里科索夫在其基础上，提出解释Ⅱ型超导特性理论，认为超导体中电流形成一个个有序小旋涡，就像排列整齐的士兵方队一样，能让电子运动阻力消失，使磁场能从点阵中顺利通过，两人一同获 2003 年诺贝尔物理学奖。Ⅰ型超导体主要是金属，对磁场有屏蔽作用；Ⅱ型超导体主要是合金与陶瓷，允许磁场通过。

至 1985 年，法国科学家发表（Ba–La–Cu–O）钡镧铜氧材料论文，介绍室温以上具有超导电性，正研究超导电性的柏诺兹与缪勒（瑞士）将其反复加工并实验，终于将 T_c 提到 33K，1986 年在德国《物理》杂志上，发表《Ba–La–Cu–O系统中可能的高超导电性》，两人一同获 1987 年诺贝尔物理学奖。紧接着日本东京大学几位学者，据其配方也复制出类似样品，证实确有完全抗磁性能。此一发明，使从基本探索跨越到开发时代，引起以美国、日本与中国等为首的全球超导热，仅在短短 3 个月内，T_c 就从 33K 提到 100K 以上，获得液氮温区的超导材料。

时至今日，科学家正利用其超导、抗磁、约瑟夫森效应进行广泛应用研究：利用超导性，可作电机、电缆、粒子加速器、磁悬浮运输、受控热核反应堆与储能等材料；利用抗磁性，可作无摩擦陀螺仪与轴承等；利用约瑟夫森效应，可作精密仪器、辐射探测器、微波发生器与逻辑组件等。但主要精力还是集中于提高超导温度，如能获得 T_c 接近常温，甚至达到常温，则是空前突出贡献。故有能力的国家也如生命科学、信息科学、激光科学与纳米科学一样，正在作为国家重点开发项目竞相研究之中。

6.6　新型能源

地球储存的传统能源，早显供不应求，且碳类会造成温室效应，不宜大量使用。因此除继续对水电、太阳能、风能与天然气及油页岩等清洁或较清洁能源大力发展并提高效率之外，有人一直在另辟蹊径。据 1912 年报道，日本石油、天然气与金属矿物资源机构，发现日本西南沿海一带甲烷（沼气 CH_4）水合物储量，足可供其 300 年使用，之后引起全球搜索行动，发现中国、韩国与印度沿海一带也有巨大储量，按挪威国家石油公司的一项研究显示，埋在海底的此种能源，有可能超过其他所有已知化石燃料储量的总和，足够人类使用几十年，甚至几个世纪，主要问题是水合物沉积层不稳定，开采可能失控，会威胁海洋生物、甚至船只航行，据日本《产经新闻》2013 年 12 月 23 日报道，日本于 2014 年试采"表层甲烷"；美国《化学研究报道》发表科学家开发出一片人造树叶，其核心是个阳光收集器，挟在两个能产生氢与氧气的薄片之间，将其放入阳光下水缸中时，即开始冒泡，释放出可用于燃料电池的氢，早于 1912 年有位意大利化学家曾预言，有朝一日定会揭开"植物保守的秘密"，最关键之处是水分解为氢与氧的过程，以前展示的设计，依赖的是地球上稀少且昂贵的铂金属、成本过高的制造过程，而其法以广泛存在的、较便宜的镍钼锌化合物取代能产生氢气的铂催化剂，叶子另一面以钴片产生氧气，大大推进了一步；美国宾夕法尼亚大学发现消耗有机物的微生物，并能在其外面产生电流，主要问题也是如何在材料及过程上降低成本；英国一家公司利用一项突破性技术，首次实现空气变汽油，已产出 5 升汽油，期望两年之内建成日产 1 吨装置，15 年内达到炼油厂规模，其法从空气中提取二氧化碳、从水中提取氢气，所得产品比矿物汽油纯净且清洁，可用于现有各种发动机，捕获 1 吨二氧化碳成本高达 400 英镑，目前也不具竞争力；20 世纪 90 年代，瑞士洛桑联邦工学院就开始研究将光转变为氢的有关技术，用一块敏化太阳能电池与一个氧化物半导体，使用原料是水与金属氧化物，如氧化铁，至目前转化率极低，仅为 1.4% ~3.6%，期望未来几年能达到 10%。2013 年报道，柏林亥姆霍兹研究中心等宣布，对太阳能电池板改进取得突破性进展，常规电池板通过阳光发电，将水电解为氢与氧，需两个过程，而新法则是直接制造氢气，其法在硅板外面覆盖一层金属氧化物，只允许氧化物外层与水接触，阳光射到电池板时，氧化物与电池板之间会产生电压，水分子将被分解，就产生氢与氧气，但其转化效率低于通常的 12%；德国夫琅禾费太阳能研究所、电子与信息技术研究所宣布，研制出一种太阳能电池，光转电能力可达 44.7%，创造了纪录，仍存在成本问题。所有课题研究的目的，均期望能获得一种清洁的、安全的、便宜的、可持续发展的新型能源，相信定有一天不少课题会达到实用，届时，不仅将实现绿色革命，也应是第四次工业革命开始。风力发电机群如图 6-1 所示。

图 6-1　风力发电机群

6.7　完善一般物理学

有人说，21世纪物理学应让位生物学，虽有一定道理，但有偏好之处，物理学仍大有文章要做。

从具体课题而言，如据专家推论，50年后矿物燃料会严重短缺，而聚变放射性只有裂变的千分之一，比较安全可靠，海水中就有取之不尽的聚变能源，1升海水提取的氘，进行核聚变，放出能量相当于100升汽油，正等待开发；再如普遍利用原子能作动力，制造飞船，探索深空，进而制造有人飞船，进行实地考察，也是急需解决的问题；又如利用原子多态制造计算机等，更是正在进行的重要课题之一。

从核"标准模型"而言，虽已找到希格斯玻色子，将所有主要粒子及三种相互作用力，能协调放在一个体系内，可仍无法解释极端高能现象，如引力及宇宙正在加速膨胀。故如有些科学家所说，并非终点，也可说发现物质更深奥秘只是一个开始。因此欧盟拟把强子对撞机安装更多超导电缆，使其达到全部设计能力，以便观察更多罕见物理现象，解释更多谜团，之后还计划新建一台能量更强对撞机，企图建成一个宇宙研究机器，以便对宇宙起源与构造及暗物质暗能量等进行系统研究，可能其粒子也只能是质子，更好工具应是电子（或正电子），其撞击结果会十分纯粹。而在强子对撞机上因同步加速辐射，沿环形轨道运行，电子会损失全部能量，于是未来加速器委员会还正在起草建一台直线加速器，长50公里，使电子与正电子在直线上加速，故后续工作量更为巨大。

从宏观综合理论而言，爱因斯坦创立相对论时，能正确理解的凤毛麟角，随后一步一步地才发现其伟大，诺贝尔奖评委因无知或偏见，也从未给以正确评价（物理学奖给了光电效应，无法与相对论相比），其智慧实超群越辈，故有人称他为科学界神人，但也只能说修正了经典物理学的一些片面，不能说已找到绝对真理，海森伯等早就发现对距离为 10^{-35} 米时，其理论就不适用，必须进行修正。21世纪的主要研究课题，不是属微观或与微观密切相关的领域，就是属宏观或与宏观密切相关的领域，在深入研究中，可能再对相对论提些意见、对量子力学也做些新的描述，从而建立一种既可解释天体运行的宏观现象，又可解释电子等小粒子运行的微观规律，使相对论与量子力学得到统一，实现爱因斯坦这一长期梦想，指导科技更上一层楼，是有可能的。实际20世纪就有人提出许多新观点，其中较有说服力者应算弦论，认为隐藏在所有物质背后的、最基本的、不可分割的物质是一种弦；弦不由原子构成，也就不由电子或夸克等构成；所有粒子都起源于弦的振荡，振荡特点决定粒子所有性质，如粒子质量与电荷；弦可在三维或更多维内移动，既可解释量子力学无法解释的大物体，也可解释相对论无法解释的小粒子。可至今无任何实验作证，因此各说各话，一直存在两大派系。以美国斯坦福大学劳克林、哥伦比亚大学沃伊特与加拿大佩里米特理论物理研究所斯莫林等为首，一直举出不少理由持反对态度；而以美国加利福尼亚大学格罗斯、巴巴拉与英国伦敦大学拉姆古兰等为首，一直举出各种理由持赞同态度。世人也正期望有个分晓。

　　所有相互作用力均发自物质内部，理应可以得到统一，故爱因斯坦曾认真进行过探索，虽耗费了半生的精力，也未获得什么结果，甚至没有找到任何头绪。因此也应明白，强相互作用力、电磁相互作用力与弱相互作用力存在原子里，以原子内建立的量子力学为基础进行统一，自然相对较容易，但相对论是从宏观领域建立的，要使两者达到统一，定将付出更多努力才有可能，故其需要的探索更无法估量。

　　有一点必须再特别指出：任何时候不能说已完全掌握科学发展规律，因此任何综合理论均不敢说完全正确，故对自然科学的探索，将永无止境！

6.8　试管婴儿

　　数千年来，自然受孕自然出生是人类繁殖的唯一途径。科学发展至今，生殖已变得多样化，克隆人虽绝不可取，但按爱德华兹（英）体外受精技术，1978年出现的路易斯布朗那种试管婴儿，据报道已达约 500 万之众，看来会继续扩大此一群体，可能成以后主要传宗接代手段。若真如此，届时性生活就变得十分单一，仅是一种娱乐而已，繁殖后代任务主要只是女性意愿及责任，可任意择优挑取精子进行孕育，以致以男性为中心的当下社会，将会演变成以女性为中心。性别中心的转移，当然不会轻而易举，定将进行一番恶斗，因主动权在女性，最后女性可能获得全面胜利。

6.9　寻找系外宜居天体

人类在地球上不宜居住，主要会在三种完全不同的情况下发生：一是从近期而言，温室效应会使气温不断升高，新南威尔士大学舍伍德与珀杜大学休伯合作，在分析未来 30 年全球气温升高潜力及湿度之后得出结论，至 2100 年地球大部地区可能不再适宜居住；二是从遥远未来而论，有生必有死，太阳当然也不会例外，待其燃烧殆尽之后，将会变成如白矮星一类星体，届时无足够阳光温暖，地球生命就难以生存，以前有人估算，通过质子 – 质子链，维持太阳平衡，还能继续 50 亿年，现在有人估算，以现在太阳辐射速率继续下去，还可维持 300 亿年；三是地球面积有限，而人口有增无已，到时难以容纳。种种情况，均会逼使地球人类至宇宙中去寻找其他宜居天体。

至 2007 年，法国等科学家发现，GLIESE581d 可能是第一颗太阳系外的宜居天地，围绕 GLIESE581d 红矮星旋转，距地球约 20 光年，质量约地球 7 倍、大小约地球 2 倍；至 2009 年 4 月美国将"开普勒"探测器（如图 6-2 所示）发射升空，携带一架直径 55 英寸的望远镜，核心是个 9500 万像素数码相机，唯一目的是试图长期在天鹅座与天琴座一小块天区内，寻找与地球相似的天体，即恒星宜居带中具有充分水源、适宜气温和空气的行星，是宇宙中的第一个行星户口调

图 6-2　"开普勒"探测器

查员。第一次普查结果得知，银河系（地球所在系统）中至少有 500 亿颗行星，其中 20 亿颗甚似地球，那就是说有 20 亿颗行星可以有或已有生命存在。同时欧洲南方天文台高精度径向速度行星搜索器搜索结果也得知，银河系内也可能有数百亿个能生存的行星，有百个位太阳附近（约 30 光年）。可惜开普勒飞船 2013 年已出现问题，很可能无法工作，加以发现第一颗太阳系外岩状行星的欧洲科罗天文卫星，也于之前失去了一切功能，故目前对外行星的探索，只能完全由地球上的望远镜来承担。

太阳系九大行星所占空间，半径约 50 个天文单位（天文单位为地－月系统至太阳平均距离，约 1.5 亿公里），厚度约 0.5 个天文单位。原估计银河系直径约 8 万光年（一光年约 94605 亿公里）、厚度约 3000~6000 光年，现在有人用脉冲星当量杆进行计算，认为比原估计要大，直径约 10 万光年、厚度约 1.6 万光年。有人估计宇宙中至少有 1000 亿个如银河系一样的天体系统，因此太阳系实如宇宙中的沧海一粟，故至目前为止，应可得出结论，广阔宇宙中肯定会有大量宜居或已有生命存在的天体，足够供地球人类使用。

主要问题是，如何研制出相应飞行器进行探测，现有航空飞机最快 3 马赫、"阿波罗" 10 号指挥舱返回地面时曾达 33.5 马赫（2.5 万英里）、如今美中俄竞相研制的高超音速导弹在 10 马赫左右、美国 X-37B 空天飞机 23 马赫、旅行者 1 号探测器在太空巡航速度约 50 马赫。就以 50 马赫为例，在太阳系九大行星之间飞行，一般也需 14 年多，虽可行，但不理想。

至目前为止，已知最大飞行速度是光子，据狭义相对论物体惯性质量随其速度增加而加大，速度趋于光速时，质量就趋无限大，似乎具有静止质量的物体，在任何情况下均不会呈现光速，可据广义相对论的等效原理，若在运动体中能随之产生一种相应力量，如电磁力等与惯性力抵消，就应使有静止质量物体也能接近或达到光速，已有之事，一般总会随之出现，既有光速，其他物质也应能设法达到。

等效原理，是广义相对论最基本的重要原理，爱因斯坦认为，如在自由下落的升降机里，由于升降机及所有仪器均以同样加速度下降，会无法检验外引力场的效应，此因自由下落升降机里的惯性力与引力相互抵消之故，表明引力与惯性力实际是等效的，这就是原来意义下的等效原理。但真实引力场与惯性力场之间并不存在严格相等，如真实引力场会引起潮汐现象，而惯性力场并不能导致此种现象。此原理依据厄缶等实验，精确证明引力质量与惯性质量确实相等。若能制成光速飞行器，在九大行星之间飞行一般仅约 7 小时，应是种合适交通工具。可至如今，在太阳系内除木卫二这颗小卫星有可能适宜居住之外，在可预见的时期内，难再现宜居之地，必须到宇宙中去寻找。据现有发现，即便有光速飞行器也至少需要 20~30 年，也很可能不够理想。看来唯有期望有大量暗物质暗能量存在，并能从中发现比光子飞行速度更快的物质，或许才算找到一种有效途径。另据阿波罗 10 号宇航员说"每小时 2.5 万英里速度，应是目前人类承受能力极限"，人在飞行中承受力也是个难以解决的问题。而且不论现有飞行器或可能出现的光速飞行器……，因受各类天体及其引力场等影响，均无法直线飞行，也难以达到光速或其他预定速度，故要找到太阳系外的宜居天体，必须扫除各种难以想象的重重障碍，并付出巨大努力之后，才有可能。

上述预见 21 世纪在科技上的可能成就，最主要的应是三大课题：一是能否找到宜居系外天体，二是能否实现四种自然力的统一，三是能否弄清人体组织及其运行机制。

对预见的发展领域，当然要争取得到最大成就，但同时也必须注意其不利一面！

第**7**章

防患未然

　　自然科技发展至今，已从实践证明儒勒凡尔纳曾乐观说过的"只要是人能想到的事，总有人能做到"，其预言何等具有远见！又何等正确！若 21 世纪仍一味为了一时的繁荣及幸福，或一时的逞性，而毫无理智无约束地肆意发展，也定会产生不良后果，有的甚至可能造成灾难性局面！

7.1　核弹可能毁灭地球

　　核武如不齐心一致，进一步制定有效国际限制措施，有可能被疯狂分子作为大规模杀人工具使用，如现在美国少数好战分子，正企图将核武使用门槛一步一步降低、核弹一步一步微型化，急于再次实战，那定会伤害人类、毁灭地球！

7.2 基因技术可能毁灭人类

　　随着基因技术发展，克隆人迟早会出现，如无一定国际限制措施，也会有疯狂分子在工厂里无休无止制造，作为杀人工具使用，那将会毁灭人类本身！如今还有个别种族主义分子，正在企图利用基因技术，制造基因武器，有选择性地消灭某一族类，而毫不伤及己群，试想那是何等恐怖！转基因食品虽可缩短生长周期、增加产量与抗病害等好处，可其在本质上与杂交食品完全不同，杂交发生在同属或同科物种之间，亲缘关系很近，容易融合，而转基因则是用基因枪强行介入，把完全不同属、不同科，甚至跨界物种强行放到一起，一般定会发生冲突，现发现不少动物吃了转基因食品之后，已造成有的发育慢、个头小、老化快、早产、流产、不育、胎儿畸形、易得病、慢性中毒、免疫系统损坏等，若毫无选择性地任意发展，定会大大损害人类体质、严重破坏生态环境！

7.3 机器人可能反客为主

　　现在的机器人，其复杂程度每两年提高一倍，仅次于脊椎动物，据卡内基－梅隆大学机器人研究所莫拉韦茨推测，至2052年会出现与人类智慧相当的机器人，届时有反客为主的可能，那将会造成难以收拾的局面！尤其是，如能研制出可自我修复的微型纳米机器人，更可能会出现各种无法收拾的悲剧！

7.4　人寿可能过高

　　科学越发达，生活质量越好，疾病越少，有病也能有效医治，人寿会过高，人口将大为增多，地球怎么容纳？劳力相对将会短缺，如何解决？年轻人不能适时适量出生，新的成就难以不断出现，又如何举措？

7.5　人可能变成畸形

　　科技日益进步，体力劳动会日益减轻、脑力劳动会日益增强，肢体会日渐衰退、头脑会日益发达，人可能变成一种畸形，那也是一种不堪设想的局面！

7.6　可能出现更大危机

　　上一章所述待解决预见的未来的三大课题，其一是能找到宜居系外天体，则是一大空前成就，大大改善人类生存环境，永远不用担心生活质量，但也有可能发生太空战争，如何制止？其二是如实现四种自然力统一，又是一大空前成就，对物质组成能有清楚认识，各种物质分解与合成会得心应手，但要生产危险物质也会随心所欲，又如何制止？其三是如能弄清人体组织及其系统运行机制，也是一大空前成就，对各种特殊恶疾能有效医治，但对于损害人体也易如反掌，又如何制止？所有越是空前有利人类的科技成就，也蕴藏着更大危机，这是事物的一般规律。

　　所有可能产生的严重后果，世人均应一一及早采取相应有效措施，防患未然。

第❽章

可 然 结 果

　　世事从无绝对的好坏之分，一般有一利必有一弊，往往同时出现。自然科技也是一把双刃剑，可使人类活得更舒适、更快乐、更健康、更长寿，同时也有可能伤害己身。此种两面性，在日常生活中已可随时体及：如塑料的发明，用作工程材料已发挥重要作用，可如今广泛使用的塑料瓶塑料袋满地飞、难回收，有的含污染性化学物质，需几十甚至几百年才能完全分解，对人类危害是长久的、严重的。再如水银温度计的出现，在医疗与气候研究领域中取得巨大成功，可水银对人体与环境有害程度，超出了所有人的想象，易对肾脏与神经系统造成严重损伤，对人类危害是致命的。又如短信、电子邮件，用作正常信息交流，大大提高了效率，可据报道垃圾邮件日超 1800 亿以上，已泛滥成灾，影响正常生活。一般来说，如第 7 章所述，成就越大，走向反面的可能性越大，此等例证实不胜枚举。但应相信，人类从整体而言，会十分理智，不但会设法扩展有利一面，也会去抑止不利一面，因此可大胆预言，人类定有一天会清醒地认识到：必须齐心一致，防止地球毁灭、人类遭殃等灾害，才是唯一共同出路。如防止地球臭氧层破坏与瘟疫暴发，就已做到齐心协力，采取统一行动。再如二氧化碳温室效应，1992 年 6 月 4 日在联合国地球峰会上已通过京都议定书，至 2005 年 2 月 16 日，除美国等少数国家外，其他各国均在继续执行其共同限制措施。再如核武，虽有少数疯狂分子好挥舞大棒，但包括美国人在内的绝大多世人已认识到，必须进一步制定国际有效限制措施，才是明智之举。又如各种末日之说，当然有的是胡说八道，但有些是在科学基础上的一种推测，真有可能来临之时，已显出会一致采取共同措施。因此也可进一步大胆预言：科技越发展，物质越丰富、智慧越高明、不利面也越多，认识到的共同利益也会越多，总有一天将会呈现天下大同局面！

天下大同，不就是鸿均之世乎？不就是各尽所能、各取所需乎？不就是共产主义乎？有人说："共产主义理论是种玄学"。若按中国传统含义，玄学是魏晋时运用道家思想，糅合儒家经义而形成的一种唯心主义哲学，那当然荒谬！若说共产主义理论有点玄妙，不可思议，称之玄学，那倒可以理解。17 世纪 70 年代，列文胡克发现有种微生物，3000 万个加在一起还不及一粒沙子大时，当时世人普遍认为甚似天方夜谭，过于玄妙！19 世纪初，凯利提出试制飞行器时，当时世人普遍认为是异想天开，过于玄妙！20 世纪 60 年代，麦克斯韦建立电磁微分方程组时，当时世人普遍认为摸不着看不见，过于玄妙！20 世纪初，爱因斯坦建立广义相对论时，当时世人普遍认为大得难以想象，过于玄妙！20 世纪 20 年代，海森伯创立量子力学时，当时世人普遍认为小得难以想象，过于玄妙！20 世纪 30 年代，里夫斯提出数字声音时，当时世人普遍认为是奇谈怪论，过于玄妙！可至今已一一证实，得到普遍公认，并被广泛应用。共产主义理论也是在科学论断的基础上建立的，相信同样也定将得到世人公认。

世人应相信，科学技术空前兴旺发达、社会物质空前繁荣丰富、思想空前宽容仁厚的那天，定将来临，那时有可能建立一种高级生产资料集体所有制，可解决现在资本主义的固有矛盾。高级生产资料集体所有制，与原始氏族社会低级生产资料集体所有制相比，有本质上的不同。氏族社会低级集体所有制，思想上未经开发，十分狭隘，谈不上为他人服务，物质上穷到无任何东西可供个人单独使用；而高级集体所有制，在思想上已具足够智慧，发展到宽容仁厚，愿意各尽所能，物质上丰富到可实现各取所需。就是说，市场经济出现以来（我国十一届三中全会之后，开始发展社会主义的市场经济），产生了法治国家与法治社会相互制约的二元结构国家体系，当发展到法治社会一元结构体系时，法治国家体系会自行消失，共产党等所有党派就完成了历史使命，均已自消自灭，实现了人类出现以来一直为之奋斗的、不影响他人的完全自由世界，有志者应有信心、有耐心地等待她，同时也应争分夺秒地去努力早日实现她！

参 考 文 献

[1] 中国大百科全书总编辑委员会 . 中国大百科全书 [M]. 北京：中国大百科全书
出版社，1998.

[2] 雷·斯潘根贝格，黛安娜·莫泽 . 科学的旅程 [M]. 郭奕玲，陈蓉霞，沈慧君，
译 . 北京：北京大学出版社 ,2008.